批判性思维的
认知与伦理

The Cognitive and Ethical Dimensions of Critical Thinking

徐贲 著

图书在版编目(CIP)数据

批判性思维的认知与伦理 / 徐贲著. —北京:北京大学出版社,2021.2
(博雅人文)
ISBN 978-7-301-31640-5

Ⅰ.①批⋯ Ⅱ.①徐⋯ Ⅲ.①思维方法–研究 Ⅳ.① B804

中国版本图书馆CIP数据核字(2020)第178360号

书　　　名	批判性思维的认知与伦理
	PIPANXING SIWEI DE RENZHI YU LUNLI
著作责任者	徐　贲 著
责任编辑	张文礼
标准书号	ISBN 978-7-301-31640-5
出版发行	北京大学出版社
地　　　址	北京市海淀区成府路205号　100871
网　　　址	http://www.pup.cn　　新浪微博:@北京大学出版社
电子信箱	pkuwsz@126.com
电　　　话	邮购部 010-62752015　发行部 010-62750672　编辑部 010-62767315
印　刷　者	北京中科印刷有限公司
经　销　者	新华书店
	889毫米×1230毫米　A5　12.25印张　327千字
	2021年2月第1版　2023年5月第5次印刷
定　　　价	79.00元

未经许可,不得以任何方式复制或抄袭本书之部分或全部内容。
版权所有,侵权必究
举报电话: 010-62752024　电子信箱: fd@pup.pku.edu.cn
图书如有印装质量问题,请与出版部联系,电话: 010-62756370

目　次

前言　轻信与自欺：批判性思维的陷阱 / 001

第一部分　认知与自欺和欺人

第一章　无处不在的自我欺骗 / 013

第二章　认知失调是怎样一种自我欺骗 / 039

第三章　认知迷误与道德过失 / 057

第四章　人为什么对谎言深信不疑 / 081

第五章　开放社会中的认知验证和考验 / 103

第二部分　情绪·欲望·认知

第六章　捷思——偏误与轻信和自欺 / 131

第七章　说理谬误和认知偏误 / 154

第八章　认知错觉和认知偏误 / 173

第九章　情感的昏智与认知 / 196

第十章　社会情绪的认知与伦理 / 216

第三部分　困顿的世界，难测的人心

第十一章　逆境忧患与抑郁现实主义 / 239

第十二章　心灵鸡汤与乐观幻觉 / 260

第十三章　上当受骗的环境力量：批判性思维与人文教育 / 277

第十四章　迷信、偏见和愚昧：批判性思维与启蒙和人性 / 300

第十五章　社会生活中的真实和真相：批判性思维的认知与判断 / 332

第十六章　人际关系中的信任和真诚：批判性思维的伦理和合理性 / 349

后　记 / 385

前言　轻信与自欺：批判性思维的陷阱

　　批判性思维是一种注重验证的思考方式，不只是理性、透彻地思考外在的事情，而且还要反及思考者自己，是一种反省式思考，一种关于思考的思考。批判性思维不是真理思考（truth thinking），而是一种优质思考（good thinking）。它的结果不是绝对正确的真理，而是可靠的知识、是非善恶的判断、明智的决定、合理的行为和慎思的行动。批判性思维是认知、情感和伦理的结合，也应该是知与行的合一。

　　批判性思维的可靠知识、是非判断和合理行动都必须由验证来确定，验证不等于识谎，而是为了排除怀疑，获得可信的结论。而且，如美国哲学家迈克尔·林奇（Michael Lynch）在《失控的真相》（*The Internet of Us*）一书中所说，验证是一种社会性的信任考量，是"在知识关系中建立信任感，并在这个基础上进行信息交换"。验证是一种排错的认知方式，体现人的自由意识和自主性（autonomy），而提升自由意识和增加自主性则是人文启蒙的根本目标。

　　虽然我们可以把批判性思维追溯到古代哲人具有反思意识的哲学思考方式，如苏格拉底的辩诘（Socratic questioning），但我们今天所说的批判性思维是一种在 1970 年代出现，1980 年代发展起来的思维训练，前后分成两个阶段。第一个阶段注重的是逻辑思维，强调基于逻辑、理性与清晰的批判性分析。美国"全国优秀批判性思维理事会"（National Council for Excellence in Critical Thinking）1987年的宣言便是这样强调的："批判性思维是一种智力训练的过程，要求能够积极和熟练地运用概念、应用、分析、综合和／或评估从观察、经验、反思、推理或交流中收集或产生的信息，作为信念和行动的指南。在其示范形式中，它注重超越学科划分的普遍知识价值：清晰、准确、恰当、一致、相关性，合理证据，适当理由，深度，广度和公正。"[1]

这个阶段的批判性思维逐渐暴露出它的局限性，它的"逻辑中心论"受到越来越多的批评。它的主要缺陷在于把思维当作一种可以排除思考者复杂且矛盾的人性因素的逻辑程序。它错误地暗示，一旦正确的思维过程建立起来，每个理性之人都会按照这个过程来思考，因此，思考的合理性可以排除不同的个人因素，如情绪、心态、情感、禀性、习惯、境遇的影响等等。这样看待人的思维是不全面的。

我们现在知道，必须重视被逻辑中心论不当排除的其他思维因素，否则不能培养一种更为周全和深入的批判性思维。美国哲学和历史学家克里·沃尔特斯（Kerry S. Walters）在《逻辑中心论之外的批判性思维》（Beyond Logicism in Critical Thinking, 1994）一文中指出，只是强调逻辑，会忽视人的习惯、心理定式、想象、本能、直觉、心态和心境等因素在思维中的作用。人的内心不是各种原始激情的一块空地，而是具有无限丰富性和复杂性的神奇天地，构成了人类认知的内在精神状态，有待于转换为人的内心力量。本书关注的是那种"逻辑中心论之

---

[1] https://www.criticalthinking.org/pages/defining-critical-thinking/766，访问日期2019年5月17日。

外"的批判性思维。它并不排斥第一阶段的批判性思维，而是将其视为一个首要的但不是唯一的部分，并对它在一个不同的层次上予以扩充。

事实上，两个阶段的批判性思维之间是有联系的，例如，第一阶段的批判性思维在处理非形式逻辑谬误的时候——如情绪性谬误（诉诸害怕、阴谋论、自我中心等）和形象性谬误（诉诸权威、因人废言、替罪羊等）——就已经涉及了第二阶段的本能习惯和心理定式。然而，第一和第二个阶段的批判性思维在认知因素、看问题角度、运作范围和实践目标等方面都有着明显的不同：前者关注的是逻辑和推理，后者也关注情感和本能。前者只讲逻辑的归纳法（induction）和演绎法（deduction），后者则更关注这两种逻辑之外的捷径思维（abduction）。前者强调的是人的理智潜能，后者重视的是人的心智和思维习惯。前者是为了识别思考的逻辑谬误，后者则是为了避免认知的人性陷阱，本书所讨论的就是这种批判性思维的陷阱。而且，前者较多用于论辩或论证的话语逻辑分析，而后者则更广泛地涉及对社会现象和行为的认知、判断和评价。许多现象或行为并不能只是用话语逻辑来分析或解释，如刻舟求剑、守株待兔、疑人偷斧、买椟还珠、邯郸学步、因小失大、灯下黑、自欺欺人等等。这些现象和行为需要另一种涵盖更广、更有实践性的批判性思考，这是本书所特别要介绍和讨论的。

就像人的健康是不得病一样，本书讨论的批判性思维是不轻信和不自欺。不健康的人不一定知道自己有病；同样，不能批判性思维的人不一定知道自己轻信和自欺，因此也不能辨别真相，不能对事情做真实、可靠和有效的思考。如果说高血压、高血糖、肥胖等等是健康的陷阱，那么，认知偏见、捷径思维、私利的羁绊、情绪的昏智、心理的缺陷等等便是批判性思维的陷阱。让人落入健康陷阱的往往是暴饮暴食、懒于锻炼、不良生活习惯，或者根本不知道该如何过健康的生活。同样，让人落入批判性思维陷阱的则经常是人云亦云、自欺欺人、狂妄自大、思想懒惰，或者根本就不知道人应该如何思考。

与健康有所不同的是，健康的意义主要在于个人（当然还有关心、爱护他的亲人），但批判性思维的意义则不仅在于个人，而且在于社会。正如英国哲学家斯泰宾（L. Susan Stebbing）在《有效思维》(*Thinking to Some Purpose*) 一书里所说，"我坚信，一个民主国家极其需要清晰的思维，它没有由于无意识的偏见和茫然的无知而造成的曲解"。她强调的是"无意识"的偏见和"茫然"的无知，也就是说，一旦无意识变得有意识，茫然变得了然，偏见和无知就会能得到克服和消除。这是一种典型的启蒙思维方式，它相信，人只要明白了，就不会再糊里糊涂地过日子；只要体验过自由，就不愿再回到奴役的状态；只要学会辨别真假，就能避免再上当受骗。这个启蒙信念本身也许就是一个需要验证，也值得我们先在自己身上验证一下的想法。

我们无法阻止别人说谎欺骗，但我们可以让自己变得比较不轻信和易骗。这就需要我们从不欺骗自己开始做起。但是，不自我欺骗和不被人欺骗并不像我们可能想象的那么容易。在人际关系高度传媒化的今天，谎言、欺诈和骗局比以前任何时候都更容易，电子邮件、移动电话、网络群体，社交网站，让人际交流和说服机制变得更为间接。不照面的往来使得人们一直依赖的辨谎和测谎机能——察看眼神、辨别脸色、听话听音、知根知底、口碑声誉——要么无法施展，要么失去了效能。人们有了更多在别人面前隐藏自己身体弱点的方法（整容、化妆、伟哥），也有了更多掩饰真实意图和动机的手段（政治宣传、商业广告、形象包装、软实力、公关、微笑服务、形象工程、亲民姿态），外表与真相的区别变得越来越模糊，在许多人看来，也越来越无关紧要了。在诚信缺失、道德沦落、虚无主义和犬儒主义盛行的假面化社会里更是如此，虚假和说谎成为一种大众文化，一种对全社会的道德戕害。

这些都是造成普遍欺骗问题的原因，但是，只是关注或强调这些原因，只是从外部力量的影响作用来看欺骗，就会忽视欺骗的本质特性，那就是，人生来就是善于自欺和欺人的动物，人同时也是轻信的动物。欺骗和轻信同时是人性的组成部分，二者都源于适应人类生存需要的进化过程。康德说，"人性这根曲木，绝然造不出任何笔直的东西"。知道并承认人性的曲木无直材，这对我们认识和应对欺骗具有特别的意义。陈独秀在1917年的《近代西洋教育》一文中说，"生来本性的力量诚然不小，后来教育的力量又何尝全然无效？譬如木材的好丑和用处大小，虽然是生来不同，但必经工匠的斧斤雕凿，良材方成栋梁和美术的器具，就是粗恶材料，也有相当的用处。教育的作用，亦复如此"。我们没有理由不相信教育和启蒙的作用。

康德在《纯粹理性限度内的宗教》中断言人有为恶的"自然倾向"，这是因为他看到，自然的人性（情绪、欲望、心理、本能）蕴含着破坏性的冲动，而道德并不是自然的，道德是文明的成就，是对人性之恶的约束，道德弥补了自然的不足。人性中有不善的东西，但是，人可以用自己的理性，而不是祈求神恩，来限制和改变这些不善的东西。康德一生所思考的就是如何用理性去代替宗教。他的伦理哲学是理性的，不需要借助传统的神学。他认为，宗教虽然满足了人的道德需要，对规范人们的道德行为发挥作用，但却是建立在错误的基础上，不能涵盖所有人的道德需要。不管信不信宗教，人都有道德需要。他为此提出了今天已经被广为接受的"定然律令"（人是目的，不是手段；己所不欲勿施于人）。

"定然律令"是每个人自己心里的声音，是自由人对自己的要求，显现的是每个人的理性自我。这是合情合理思考后，你内心所真正相信的，是人的理智为自己确定的规则。你不可以杀人，因为你不想被人所杀；你不可以欺骗，因为你不想被人欺骗；你不能背信弃义，因为你不想别人对你背信弃义。

批判性思维的伦理原则正是这样一种基于定然律令的将心比心。作为一种世俗的启蒙和人文教育，批判性思维提升人的自由意识，增强对自然人性复杂性和矛盾性的认知，理所当然地成为一种道德教育。它的伦理价值与认知价值是相得益彰，相辅相成的。批判性思维的认知和伦理可以形成一个整体的思想目标：让人性中那些好的、理性的部分得以增强，成为可靠的力量，帮助克服人性中生来具有的弱点和自私，也使得世俗启蒙有可能完成宗教教诲所无法成功完成的任务。

本书在从批判性思维角度来探讨认知谬误和道德过失时，关注的是三个方面的形成因素：一、欺人与自欺的心理特征；二、人与生俱来的情绪和情感影响；三、不良生存环境的弱智效应。它们构成了本书的三个部分。简而言之就是：心理定式、情绪变化、环境影响。这三个方面经常是交织在一起的，区别处理纯粹是为了讨论的需要。我认为，批判性思维需要同等重视这三方面因素对人们日常思考和判断的不良影响。

第一部分讨论的是自欺与欺人的可能关系。人其实并不能有意识地欺骗自己，倘若一个人在意识中知道是在欺骗自己，那他就已经明白那是欺骗，所以并没有真的受骗。自我欺骗只能发生在无意识中。人下意识地欺骗自己，满足一些根本的心理需要——获得良好的自我感觉、维持可意的自我形象,避免羞耻感和罪孽感,以及因此而产生的焦虑、恐惧、不安。即使那些做坏事的人,也会在心里为自己的行为辩解,将自己的错误行为正当化和合理化,当然,在别人面前也会这么做。

若要心安理得地欺骗别人,就得先说服自己,这种说服经常先发生在下意识里,然后才形诸语言。发生在下意识里的自我说服经常是一种自我欺骗,是心理学"认知失调"研究的主要内容。认知失调的平息和消除机制有一种"自我说服"(通过解释来接受)的作用,能产生各种歪理、狡辩、逃避、推诿和似是而非的欺骗说辞。

特定的社会里普遍可见的自欺是打上政治和道德环境印记的。在哪些问题上必须保持沉默,对哪些事情应该如何对待,哪里有不能踩的红线,人们彼此心照不宣,但却一起假装不存在这样的事情。他们知道某些事情是虚假的,但合谋无视这个虚假,缄口不言,甚至辩解说这是维护自己"沉默的权利",是"消极自由"。这种相互配合的自欺形成了心理学家艾尔芬·詹尼斯(Irving Janis)所说的"集体迷思"和乔治·奥威尔所说的"双重思维"。

第二部分讨论人的情感、情绪、欲望如何影响真实思考和正确判断,主要体现为"认知偏误"和"捷径思维"(heuristics,捷思)。人的自然情感、情绪、欲望(爱、崇拜、羡慕、虚荣、贪婪、妒忌、仇恨、愤怒、恐惧、骄傲、怨恨)都可能使得我们在不理智的状态下变得轻信和弱智。认知偏误经常是捷径思维所致,造成推理和判断的认知短路、障碍和失灵,产生系统性偏误。

在人们普遍缺乏警觉,思考不设防的社会里,认知偏误会造成大面积的个人和集体思维素质低下,也让各种欺骗、谎言、不实宣传有机会在社会中如鱼得水、畅行无阻。认知偏误多种多样,例如同样一件事,原谅自己,苛求他人;许多人这么想,我也跟着这么想(从众效应);处在优秀的团体会比单独看起来更优秀(啦啦队效应);疑人偷斧(确证偏见)、一动不如一静(当下为好效应);事后诸葛亮(后见之明偏误)、以为善有善报恶有恶报(公正世界错觉);记仇不记恩(负面偏误);坏事更会发生在别人身上(乐观偏误)、坏事更会发生在我头上(悲观偏误);你要往东,我偏往西(逆反心理);比上不足比下有余(锚定效应);反复宣传,即成真理(可获性层叠);胳膊肘往里拐(部落化偏见);零钱比整钱花得快(面额效应);不同意我的观点就是对我有敌意(敌对效应);我的敌人的敌人就是我的朋友(非敌即友偏见)。有谁能说自己从来没有犯过这样的偏误?

认知偏误是人类与生俱来的,但却是需要克服的。认知偏误不仅会降低人们的认知能力,也可能危害人们的心理健康,如造成焦虑、仇恨、暴力、敌意、狂妄自大、唯我独尊、盲目乐观、白日梦、抑郁厌世、自杀倾向。坚持认知偏误经常会成为一种病态的偏执。虽然几乎每一种具体的"偏误"都会自然发生,但没有不能纠正的,因此并不是必然的。经过辨误和纠正,偏误可以变得不那么自然和自动发生,并在这个意义上降低它对理性和可靠思维(批判性思维)的实际影响。这被称为"认知偏误矫正"(Cognitive bias modification,CBM),既指矫正健康人的认知偏误,也指对有心理疾病者进行心理治疗(Cognitive bias modification therapy,CBMT)。

第三部分讨论人的思考方式如何应对逆境现实和受其何种影响,常见的表现形式包括乐观幻觉、偏见、歧视、狡辩、谎言、虚假、伪善、不实宣传、装聋作哑、集体沉默、麻痹冷漠、犬儒主义等等。受到关注的不只是这些行为和现象本身,而且更是为之辩护和将之合理化、正当化的方式和说辞。在一个虚假而不道德的社会里,自欺和欺人是整个社会假面化和犬儒化的结果，也是原因。在一个不能说真话的社会里，必须戴着假面生活，彼此心照不宣地说假话已经成为第二天性，丧失了诚实行事的荣誉心，也丧失了虚伪做人的羞耻感。这样的社会里不是全然没有真实，可是，残存的真实不得不退缩到一些私人领域，而在公共领域里，罕见的真实不过利害权衡的结果，而不再是批判性道德自律和群体规范的结果。这一部分的最后四章归结了批判性思维的四个方面：人文教育、启蒙与人性、认知与判断、伦理与合理性，其中的引言是对批判性思维的认知和伦理的理论性总结。批判性思维不仅要求认知的真实，而且还要求伦理的真善和情感的真诚。它是以要批判和改变什么来界定的，它要批判和改变的是欺骗、伪善和虚假。

我们抱怨宣传的虚伪和洗脑、谴责商业的贪婪和欺诈、叹息人际的诚信丧失，我们厌恶和害怕上当受骗，但是我们可曾想过，骗子的成功并不只是因为骗术的强大，还因为我们自己有可供骗子方便利用和骗术展现魅力的认知偏误、情感弱点和欲望失控？人的思维方式不是由外部环境定型的，个人想改变自己的思维方式，却指望先有外部环境的改变，若不是不改变的托词，至少也是不现实的。改变思维方式必须从每个人自己做起，这就需要我们对自己进行认知和心智教育的启蒙，这样的启蒙也会帮助和促进民主法治、宪法治国。民主法治和宪法治国的透明、公正、问责、言论自由与媒体自由原则和机制，有利于保证真实成为自由民主的构成部分，也有利于在公共生活中维护真实，遏制欺骗。这对全体国民的公民道德和守法教育是有益的。真实对于民主公民的意义体现为知情公民，在今天的互联网信息爆炸的时代，知情公民比以往任何时候都不只是能够获得信息的公民，而更是对虚假信息有鉴别和抵制能力的公民。

本书把欺骗和不真实中的自欺与欺人放在一起讨论，但侧重于自欺和轻信。讨论力求以现实生活中的事例或现象为议题，引述一些哲学、伦理学、心理学、社会学、人类学等的研究成果，希望能够展现欺骗现象的复杂性，也为读者提供用自己的经验来扩展和延伸的思考空间。批判性思维的一个重要的特点就是，它是经验性的，但并不局限于经验。一方面，人的思考离不开经验，人对于理性、常识、逻辑的选择本身就是基于经验的需要，经验为批判性思维提供了丰富而复杂的内容。另一方面，局限于经验无法产生具有普遍意义的批判性思维。因此，本书既讨论相关的理论，也包括许多在日常生活中可以举一反三的经验事件。这样搭配是为了避免一种错误的印象：轻信自欺和上当受骗是我们早已熟知的现象，不能揭示什么我们还未知道的东西，虽然有趣，但未必深刻。其实，经常是因为司空见惯，所以忽略了根源性的认知和伦理道理。

由于自我欺骗发生在下意识里，意识难以充分察觉，意识所能认知和矫正的自我欺骗幻觉或错觉毕竟是有限的，这种努力所能取得的永远只是局部的成效。但是，只要我们相信，在力所能及的范围内抵制欺骗的诱惑对自己和社会都是有益的，那么我们就会把这种努力继续下去。这是因为，人倘若不能在意识里创造他所想要的，便只能在下意识中复制他所不想要的。

第一部分

认知与自欺和欺人

第一章　无处不在的自我欺骗

批判性思维的"批判"是一种怀疑和论证、辨析和评估、探索和综合的能力，也是这一能力的实践行为。这样的"批判"既是认知的，也是伦理的，既是审慎的知识验证，也是实践理性的判断。仅仅持有与他人或主流不同的观点并不是批判性思维，只针对他人而不针对自己的诘难更不是批判性思维。对自己的批判性思维要比对别人的更具挑战性，倘若缺少，对自己的危害也更大。古希腊智者伊索就说过，"自我欺骗招致自我毁灭"。柏拉图认为，"最坏的欺骗是自我欺骗"。19 世纪俄国作家陀思妥耶夫斯基说得更加透彻，"最重要的是，别对自己撒谎。对自己撒谎，听信自己谎言的人会对自己内心的真实失去辨析的能力，也会完全丧失对自己和对他人的尊重"。

批判性思维是一种以"尊重"的价值观对待自己和他人的思维方式，尊重是它的话语伦理和行为准则。它是具有质疑与反驳倾向的思维，但它不以单纯的否定或攻讦，更不以贬低他人或妄自菲薄为目的，而是为了增强公共生活中的明辨是非能力和理性参与质量，而这些都是建设性的。在期待公共生活发生建设性变化之前，每个人都有先努力改变自己的责任，而这必须从认真自我审视和避免自我欺骗开始。文艺复兴时代的英国诗人富尔克·格雷维尔爵士（Fulke Greville）早就说过，"没有人受别人骗是超过受自己骗的"。人有两种犯傻受骗的方式，一种是不相信真的，另一种是相信假的，在自我欺骗中，这两种犯傻受骗的方式同时发生。越是聪明的人越是如此，正如美国作家索尔·贝洛（Saul Bellow）所说，"如果你很需要幻觉，那么你就会用智能来制造愚昧"，而在这一点上，聪明人的能力肯定比傻子强。

人们对自我欺骗的本质有不同的理解，这决定了对"自我欺骗"的不同定义。由于理解不同，人们对如何认识和评价自我欺骗一直存在着很多分歧和争议。哲学家从"认识你自己"或"本真"来揭示自欺的道德缺陷；进化心理学家认为自欺是人类自然适应过程的产物；社会心理学把自欺看作人满足某些基本需要的调适机制。我们可以从自我欺骗的功能着眼，把自欺大致分为自我安慰、双重思维、欺骗手段这三种。它们有两个共同点：第一，在动因上，都是由某种意图或目的造成的错误看法或信念。第二，在认知上，都是以偏误方式对待事实证据或真相解释，挑选与自己意图一致的有利的证据，剔除或罔顾令人不快和不爽的证据。

1. 自我安慰和善意的谎言

心理学家把某些自信视为有利于提升良好自我感觉的心理机制。人们的自信影响着别人看待和对待他们的方式。自信的人让别人觉得可靠、有能力、有魅力，值得信任，因此比较容易说服或影响他人。但是，过度的自信是一种自欺，会引发别人的不当期待，无异于欺骗他人。

欺骗他人经常会得不偿失，同样，过度自信也会有负面作用。过度自信会被别人视为自我吹嘘、虚张声势、夸夸其谈。这样的人多了，整个社会都会变得浮夸成风、大话炎炎、务虚不务实。领导者的豪言壮语就是这样一种自欺，虽然听上去鼓舞人心，但由于难以实现，会带来弥漫四周的失望和幻灭，最后反而导致普遍的怀疑主义和犬儒主义。提升自信的自欺虽然有时候会有一些好处，但这些好处是不确定的，也很容易转化为害处。

为自我安慰或良好的自我感觉而欺骗自己，就像"善意的谎言"一样，经常被认可为一种必要的生存策略，符合人的合理、正当需要。人需要真实，视真实为一种基本价值，因此以违背真实为理由来批评或指责谎言。但是，真实只是人所珍视的许多价值中的一种，自欺是人为了实现一些其他重要价值——自尊、自信、自我提升、希望、爱情、友谊、健康——而做的一种选择：权衡之下，认为真实不如其他价值来得重要，因而舍弃了真实。

在许多情况下，这样的自欺是善良的（有必要，且不伤害他人），而取消它或迫使他人放弃它则是不善的。文学和戏剧作品中有许多对这种自欺的描写和刻画。索尔仁尼琴的小说《伊凡·杰尼索维奇的一天》（原名《854号囚犯》）中，主人公伊凡·杰尼索维奇原是集体农庄庄员，卫国战争中上前线作战，后被德军俘虏，又趁机逃回部队，但被逮捕审查。为了活命他招认自己是德国间谍，被以叛国罪判刑十年，送入特别劳改营。小说描写了主人公在劳改营里从早上起床到晚上熄灯所度过的普通而又难熬的一天。在这一天里，杰尼索维奇早晨起来就昏昏沉沉，像是病了。但是，这一天他运气特别好，劳动虽苦，但身体挺了过来，而且多吃到了一点食物，偷藏起来的一小截锯条没有被发现，他对自己说，真是幸福的一天。他的幸福感是一种自欺的结果。

人需要有希望、信念、爱、自尊、归属感才能有意义地生存下去，这些都是人的基本需要。即使我们对满足这些需要的实际可能性抱有不真实的想法，但只要不伤害他人，在道德上是允许的（morally permissible）。道德上允许的事情与道德上禁止（morally forbidden）的事情（如杀人、偷窃、强奸）不能用同样的是非标准去判断。道德上允许的事情都是会有争议的，不同的人出于不同的原则会有不同的看法。例如，老师应该用夸大成绩的办法表扬和鼓励学生吗？——这样可以让他们在学习中更有信心和好的自我感觉。还是应该实事求是地评价他们的成绩呢？——这样才能"严师出高徒"啊。

许多励志的格言都含有诱导或鼓励自我欺骗的因素，如"天将降大任于是人也，必先苦其心志，劳其筋骨，饿其体肤，空乏其身"（许多人就被这样的考验和磨难给毁掉了）。这种自欺类似于赌徒心理：越是输的次数多，越觉得下次赢回来的概率更大。励志格言的自欺是积极的，还是也有可能是消极的（心灵鸡汤），人们对此经常有所争议。

格言、警句、箴言、成语、谚语经常是一些简单化的表述，都会有反面的成语或格言来抵消它的说服力。例如，"蚂蚁啃骨头"（或"愚公移山"）说的是只要锲而不舍，最后一定会成功。它虽然励志，但未必真实，其反面的说法是"蚍蜉撼大树，可笑不自量"或"癞蛤蟆想吃天鹅肉"。哪一边的说法更有道理，完全取决于运用者的需要。不管怎么说，这种需要只要不伤害他人，就是道德上允许的，也是可以通过说理来争论的。

自欺的对立面是真实，真实是一种价值，但不是唯一的价值。以为自己只要坚持真实就一定能真实，这种对真实的"执着"本身就可能有自欺的因素。真正的真实首先需要对自己诚实——对自己的欲望、兴趣、能力、品行（包括自己坚持真实的实际可能性）等等有自知之明，这才能尽可能地避免自我欺骗。然而，人在形成志向，力图上进的时候，会自然而然地偏向高估自己的能力和潜力，不可能做到全然真实。尽管如此，那些可能不真实或不完全真实的动力——自信、自尊、自豪、骄傲、荣誉——还是能有积极的作用，帮助我们实现愿望、发展兴趣、提高能力。我们经常称之为"梦想"，有了梦想才能梦想成真，虽然有的梦想永远只是梦想。

美国佛罗里达州立大学心理学教授罗伊·鲍迈斯特（Roy Baumeister）在《生活的意义》(Meanings of Life) 一书里指出，适当的"梦"（幻觉）是幸福的必要因素。他写道，"你建立和维持某种积极的社会联系或个人联系；你找到了某种意义；你坚持某种可以达到的目标或期待；你获得某种按客观标准来说是相当不错的成就；你制造某种让你志满意得的乐观幻觉"，这就是你的幸福生活，其中"乐观的幻觉"是必不可少的。有梦就是心不死，对生活抱有希望。希望对于人生的价值可能比真实更高。中国有"哀大莫若心死"的话，非裔美国诗人兰斯顿·休斯（Langston Hughes）说，"抓住你的梦想，梦想一死，生活也就折断了翅膀，不能飞翔"。

但是，我们应该看到，即使自欺有助于满足我们的一些人生基本需要，自欺仍然是不真实的，甚至是故意逃避真实。牺牲真实来换取其他有价值的东西（希望、自信、良好的自我感觉），我们可以将此看作一种理性的（rational）或合理的（reasonable）选择，一种必要的自我欺骗（就如同有善意的谎言一样）。但是，正如美国哲学家迈克·马丁（Michael L. Martin）在《自我欺骗与道德》(Self-Deception and Morality) 一书中所说，这并不是没有条件或保留的，"我们承认，强调满足正当的欲望和需要是符合理性的。但是，我们仍然认为，如果能够满足同样的需要而又无须回避真相，那会更好。我所说的更好不是指更道德，而是指更理性"。更好的理性是以真实为基础的理性，而不仅仅是用满足我们某种欲望来作出说明或解释的理性。

2. 双重思想是不自由的内心欺诈

乔治·奥威尔在《1984》中创造了"双重思维"(doublethink)的说法，用来指一种特定环境下的自我欺骗，是这种环境中人们的普遍思维形式。双重思维指的是，"同时接受两种相反的、抵触的信念，却不觉得矛盾"。理性逻辑认为它是相互矛盾的，但是双重思维会认为，它同时成立。这样的矛盾在有理性的人们看来是荒唐的，甚至荒诞的。一个人怎么可能既相信一个看法，又相信它的反面？人们经常把自欺视为愚昧、非理性、缺乏思维能力的表现，但是，双重思想的自欺恰恰是思维训练有素的结果。

奥威尔在《1984》第二部分末尾指出，这样的自欺"光是愚蠢还不够，还要保持充分正统，这就要求对自己的思维过程能加以控制，就像表演柔软体操的杂技演员控制自己身体一样"。《1984》里大洋国社会的根本信念是，老大哥全能，党一贯正确。但由于在现实生活中老大哥并不全能，党也并不一贯正确。这就需要在处理事实时始终不懈，时时刻刻保持灵活性。这方面的一个关键字眼是"黑白"(blackwhite)。"黑白"这个字眼像"新话"(newspeak)中的许多其他字眼一样，有两个相互矛盾的含义。"用在对方身上，这意味着不顾明显事实硬说黑就是白的无耻习惯。用在党员身上，这意味着在党的纪律要求你说黑就是白时，你就有这样自觉的忠诚。但这也意味着相信黑就是白的能力，甚至是知道黑就是白和忘掉过去曾经有过的相反认识能力。"

对奥威尔所说的"双重思维"，迈克·马丁在《自我欺骗与道德》一书里指出，这是通过扭曲语言来实现的。他指出，"有时候，自欺者在形成看法时模糊自己对概念的理解。乔治·奥威尔把双重思维定义为在头脑里同时拥有两个矛盾信念的能力,就是这么认为的。奥威尔认为……系统地滥用语言和概念,以此对自由、政府强制和战争等形成相互矛盾的观念",巧妙地混合了"有意识的模糊"(conscious obfuscation)和"更是无意识的自我欺骗"(more-unconscious self-deception)。

把自欺确定为一种"无意识"的行为,这与不少研究者们怀疑在意识层面上能够存在自欺是一致的,例如,美国心理学家阿尔弗雷德·梅勒(Alfred R. Mele)在《理解和解释真正的自我欺骗》(Understanding and Explaining Real Self-deception)一文中就认为,一个人意识到自己有谬误看法,却仍然相信这个看法是真实的,在逻辑上是讲不通的。那么,如果自欺发生在无意识中,人是否还需要对自己的自欺负起道德责任呢?或者,他该负有怎样的责任呢?这在美国的邪教研究中,也是一个重要的问题。如果一个人相信邪教并因此有犯罪行为,这是被洗脑的结果,那么他本人是否就可以因此逃避为自己的行为负责呢?

在萨特对"自欺"(mauvaise foi)的哲学分析和论述中,答案是很清楚的,人对自己的行为负有不容推卸的责任。在弗洛伊德对自欺的解释中,这个答案要模糊得多,这也是萨特对弗洛伊德持批判态度的一个重要原因。在弗洛伊德那里,自欺是因为意识与无意识的隔绝而造成的。真实的信念被压制,隐藏到了无意识中,意识里的虚假信念这才被误以为是真实的。

萨特不同意无意识的存在,他把意识区分为"前自反"(pre-reflective)和"自反"(reflective)意识。前者是人察觉周遭世界的意识,后者是人对意识的意识。当人的自反意识压制前自反意识时,自欺也就发生了。例如,一个奴隶可能开始并没有意识到主人对他的种种控制,一旦他意识到了,他就会发现当主人的好处,被主人的自由所吸引。但是，意识的意识又让他意识到，羡慕主子，垂涎当主人的好处是不守本分。他还意识到，自己不能对主人心生怨恨，否则就会招致惩罚，甚至断送性命。奴隶对自己意识到的东西感到害怕，赶紧用意识的意识来加以压制。他不但想都不敢想，而且还积极用当奴隶的种种好处来化解自己不守本分的意识。这就是自欺，萨特称之为 mauvaise foi，英语里叫 bad faith。

前自反意识让我们知道现实环境对人的选择会有怎样的限制。但是，无论这样的限制多么严酷，人都还是有不同的选择，因为人生而自由。除非人自己放弃自由，别人不能夺走他的自由。当人的自反意识将外力的限制解释为他自己只剩下一种可能选择的时候，他放弃了自由，自欺便发生了。自欺是人在内心对自己进行关于自由和自由选择的欺诈。

萨特认为，人是自由的，在任何情况下，人都必须行使这种自由，选择自己的目标和计划。即使在看上去最没有自由的奴役状态下，被奴役的人仍然有不同的选择。他可以选择诚心诚意地服从统治、与之积极合作；也可以选择阳奉阴违或自杀；更可以选择非暴力的抵抗，如暴力造反或者美国社会学家詹姆斯·斯科特 (James C. Scott) 所说的"弱者的抵抗"。外部环境可以对一个人的选择形成实际的限制（萨特称之为 facticity），但无法逼迫他把诸种可能选择中的某一种认定成唯一可能的选择。如果一个人对自己说，"我有妻儿老小，我必须与统治者合作"，将这视为他唯一可能的选择，并积极进入合作者的角色，那么，他就再也无法想象不同的可能选择了。他失去了人之为人的"超越性"（萨特称之为 transcendence）。这时候，他已经不再是一个自由的主体，而成为一个彻底被环境支配的存在物。萨特认为，他犯下的自欺罪过是所有罪过中最严重的一种，因为他协助暴虐的统治杀死了一个自由的人，用萨特的话来说，他背离了人之为人的"本真"（authenticity）。

萨特在《存在主义论文集》（Essays in Existentialism）一书里用一个咖啡店的侍者作例子，说明按"角色"行事是怎样一种常见的自欺。咖啡店侍者以一副讨顾客喜欢的腔调说话，端盘子的样子很拘谨，很谦恭，"一举一动都很机灵、巴结，有一种过分一丝不苟和随叫随到的样子"。这种夸张的行为在侍者自己看来，是在尽一个"好侍者"的职责。但他其实是把自己当成了一个按自动角色设计而行事的"物件"。他一板一眼地扮演这个角色，说明他知道自己并不（只是）一个侍者，而是在有意识地欺骗他自己。在我们的生活里，有太多这样的"角色自欺"：当领导的"好秘书"、当"好学生"、当又红又专的"专家学者"、当安分守己的"老百姓"，这些都是在按照别人写好的脚本演戏，但却又当成了自己唯一可能的自由选择。

这样的自欺让我们看到奥威尔所说的"黑就是白"的另一层意义，那就是，自欺不仅仅把黑当作白，而且更是把接受黑就是白当作生存的唯一选择。由于别人都这么自欺，所以我也必须这么自欺，除了这样一种活法，再没有其他的活法。人自愿选择了不自由的选择，并把它当成自己唯一可能的自由选择。我们应该怎么来看待这种形似自由的不自由呢？这是道德哲学对我们每个人提出的问题。这个关乎自我欺骗和内心欺诈的问题似乎很难在其他学科里被讨论，因此必须也只能在哲学的层次上去理解和回答。

3. 欺骗自己便于欺骗他人

奥威尔在《1984》第二部分第九章里说，双重思想是一个人在心里同时抱持两种互相矛盾的信念，且两者都接受。他写道，"（英社党）知识分子党员知道自己的记忆一定会如何遭到修改，所以就知道自己其实在操弄现实,可是经过了双重思想,他也会安慰自己这样并不会扰乱现实"。那么,双重思想者是否对自己的自欺有所意识呢?如果说他没有意识,那么就不能要求他为无意识的自欺负责。如果说他有意识,那在逻辑上又是说不通的,因为一个人既然已经意识到自己是在对自己说谎,那他还会受骗吗?

这是自欺理论的悖论,如何解决这个悖论,考验着不同理论对自欺的解释。奥威尔自己的解释是,既意识,又不意识,"英社党员必须清楚意识到这个过程,否则思考后的结论就会不够准确;但是他又不能意识到这个过程,否则他会觉得自己在造假,就会有罪恶感"。也就是说,为了逃避罪恶感,他需要先欺骗自己,然后才能欺骗他人。

然而,在我们所熟悉的世界里,其实还有另外一种可能,那就是,欺骗他人并不一定需要"安慰"或"没有罪恶感"。人完全可能在明白自己是在说谎的情况下,心安理得地对他人说谎,把自己并不相信的东西,对他人说成是真的。这种欺骗在假面社会里是常见的,未必见得欺骗者有什么内疚或自责。这样的欺骗并不一定需要欺骗者在心里(下意识或无意识中)先把谎言合理化或正当化为"真实信念"。假面社会的一个普遍现象就是,人们可以心安理得地对他人谎称有某种信念,但只是把这当作一种必要的游戏,而完全没有罪恶感。一般人也都会对这种游戏习以为常、眼开眼闭、难得糊涂,并不认为玩这种游戏与罪恶感有什么关联。当然,这样的游戏已经超出了把自欺当作一种欺骗策略来研究的范围。

在欺骗策略的研究中,自欺和欺人的关系是一个比较困难的部分。原因之一就是如何才能有效地区分直接欺骗和通过自欺来进行的欺骗。许多研究者提出,欺骗自己是为了更好地欺骗他人。我们可以将此理解为,自欺便利于欺骗他人,但自欺本身并不是欺骗他人的必要或充分条件。一个人完全可以在自己不相信某种信念的情况下，拿这个信念来欺骗他人。人们会称此为"伪善"。但是，在许多情况下，伪善与自欺的界限并不总是很清晰，伪善本身就可以是一种自欺。

另一个原因是，欺骗对象（被欺者）与欺骗者之间存在着微妙的互动关系，欺骗者不能为所欲为，而是必须看被欺者的"脸色"。被欺者对欺骗有探测能力，这种探测力是影响欺骗者是否需要自欺（或需要怎样的自欺）的重要因素。如果欺骗者在被欺者眼里显得"真诚"，那么他的欺骗就会比较容易成功。被欺者对欺骗的探测能力越高（往往来自屡屡被欺骗的经验），欺骗者也就越需要具备特殊的欺骗能力和条件。欺骗者要么是真的有信念，要么就是虽没有信念，但能假装得特别逼真。假装信念虽是一种表演，一种做戏，但是戏越演得逼真，越可能人戏不分，最后真的相信了自己开始只是假装相信的东西。这就是人们常说的"久假不归"。因此可以说是，那些不容易搞定的被欺者无意中强化了欺骗者自欺的需要。

作为一种欺骗策略，自我欺骗让研究者感兴趣的另一个问题是，它为何能在人类进化中被保留下来？自我欺骗会造成对有害真实情况的错觉和假象，这对人类在自然世界的适者生存看起来并无助益。既然如此，自我欺骗为何还是作为一个遗传特征被保留下来？对这个问题，美国心理学家罗伯特·特里弗斯（Robert Trivers）在《愚昧者的愚昧》（*The Folly of Fools*）一书中的回答是，"我们欺骗自己有利于欺骗别人"。自欺所起的不是防卫性功能（察觉和应对危险的环境和强劲的对手），自欺是一种进攻性功能——为自己的利益对他人进行有效地侵略性攻击。特里弗斯提出了这样的假说，如果我们不知道自己是在说谎（自欺使得我们意识不到谎言的虚假），那么在行骗时就会少露出一些破绽。别人就不那么容易察觉或识破我们的谎言，愚弄和操纵他们才更有胜算。当然，自欺并不总是能成功地欺人，特里弗斯的另一个重要观点是，自欺可能招致严重的后果，使自欺者罔顾现实或不明真相，将自己和别人都陷入危险。

还有的研究者指出，用自欺来更好地欺骗他人，这是人类心理进化的结果。在人类进化过程中，复杂的社群生活是人类大脑和认知能力进化发展的主要原因。合作和欺骗是群体生活的两大主题，"欺骗是个体向对方传递错误信息，结果往往是对方利益受损而个体自己有所得益。欺骗如果被识穿就会招致报复和惩罚。为了避免欺骗被识穿，欺骗者发展出更完美的欺骗手段，比如在骗人之前，先让自己把将要传递的错误信息当作真实信息，也就是自欺。此时自欺的代价是失去真实信息，而其收益是成功骗过对方，获取骗人后的利益。如果这部分利益可以超过自欺的代价，自欺就会被自然选择保留下来，成为人类社会生活中具有适应意义的一种心理机制"（陆慧菁：《自我欺骗：通过欺骗自己更好地欺骗他人》）。

欺骗对象的多寡对欺骗者是否或在多大程度上需要自欺有很大的影响。在个人之间的欺骗行为中，自欺经常是多余的。但是，当欺骗对象人数众多时（如做报告或动员群众），自欺的需要就会增高。美国佛罗里达州立大学心理学教授戴安娜·泰斯（Dianne M. Tice）在《自我观念变化和自我呈现》（Self-concept Change and Self-presentation）一文中指出，当一个人要说服一群人的时候，他承受别人对他的欺骗探测压力要比只欺骗一个人时大很多，因为每个对象都有一份探测欺骗的力量。欺骗者为了表明自己向所有人说的是真话，很有可能本来明知自己是在撒谎，但后来也变得相信了自己的谎言。要欺骗别人，先欺骗自己，这样胜算的把握才更大。

许多欺骗者并不是这样的骗子，开始时是真的相信自己所说的事情,他的动机是把自己所相信的真实事情告诉众人。这时候,即便他所说的话虚妄不实,也不构成欺骗。但是,如果他发现自己先前信以为真的其实是假的,那么他就应该放弃原先的不实想法,并停止向他人宣传这个想法。这时候,如果他还是继续对别人进行虚假的宣传,那么他就会犯下欺骗的罪过,因为他那是在故意诱使别人相信自己已经不再相信的东西。

一个人先前信以为真的虚假东西可能是别人灌输到他头脑里的,当他发现之后,就应该明白"我上当受骗了"。这个道理虽然浅显,但在不自由的环境下,绝大多数做宣传工作的人却是做不到的。那些少数能做到的人不得不承担极大的压力和危险,他们需要有极大的勇气才能在这样的情况下说出真相。

陀思妥耶夫斯基在《地下室手记》里写道,"每个人都会记得,有的事是他不能对别人说,只能对朋友说的。有的事藏在心里,连朋友都不能说,只能对自己悄悄地说。但是,有的事连对自己说都很可怕。每个正派人都有一些这样的事情藏在心底"。有事情不能说不要紧,但不要说谎欺骗他人。只要对自己诚实,不欺骗自己,那么,如果实在不能说,就不妨暂时藏在心底,并在时机成熟的时候,勇敢地说出真相。

4. 角色扮演是一种怎样的自我欺骗

扮演社会机器里的"螺丝钉"角色,似乎已经成为每个现代人的宿命。无论是坐办公室的,还是在商店或工厂打工的,不管日子过得多么压抑和郁闷,很少有人会认真思考自己的螺丝钉宿命。对他们来说,既然这是现实生活的一部分,那就不如随遇而安、泰然处之。而且,有当螺丝钉的机会总比没得当螺丝钉要强。因此,谋求一个可以赖以安身立命、养家糊口的螺丝钉岗位便成为许多年轻人梦寐以求的成功追求。

有的人甚至还会进而赞美螺丝钉精神，以当好某种螺丝钉为荣，或以此作为自己的人生座右铭。这是一种美国心理学家利昂·费斯汀格（Leon Festinger）所说的"认知失调"——以积极改变自己的心态来适应不能改变的，令人焦虑和抑郁的现实状况。在这种心理调适的作用下，焦虑和抑郁被安全地压抑到了无意识里，不再给人带来搅扰，而且还能给人良好的自我感觉和自豪幻觉。当一颗快乐而有价值的螺丝钉，这成为心理学家们所说的那种能给人带来个人价值和幸福感的"必要的自欺"。

美国心理学家丹尼尔·戈尔曼（Daniel Goleman）在《必要的谎言，简明的真实》（*Vital Lies, Simple Truths*）一书里指出，人不得不扮演螺丝钉的角色，一开始是工业革命的结果，渐渐变成一种普遍的状况，最后终于成为一种"根深蒂固的规范"（ingrained convention）。

将人改造成螺丝钉是从改变人的时间观念开始的。被改变的时间观念包括谁有权支配和如何支配你的工作时间。工厂或办公室的工作时间是每天8小时（当然有变通或不遵守的）。螺丝钉的这8小时是出售给"雇主"的。这是对传统社会日出而作、日落而息自然时间观的强行改变。现代社会中，人不能自由支配他的螺丝钉时间，这个时间必须由雇主集中地统一管理和安排。雇主不仅规定雇员必须工作多少时间，而且还规定他们必须以怎样的效率来工作。

也就是说，雇主获得了对雇员工作时间和专注力的全部支配权。如果雇主觉得不满意，那么他随时都"有权"让雇员打包走人。不仅雇主认为自己有这个权利，雇员自己也心甘情愿地这么认为，这是将人从内心螺丝钉化的最理想状况。

一般情况下不容易达到这样的理想状况，因为绝大多数人对当螺丝钉都还没有达到毫无怨言的境界，只有极少数人才把自觉当好螺丝钉当作自己的光荣使命。从这个意义上说，现代人的螺丝钉化改造工程还在进行之中。

哈佛大学经济管理教授肖沙娜·朱伯夫（Shoshana Zuboff）在《从历史看工作与人的互动》（Work and Human Interaction in Historical Perspective）一文中指出，人的时间和工作角色观念改变是一个缓慢的过程。16世纪时，人们的时间是季节性的，并不准确，法国作家拉伯雷笔下的一位人物说，"我不听钟点的，钟点为人存在，而不是人为钟点存在"。当时有的公共场所已经设有时钟，但只有时针，没有分针，分针被认为是多余的。

到了18世纪后期，工作的协调越来越依赖时间的一致，钟表行业勃兴，时钟的分针开始支配人们的时间观念。雇主买断了雇员的工作时间，也要求他们在工作时间内专心致志、寡言少语，像机器部件那样高效运转。这彻底改变了以往工作的随意程序。这样的工作令人抑郁，工厂因此难以招募和留住工人。朱伯夫描述一家建立在马萨诸塞州南塔克特（Nantucket）的纺织厂，妇女和儿童都踊跃前往工作，但一个月之后，大量工人离去，工厂只得关门。三十年后，马萨诸塞州洛厄尔（Lowell）的一家工厂定下了白天锁厂门的厂规，工人对此进行了罢工抗议。

工人螺丝钉化的最大发明是亨利·福特的组装流水线。每个工人只从事一种无限重复的单一工作，工作效率极大地提高了，但工作却变得极端琐屑而无意义。谁都在专心致志地工作，但谁也看不到工作的结果。新的螺丝钉化遭到了新的抵抗。尽管福特付给工人的工资比其他工厂高，但是他的工厂减员却高得出奇。1913年，他每需要补充

100 名工人，就需要雇用 963 人。

社会学家哈罗德·威伦斯基（Harold Wilensky）在《闲暇的不公平分配》(The Uneven Distribution of Leisure) 一文中感叹地说："时钟、厂规、大批的监督人员和其他专门管理人员、严格管理产品的数量和质量——这些增强了对工作纪律的需要……我们几乎忘记了那种持续不断地对办公室、商店和工厂的管理——因为我们对此已经习以为常"。但凡能有其他活法的人，谁愿意当一颗螺丝钉呢？

戈尔曼指出，就像工厂里的"工作岗位"限制一样，"社会角色也是一种限制，在人们不知不觉中指导和限制他们如何去充当他们的角色——并充当到什么程度"。这个角色也规定了他们关注什么，不该关注什么，成为"单维度的人"，"人们在角色中的单维度要求他们全然不再思考他们还可能有什么'别的'活法"。法国哲学家和文学家萨特称一个人以为只能如此活在单一角色里为"自我欺骗"（mauvaise foi）。他在《存在与虚无》一书里写道，"角色要求人们必须制约自己的行为，全神贯注于自己的角色。他们的境况完全是仪式性的。公众也要求他们认识到自己角色的仪式性。这些是蔬果商、裁缝、拍卖员的舞蹈。他们以此让顾客相信，他们只不过是蔬果商、裁缝、拍卖员。怀有梦想的蔬果商是对顾客的冒犯，因为他不是一个全心全意的蔬果商。社会要求他把自己的作用只是发挥在蔬果商的角色上。这就像一个立正的士兵必须把自己变成一个士兵物件（soldier-thing），目光直视，但什么都看不见，也不想看见。立正规则而不是个人兴趣要求他，此刻必须注目于'十步的距离'。有许多劝谕要求我们安于自己的角色，好像我们始终都活在对逾越角色的恐惧中，好像我们会一下子坏了什么规矩，突然失掉了什么应守的分寸"。

角色的"仪式性"在于，不管你愿不愿意，你必须遵守规定角色表演的演出脚本。一个店员不管家里发生了什么伤心的事情，不管他有怎样的个人情绪或感受，也不管他碰到怎样刁钻刻薄、蛮不讲理的顾客，受到怎样的侮辱或伤害，都必须面带笑容，把顾客当作上帝。公务员在上司面前也是一样，他们谦恭有加、巴结讨好、阿谀赞美，都是在按照早已为他们安排好的演出脚本扮演自己的角色，若有逾越，后果自负。扮演这样的角色与他们是不是在心里觉得憋屈、羞愧、瞧不起自己是没有关系的。他们从来没有想过，自己还能有不这么做的自由选择。无数为角色而活着的人就是生活在这样的自我欺骗之中。

角色是在扮演者和看客的互动中维持的。角色需要扮演者按演出脚本限制自己的自发行为，也需要看客（顾客、领导、公众）以角色的行为标准要求于他。当一个"好店员"同时是店员自己和顾客对他的要求，其标准是在各种挑选、评比、惩奖过程中不断加强的。在这样的训练过程中，角色变得越来越自然，越来越人戏不分，这种条件反射的表演把每个表演角色的人变成了一个"物件"。角色是没有自由意志的，谁有权力，谁就可以以物件的标准来要求他们，不该问的别问，不该有兴趣的别有兴趣，遇到事情别打听，别传话，别议论，做好你的"本职"工作，别多管闲事。

对角色行为和兴趣的强制性规定——该关注什么，不该关注什么——会对个人造成严重的人性障碍。戈尔曼对此写道，"关注障碍屏蔽了人们的急迫感觉和强烈关心，这时候，角色就成为一种对人的专制"。角色对人的专制剥夺了那些属于人的自由情感、价值取向和行为选择，囿于角色是"非人化"的结果。当一个人被与他的角色等同起来的时候，他必然会失去许多属于人的宝贵东西，角色成了他的全部和宿命。他被成功诱导，以积极、乐观的态度对待他的被动角色，学会欺骗自己，让自己相信，那不是一种应该避免的损害，而是一种值得夸耀的光荣。

5. 人为什么需要闹钟

我们经常对自己说，求人不如求己。遇到事情，我们会觉得谁可靠也不如自己可靠。我们很相信，甚至过分相信自己。但是，我们在害怕晚起误事的时候，还是会需要闹钟。为什么呢？因为越是在关键的时候，我们越是会信不过自己。我们需要借助外力，不让自己睡过了头。睡眠是我们的自然欲望，我们需要借助外力来管制我们的自然欲望。

荷马的《奥德赛》里有一个塞壬（Sirens）的故事，塞壬是几个美丽的女海妖，她们居住在西西里岛附近海域的一座遍地是白骨的岛屿上，她们用自己天籁般的歌喉使得过往的水手倾听失神，于是航船触礁沉没。奥德修斯从女神克尔柯（Circe）那里得知塞壬的危险，他非常想听听她们的歌声有多么美妙，但他又不愿意让他的水手和船只遭受危险。所以他用白蜡封住了水手们的耳朵，让他们把他捆绑在大船的桅杆上。船经过塞壬的海湾时，奥德修斯果然为歌声疯狂，他大喊大叫，要水手们为他松绑，命令他们把船驶向岸边。水手们既听不到塞壬的歌声，也听不见奥德修斯的命令，驾船安然度过了危险。

这是奥德修斯战胜诱惑的故事。他睿智卓见，在自己还与诱惑保持着安全距离的时候，就预先设计了在未来管制自己的办法，并安排好了管制的执行人，对他们也采取了稳妥的防范措施。

奥德修斯充分估计了自己的弱点：他的自然欲望。他本来是一个自控能力很强的英雄，如果他凭着以往的光荣经历，对自己的自控能力深信不疑，那么，他就会因为准备不足而失败。和所有的人一样，如果他无视自己的欲望，那么他就会在诱惑来袭时措手不及。人永远没有办法充分预估自己在欲望遭到诱惑时会有怎样的行动，因为他无法预估诱惑会有多么强大。当你说"拒"的时候，对你自然欲望的诱惑已经潜伏在那里——那些你都不敢对自己承认有多么强大的诱惑。

你有凡人都难免的欲望，这是你的秘密。你不想让诱惑在袭击时得逞，你更想对他人保守你也有那个欲望的秘密，这样你才能够向别人夸耀你的超凡脱俗、与众不同。这是一种自我欺骗，为的是能够更好地欺骗他人。奥德修斯不是这样，为了不被诱惑击倒，他先就承认自己不是诱惑的对手，他先已经信不过自己，因此才借助他人之手，把自己捆绑在桅杆上。

奥德修斯知道，为了战胜自己的弱点，他必须先承认自己的弱点，决定捆绑自己。这是解决问题的唯一办法。之后才是如何捆绑自己的手脚。

用自行捆绑手脚的办法，我们可以把诱惑拒斥在一个安全的距离之外，趁自己还有意志力，对未来那个意志力薄弱的自我早作防范。因此，为了有效使用闹钟，我们不仅需要设定闹铃响起的时间，而且还需要把闹钟放在一个我们不能一伸手就够得到的地方，以免自己因为贪睡，朦朦胧胧地按掉已经响起的闹钟。这就像花钱无度的太太在逛商场时让先生保管自己的钱包，或者戒烟者对朋友们宣布自己已经戒烟，以此来借助他们的监督力量。这样断自己的退路，有点破釜沉舟的意味。

自捆手脚在政治上就是权力监督和平衡的机制，对付专断权力的笼子不仅仅是用来关别人的，而且也是关自己的。这样的制度先行承认人的弱点，然后设计出不让这些弱点冒出来捣蛋的办法。如果说美国宪法设计了民主制度，那么它并不认为民主是为实现高尚道德理想而产生的制度（让人民放开手脚大干一场）。它是针对人性的有限性而构想的一种制度。根据这种观点,人基本上是一个自私自利的、道德不可靠的东西,你无法对他期待过高。这种看法对于人性有一种切实的现实感。站在这个立场上,建国之父之一的汉密尔顿说:"我们应该假定每个人都是会拆烂污的瘪三,他的每一个行为,除了自私自利,别无目的。"

这样理解人性并不是以失败主义或犬儒主义的态度看待人性,而是对人性有一种"抑郁现实主义"(我们可以称之为"忧患意识")的认识。抑郁现实主义(depressive realism)是美国心理学家劳伦·阿洛伊(Lauren Alloy)和林·阿伯拉姆森(Lyn Y. Abramson)于1979年提出的。他们认为,抑郁者(忧思者)比非抑郁者能够做出更为现实的推理,"比起非抑郁者(他们经常高估自己的能力)来,抑郁者在判断自己处理事情的把握时更准确。他们是那些'吃一堑,长一智'(sadder but wiser)的人,非抑郁者太容易屈从于自己的错觉,用美好的眼光看自己和环境"。因此,忧郁的现实主义反而比较接近真实。

美国神学家、思想家雷茵霍尔德·尼布尔(Reinhold Niebuhr)说,"人行正义的本能使得民主成为可能,人行不义的本能使得民主成为必需"。这是一个对人性卑劣和高尚双重性的观察。上帝(或自然)给人良知,人于是能做好事。可是人性中还有不完善和软弱的一面,需要有所制约。人可以认识自己的弱点,也有能力设计克服这些弱点的办法。人不仅能发明闹钟,而且还能学会如何更有效地使用闹钟:把它放得远一点,不要让自己一伸手就可以方便地把铃声关掉。

6. 表情符号的情感自欺

许多人喜欢在微信中添加一些有表情的小黄脸,就是人们所说的"绘文字"(emoji)。Emoji如今已是一个收入词典的英文字,是日语原名的罗马注音（1999年由日本人栗田穰崇发明）。在日语中，这个字是 e（绘，"picture"）＋ moji（文字，"character"），但却相当符合英语使用者的词根联想（谬误词根效应）。这是因为，绘文字表达的内容非常单一，仅为"情感"或"情绪"，即英语中的 emotion。绘文字是被当作一种表达情感的"符号"来使用的。

绘文字是"颜文字"的进一步图像化。1982年美国电脑科学家史考特·法尔曼（Scott Fahlman）率先使用了":-)"及":-("这样的标点符号组合，于是开始有了"颜文字"。这是一种字符表情，是用标点符号及英文字母组合而成的比较简单的面部图案。继颜文字和绘文字之后，"表情包"又成为进一步的图形化表情符号。表情包是社交软件兴起之后形成的一种流行文化，通常以时下流行的名人、语录、动漫、影视截图为素材，加上一些相匹配的文字，用以表达特定的情感。

在这三种表情符号的变化过程中，图形变得越来越丰富、细致，但表现的内容并没有变，仍然是人的情感。情感又称情绪，是人类普遍能感觉到的快乐、愤怒、妒忌、哀伤、爱慕、害怕、厌恶，以及其他多种不同的混合形式。

可以从两个不同的方面来了解"表情符号"的情感作用，一个是为传递的信息添加某种情感氛围，另一个是试图表达的情感本身。

人们在用书面文字或口头语言交际的时候，传递的不只是"意思"，而且是某种情绪氛围中的意思，因此需要借助语气、语调、敬语、礼貌和情感遣词等文字外手段。"你要当心"这句话，用善意提醒或恶意威胁的语调说出，同一句话会有完全不同的意思。"表情符号"可以用来营造数码交际的情绪氛围，数码交际具有即刻和亲密的特征，但恰恰又缺少传递情绪氛围的手段，表情符号正好满足了这需要。就像是在说话时打哈哈或提高嗓门一样，一张笑脸可以把一句在文字上显得突兀或可能冒犯的话变成一个"玩笑",一张怒脸可以把一句平淡的判断强化为一个威胁或谴责。

使用表情符号最多的人群是青少年,他们正处在情绪丰富、剧烈,特别渴望表达的年龄。表情符号是一种"俚语"(slang),一种在特定人群中使用的非正规语言,而青少年又正好是最偏好俚语的人群。许多俚语都是通过这个人群进入通用语言的,尤其是在网络电子交际的时代,中文里有数不清的例子。斯坦福大学社会语言学教授埃克特(Penelope Eckert)指出,"青少年是语言变化的真正推动者和促进者。先是地方语的差别,后来是不同的语言,引导这些变化的都是青少年。……地区和种族方言的区别也是一样。这是语言的社会分化过程,在这个过程中,年轻人出力要比上了年纪的大得多"。俚语的情绪色彩经常是简单、夸张、程式化的,正符合大多数青少年的思维和说话方式。

表情符号涉及的另一个方面是它要表达的情绪本身。在许多人看来,文字交流中使用表情符号显得幼稚、低能,是因为缺乏文字能力,才用插画般的符号来图解情感。表情符号不过是成人使用的儿童贴纸,好玩而已。也有人认为,一图抵千字,表情符号的图像经常能表达文字无法表达的情感和情绪,而解读图像正是人类交际的一个重要方面。

心理学家麦拉宾(Albert Mehrabian)提出过一个著名的(也是有争议的)"麦拉宾法则"。他认为,人们交际时,根据语言得到的讯息(谈话内容、言词的意义)占7%,从听觉得到的讯息(声音大小、语调、语气等)占38%,透过视觉得到的讯息(表情、动作、态度等)占55%。麦拉宾法则因此也称为"7—38—55法则"。这个法则被用于解释人际交往中第一印象的形成:第一印象五成以上是由"视觉接收的讯息"所决定。面对面交往中是如此,那么在微信式的数码交际中又是一种怎样的情况呢？有研究者认为，有93%的非语言交际手段得不到或无法运用。

表情符号能填补一些非语言交际的空缺，但却非常有限，因为人流露在脸上的表情要比用表情符号表示的来得远为真实和微妙。虽然人脸上的情绪表情也可以假装，但假装往往会留下痕迹，而假装的痕迹本身便会成为一种透露真实情绪的面相表情。但表情符号则完全不同，它可以是一种全然与"表情"无关的表情"符号"，即使在真实的情况下，它也只是某种情感的一个简易的、概念化的替代物。

就表达情感而言，文字是陈述（或解释），而不是试图替代表情，但表情符号的图像却兼具陈述和替代的作用。后一种作用使它就像戏剧表演时使用的面具一样，起到的是拉开而不是拉近交际者距离的作用。在对他人呈现情感的时候，人们经常需要选择如何隐瞒自己的情感，或者展露自己没有的情感。在人们对自己展露情感时，他们则需要说服自己去拥有某些应该拥有的情感，或者不要某些不该拥有的情感。在数字交际时代，对人或对己，表情符号都为满足这些古老的需要提供了新的手段。

就像一位巧舌如簧的售货员可以说服（成功劝说）你买下一件你并不真的需要的外套一样，一个很"萌"（cute）的表情符号也能在你身上发生相似的说服或劝说影响，它让你觉得自己真的有了某种其实并没有在心里真实地感受到的情感。前一个是你被人很巧妙地骗了，后一个是你很巧妙地骗了你自己。

7. 自我欺骗的道德危害

人们经常把自我欺骗——故意对自己隐瞒事实或不承认某种真相——看成是一种不成熟的愚蠢或弱智行为，而并不把它当作一个道德过错。一个自我欺骗者众多、自我欺骗现象普遍的社会也经常被视为群体蒙昧、民智未开的社会，而不是一个道德缺失或不道德的社会。其实，自我欺骗现象从认知和道德两个方面同时为我们提出个体自我和集体反思的问题。

在认知方面要问的是，我们既然有理性，也明了真实和说理有益于社会，为什么还随处可见歪理、装傻、自我哄骗、揣着明白装糊涂？仅仅是因为个人的认知局限、智力不足、心理弱点、自然偏误吗？还是因为人们身不由己地受到社会习惯的影响和制度条件的限制，以致不能对自己和他人说真话？

在道德方面，我们要问，自欺在什么情况下会造成不道德的后果？自欺是（如康德所说）最严重的不道德吗？还是许多严重不道德中的一种？自欺是否能在特定情况下被允许（就像有的情况下允许说谎一样）？自欺者是负有道德责任的过失者，还是被动的受害者，或者二者皆是呢？

在对这些道德问题的回答中，必然会包含一系列与"真实"有关的价值：诚实、真诚、本真、诚信。这些也正是当今某些地方道德危机中最令人深感匮乏的价值。经过了20世纪一次又一次政治运动的否定，遭到了各种"后现代"道德怀疑主义和虚无主义的攻击，面临着当今功利主义和犬儒主义的阻碍，这些与"真实"有关的价值顽强地存活了下来，虽然不时在被动摇，但并没有消亡。

作为对不良道德状态的反应，我们思考自我欺骗（当然还有与之相关的欺骗他人）的不道德性，可以从多种不同来源的道德哲学思考得到启发。

苏格拉底说，"认识你自己"，要求我们把认识自己当作具有道德意义的人生必要条件。18世纪启蒙运动时期，英国道德哲学家、自然神学家巴特勒（Joseph Butler）提出，自欺侵蚀人的道德，窒息人的良心。苏格兰哲学家和经济学家亚当·斯密（Adam Smith）赞同巴特勒的观点。从弗洛伊德开始，心理治疗科学就把"对自己诚实"视为神志健全的美德，当作治愈神经病症和增进精神健康的不二之途。受尼采和索伦·克尔凯郭尔的影响，萨特把"本真"当作唯一的美德，并把自我欺骗当作最大的恶德。继俄国的陀思妥耶夫斯基、托尔斯泰和挪威的易卜生之后，许多20世纪作家都把真诚和自欺作为自己文学创作的主要道德思考题材，他们包括纪德、普鲁斯特、T. S. 艾略特、尤金·奥尼尔、萨特、加缪、拉尔夫·艾里森（Ralph Ellison）、约翰·巴斯（John Barth）。

自欺因其本身包含的不真实、不真诚、虚假和虚伪而受人诟病，它主要是一种"衍生性过错"（derivative wrong）。它的道德过错在于它可能产生和支持某种特别严重的道德罪过，如对别人欺骗洗脑、在政治运动中诬陷、出卖或用其他方式加害于无辜的他人。德国纳粹统治时期，许多普通德国人都因为自欺的无知或假装不明真相，而心安理得地加入了纳粹的集体作恶。

一个人的自欺罪过是与他必须承担的个人责任联系在一起的。亚里士多德在《伦理学》中（Book III, chapter 5）指出，当一个人应该为自己的无知负责的时候，他也就必须为因无知而犯下的罪过负责，不能用无知来做脱罪的借口。一个人酒后杀人，不能拿醉酒来做借口，"因为他有不喝醉的能力，而醉酒是他不明事理的原因"。一个人也不能用不知法来作为犯法的借口，因为他具有了解和知道法律的能力。同样，当一个人应该为自己的自欺负责的时候，他也就必须为因自欺之故而犯下的过失负责。

纳粹统治时期，无数普通的德国人用各种自欺的方式来无视、容忍、协助纳粹作恶,他们告诉自己,希特勒给德国带来了昌盛和光荣,是永远正确的伟大元首,犹太人是劣等民族、是腐蚀德意志社会的毒菌。他们还让自己相信,希特勒的侵略战争是为了争取德意志人应有的生存空间、奥斯维辛集中营里的集体屠杀是子虚乌有的编造。在别的一些制度下也有许多类似的自欺行为和现象,人们对现实里的不公不义和人道灾祸视而不见、不闻不问、装聋作哑、难得糊涂,甚至首鼠两端、随波逐流、掘泥扬波。这样的参与作恶者必须为自己的自欺负责,也必须为因自我欺骗而犯下的其他罪过负责。

第二章　认知失调是怎样一种自我欺骗

批判性思维是人在心智健康的状态下才有的思维方式，我们不会对一个患有精神疾病或思维能力先天不健全的人提出批判性思维的要求。批判性思维的"批判性"（critical）一词可以追溯到希腊语的"kritikos"，原义是辨别力、洞察力、判断力，引申出清醒、敏锐、精明的意思。但现代研究者指出，"批判性"包括两个部分：思维技能（thinking skills）本身和元认知技能（meta-cognitive skill）。元认知技能是一种旨在审视和改进思维技能的，分析和优化思维过程的能力。

就思维技能而言，批判性思维有人们广为提倡的特点，比如：不草率、不盲从、怀疑和质疑的精神、关注和敏感、知识好奇和勇气、深思熟虑、全面周全等等。这些都体现了具有普遍意义的智能价值（universal intellectual values），如确切、连贯、清晰、相关、一致、准确、公正、深度、广度，因此而能够意识到偏见与歧视的存在，并注意克服其对判断的影响，能保持宽容开放的心态，理性地看待各种观点，理解他人，愿意修正自己的观点等。如果没有普遍正当的智能价值，那么元认知的自我指向、自我监控和自我纠正也就根本无从谈起。

对思维技能缺失与偏误的探究和分析，以及纠正和改进方法，都是在元认知的层面上进行的，其中包括本章要讨论的"认知失调"和第二部分里要讨论的"捷径思维""认知偏误""认知错觉""情感昏智"。

"认知失调"是美国社会心理学家费斯汀格在1957年的《认知失调理论》(*A Theory of Cognitive Dissonance*. Stanford University Press, 1957) 一书中提出的一个心理分析概念，在社会心理学研究中受到广泛的讨论和运用。认知失调指的是一个人在同一时间拥有着两种互相矛盾的想法，因而产生了令人焦虑、不安、不能释怀的紧张状态。矛盾的想法中包含不同的认知（知识），"认知"所指的可以是任何一种形式的知识，包含看法、情绪、信仰，以及行为等。费斯汀格认为，人在意识和知觉到自己有两个彼此不能调和一致的认知时，会感觉到心理冲突和化解冲突的需要。因此，认知冲突引起的紧张不安会转变为一种内在动机作用，促使个人放弃或改变认知之一，而迁就另一认知，借以消除冲突，恢复调和一致的心态。

1. 什么是认知失调

费斯汀格在《认知失调理论》中提出的认知失调学说有两个理性主义的前提：第一，人有统一的意识，可以察觉同一意识中不同的认知，如果一个认知是正确的，那么另一个与之矛盾的认知便是不正确的。人在意识中可以使一个认知迁就另一个认知，这种自动调适经常是带有自我欺骗性的，是一种自欺。这有别于弗洛伊德的意识和无意识两分说，在弗洛伊德那里，正确的认知被压制到无意识里，而错误的认知在意识中被当作正确认知，这时候，便有了自我欺骗。第二，认知失调说里的"知识"不是柏拉图主义的绝对真实，而是"一个人所知道的关于自己或环境的事情"，可以是事实、看法、行动、反应等等。

认知失调涉及不同认知（知识）之间的矛盾或不一致。不同的认知之间可能存在三种不同的关系：不相干、适调、失调。例如，"某人是中国人"和"东北菜里最好吃的是粉条炖猪肉"这两个认知是不相干的（当然不是不可以建立某种牵强附会的联系）。在适调关系里，可以从一个认知得出另一个认知，例如，某人是东北人，他喜欢粉条炖猪肉。在失调关系里，两个认知互相矛盾，例如，某人是素食主义者，他喜欢粉条炖猪肉；或者某人说自己很廉洁，他贪污了两千万。失调的认知关系有许多不同形式，造成失调的原因也多种多样，其中有两种相当常见的情况。

第一，一个人在做决定时严重受制于环境的限制，或者举棋不定、左右为难，这时候便会出现认知失调。乔恩·埃尔斯特（Jon Elster）在《酸葡萄》（*Sour Grapes: Studies in the Subversion of Rationality*）一书里就详细分析过这种认知失调，他称作为"心理调适"。"酸葡萄"是一种降低认知不协调（reducing cognitive dissonance）的心理机制。当一个人"不能做什么"和他"可能想做什么"之间出现了紧张关系的时候，就会出现这种不协调。为了降低和消除这种不协调，最方便的办法就是调整选择，这样才能适应"不能做什么"的现实。狐狸因为吃不到葡萄，所以调适了它自己的选择："我不要了"。狐狸不只是"不要了"，而且还给自己一个"应该不要"的理由："葡萄是酸的，不好吃。"

第二，本来适调的认知关系会因为有了新的信息而变得失调。1956年赫鲁晓夫在苏共二十大上所作的秘密报告也曾给许多人造成了认知失调。

新信息的冲击可能强烈到令人发狂或生不如死的地步。那些活下来的人则需要努力使自己失调的认知回复平衡。这往往会造成一些看上去似乎很奇怪的反应。费斯汀格在与他人合著出版的《当预言失败时》(When Prophecy Fails, 1956)中就分析过一个案例。芝加哥一位名叫玛丁的家庭主妇是一个叫"追求者"的地方教派的组织人,她向她的信众们宣称,在 1955 年 12 月 25 日,一场洪水将会摧毁世界,而外星人会驾着飞碟来解救他们,把他们带到安全的地方。信徒们为世界末日做好了一切准备,辞去了工作,变卖了家产,甚至把裤子上的铜拉链都剪掉了,以免妨碍飞碟的电子通讯。结果,当那一天到来时,世界并没有毁灭。按理说,这些受骗的人应该清醒了,但是,完全出乎一般心理推断的预料,这些坚定不移、付出了重大代价的信徒不但没有改变他们的信念,反而变得更加坚定和虔诚,他们相信,世界没有按原计划毁灭,是因为他们迎接死亡的虔诚态度感动了上帝。

"追求者"们甚至完全改变了他们以前一贯低调、不愿与外人来往的作风,变得热衷于宣扬他们的教派信仰,到处加倍努力向他人证明自己教派的正确。费斯汀格等人用"认知失调"——人们的经历与信仰相矛盾时产生心理不适,以致反而变得更依赖信仰——来解释这个奇怪的现象。他们认为,要使人们接受一个虚假的预言,有几个条件:第一,预言要符合人们原来的信念;第二,需要接受预言者卷入预言的相关活动(个人卷入的程度越高,为这项活动牺牲得越多,就越相信预言的真实性);第三,要维持信仰,还必须有社会的支持,或团体内部成员的相互支持,以相互强化无法证实的信念。这就是所谓的"预言社会心理学"。今天有人不仅怀念"文革"时代,甚至还期待再次发生那个时代的事情,坚持认为那时的暴风骤雨可以解决当前中国社会腐败的问题。他们的认知失调与"追求者"信徒们有得一比。

2. 日常经验与自我欺骗

认知失调被用来说明许多在日常生活中常见的"自我劝说""自

我说服""自我安慰""自我排遣"现象，心理学家也经常用这类现象来说明认知失调。例如，一个吸烟成瘾的人，明明知道吸烟不利于健康，但却下不了戒烟的决心或不能付诸行动。这就形成了一种令他不舒服的认知失调。他可以用两种方式来消除这种失调引起的紧张，第一，戒烟。第二，干脆不在乎什么健康不健康。但是，这两条他都做不到。于是，他会对自己说，吸烟的人也不都有健康问题，那些说吸烟不利于健康的科学报告未必真的科学。在许多理性的旁观者看来，让自己相信这样的说法，以此来逃避戒烟的选择，其实是一种自我欺骗。心理学为我们提供了许多这类经验证据。

认知失调理论不用"自我欺骗"这个说法，可能是因为这个说法中的"欺骗"包含着来自道德哲学的贬义。在许多哲学家那里，"自欺"是一个批评或指责的说法，在心理学家那里，"自欺"则被当作有悖理性的"认知失调"。在道德哲学中，自欺经常是一种道德罪过，至少也是一种过失；在心理学中，自欺是一种心理倾向，顶多也不过是一种认知弱点或偏误。哲学的取向是道德批判的，而心理学的取向则是现象描述的；哲学告诉人们分辨什么，心理学告诉人们怎么分析；哲学强调分辨善恶，心理学注重的则是发现正常。以色列心理学教授丹尼尔·斯塔特曼（Daniel Statman）在《伪善与自欺》（Hypocrisy and Self-deception）一文中认为，"自我欺骗"为我们提供了一个很好的例子，让我们看到，"在道德哲学和心理学之间是多么缺少接触。虽然自我欺骗是这两个领域中几十篇论文的议题，但哲学家很少提到心理学家的研究，心理学家也很少提到哲学文献"。他说，"我认为，缺少相互接触对这两个领域都是不利的……（心理学的）的经验证据研究可以对我们的哲学认识有所贡献"。

哲学和心理学要增加接触和交接，可行途径之一就是让它们在具体事例的经验层次上尽可能接近。正如斯塔特曼所说,"伦理学的作用就是为我们提供可以判断真实生活中确实有的,而不只是'可能'的事情"。这就要求在讨论自欺的时候,举例和说明都要接近读者的日常生活经验,但又不完全停留在日常生活的层面上。过于琐碎的日常生活经验容易给读者造成一种错误的印象:认知失调论不过是用心理学的术语解说他们在经验中早已司空见惯的现象,而没有揭示什么他们还未知道的东西,因此虽然有趣,但未必深刻。而与哲学思考交接的心理学则会给读者更广阔的思考空间。

例如,埃尔斯特在《酸葡萄》一书里的酸葡萄故事是一个众所周知的自我欺骗或认知失调故事,但他并没有局限于这种浅显的经验常识,而是把这种自欺提升到对奴性思考的层次上。黑格尔提出过著名的主奴关系辩证思考,尼采拒斥了黑格尔的主奴辩证法。在黑格尔那里,奴隶获胜是可预期的,但对于尼采来说,奴隶的获胜不是最后的事实,而是一种偶然的结果,主人完全可以再次取胜——具有主人气质的超人在将来依旧会降临。另外,对尼采来说,奴隶是虚弱之力的表现,奴隶的虚弱导致他们的怨恨道德。在尼采看来,奴隶永远是奴隶,奴隶不可能占据主人的真理,主人也永远是主人,主人不可能沦落到奴隶的自我保存状况。"主人和奴隶的关系本身并非辩证的关系。那么谁是辩证法家,谁使这种关系辩证化了呢?是奴隶,是奴隶的视角和属于奴隶视角的思维方式"。(德勒兹:《尼采与哲学》)也就是说,那些关于奴隶最终会比主人强大的说法是奴隶认知失调的产物,是奴隶用来解释为什么自己愿意是奴隶而不是主人的。

3. 自欺是无选择的选择

埃尔斯特运用的是尼采式的思考,他同意法国文化学家保罗·韦纳(Paul Veyne)对"酸葡萄"的政治见解。韦纳指出,"酸葡萄很容易让臣民赞美统治者"。埃尔斯特补充道,奴隶敬爱主子是一种意识形态,奴隶敬爱主子首先是因为他们已经处在了奴隶的位置,没有其他的选择。其次,奴隶可以因此憎恨主子,但他偏偏选择了敬爱。主子可以压迫奴隶,但无法强迫奴隶从心底里敬爱自己(当然可以装装样子),敬爱是奴隶的自愿选择。也就是说,臣民敬爱主子是一种适应性选择,一种在得不到葡萄的情况下,为自己编造的"柠檬甜"神话。在奴隶的"柠檬甜"神话里,压迫不再是压迫,而是变成了"爱护""关怀""保护"。埃尔斯特认为,这是对主奴关系的一种意识形态理解,归根结底,造成这种意识形态的是主子的压迫,而不是奴隶的适应。他对此指出:"被压迫者(奴隶)也许自动编造了压迫的合理性,但这不等于说压迫是他们发明的。"

在奴隶不得不接受压迫,不得不当奴隶的情况下,较仁慈的主子比残暴的主子要好。因此,奴隶经常会对较仁慈的主子(往往是与非常残暴的主子比较出来的)感恩戴德,报以热爱和歌颂。埃尔斯特指出,这是一种酸葡萄机制的"操控"(manipulation)效果,"酸葡萄可以让人们满足于自己所能得到的那一点点东西"。不自由的人民很容易满足于统治者给予他们的恩惠,尤其是物质享受和提供安全感的稳定。有了这些"好东西",他们对得不到的其他好东西变得不再那么有兴趣,甚至把有些好东西当成坏东西来加以鄙视或排斥。他们会告诉自己,那些他们得不到的东西——自由、权利、尊严——原本就不值得希求。这也就是埃尔斯特所说的,"故意给人们一些选择,目的是排除他们对另一些可能选择的向往"。

感受到当奴隶的幸福,或者当幸福的奴隶,这样的自我欺骗可以用萨特在《存在与虚无》(1943)一书里说的 mauvaise foi(自欺)来表述，萨特认为，自欺是一个与现代人生活如影相随的问题。自欺发生在我们对自己说谎的时候，自欺让我们摆脱眼前的痛苦，却造成了我们长期的精神贫困。我们说服自己相信不该相信的，是因为这样比较省事，比较方便。生活在不自由的状态中，说服自己接受现实要比改变它容易得多。我们对自己说谎，因为我们需要相信自己别无选择，但其实选择总是有的。相信自己别无选择，而不是承认有选择而不敢选择，这更能让我们可以心安理得地躲避选择。这样我们就无须为自己的选择负责。

萨特指出，扮演角色是一种典型的自欺。他有一个著名的例子，一位侍者对自己说，我不过是一个侍者，注定如此，所以应该好好工作，我需要靠这个养家糊口。萨特说，事实并非如此，因为我们是自由的，再怎么也可以有别的选择。在我们的人生中，会有清醒但令我们害怕的片刻，夜深人静的时刻，我们突然意识到，为什么我一定要这个活法？为什么不能舍弃现有的，换一个活法？先是有一个想法：我这个活法太窝囊，不能怪别人，也不能怨环境，是我自己的错。继而又马上压抑了这个想法，第二天还是重蹈前一天的覆辙，依然故我，毫无变化。我们忘记了"存在先于本质"，那就是，"我是谁"不等于我有什么工作、有什么地位、领导或同事怎么看我，我的"存在"要大得多，它包含着萨特所说的"所有现在还不是，但有可能变成是的可能"。

在自欺中，我们不去想那些别的可能（我们甚至根本不相信存在什么别的可能，因此沉陷到犬儒主义中去）。我们要让自己相信，现在的生活方式是最好的，我们找出各种各样的理由来证明这个。这样的"柠檬甜"神话让我们充满了幸福感，也使我们痛恨和仇视那些提醒我们不要自欺的人们。无论是费斯汀格所说的认知失调说，还是萨特所说的自欺,都不应该让我们为自己的人性软弱觉得自卑,而是可以提醒我们,我们其实可以比自己想象的要更加理性,因为我们可以克服认知失调。我们也可以变得更加自由,因为我们可以不囿于自欺,而是积极地设想和想象与现实不同的可能。

4. 双重思想是一种怎样的认知失调

"双重思想"(doublethink)由乔治·奥威尔在《1984》一书里首创,现已成为英语中的一个标准词汇,美国《蓝登英语大辞典》对doublethink的定义是"同时接受两个相互矛盾的想法或信念"。英国牛津大学出版社出版的《牛津英语指南》(The Oxford Companion to the English Language)在"两个都接受"之外,还加上了一条,"以为两个都正确",并指出,"这种吊诡在小说中最精练的表达就是《1984》里的'战争即和平''自由即奴役''愚昧即力量'"。奥威尔所关注的那种双重思想是用权力话语洗脑的结果,洗脑越彻底,双重思想者就越是会对自己头脑里的矛盾和不一致无所察觉、泰然处之,或者即使有所察觉,也见怪不怪、漠然处之。

社会心理学研究也很关注人的双重思想现象,有时候会称其为"认知失调"(cognitive dissonance)。这很容易造成概念上的混乱。其实,认知失调如果发生在一般社会中,就不一定是《1984》特殊社会中的那种双重思想。

一般社会里的认知失调是指,人在同一时间有两种互相矛盾的想法,因而产生了不安的紧张状态。"失调"是两种认知之间所产生的一种不兼容的知觉。相互冲突的认知会成为一种原初驱动力,强迫心灵去寻求或发明新的思想或信念,或是去修改已在心里存在的想法,好让不能弥合的认知冲突程度减至最低。社会心理学研究已用多种实验说明或证明这种原初驱动力的存在和作用。

认知失调理论是认知心理学对偏误研究的一种，在一般情况下，人们的态度与行为是一致的，例如，你喜欢一个人，便亲近他；你讨厌一个人，就疏远他。但是，有时候态度与行为也会出现不一致，例如，你厌恶你的上司，但因为怕冒犯他，害怕他报复，你不敢表示出自己的厌恶，反而去恭维他，讨好他。在态度与行为产生不一致的时候，常常会引起个体的内心不适和心理紧张。为了克服这种由认知失调引起的不适和紧张，人们需要采取不同的方式，以减少自己的认知失调。你每天不得不与你不喜欢的上司相处，每天假装喜欢他，不仅神经紧张，而且心情压抑、觉得自己憋屈窝囊。因此你会告诉自己，我其实也不是那么不喜欢他，他有缺点，但还算是个不错的领导。这么一来，你喜欢他就不是假装的了，更不是违心地拍马谄媚。一旦亲近的行为显得真心实意，可以问心无愧，认知失调也就消除了。

一般社会里的"认知失调"与奥威尔所说的"双重思想"是有区别的。第一，认知失调的矛盾感觉所造成的不适和不快要超过双重思想，而且，认知失调中会有个人"良心"的作用（例如，对他人做了错事，急于寻找自我辩解，以求心安的理由）。相比之下，双重思想并不会造成个人的良心不安，也不像认知失调那样引起对自我矛盾的焦虑和不适。

第二，双重思想的矛盾不是个人自己造成的，因此个人没有强烈和迫切的动机去降低和消除它。在双重思想的世界里，人的情感被扭曲，感受不适和不快乐的程度及方式都会与传统社会的价值有所不同，例如赫斯（Rudolf W. R. Hess），原来的纳粹帝国的二号人物，贵为国家的副元首。但是在 1941 年，这个人却飞往了英国，并背叛了希特勒。双重思想同时相信，副统帅是统帅最好的学生，所以要热爱他；副统帅叛逃成了卖国贼，所以要痛恨他。这里的"热爱"或"痛恨"

都不能适用于一般情况下人们对这两种情感的感受。在不同的奥威尔式社会里，双重思维也会有所不同，因此，双重思维的特征在于具体环境中的特殊性，而认知失调则在于普通状态下的一般性。

第三，认知失调比双重思想更依靠个人所做的合理化解释，个人的理性也就更为重要。认知心理学关注的认知失调是一种降低和消除人的欲望与理性之间矛盾焦虑的机制。这是一种对自己进行"说服"的机制，在一般的认知失调里，这是一种个人性质的说服机制，例如，我既要健康，又不愿意放弃烟酒嗜好，我就会说服自己，抽烟喝酒的人许多都是健康长寿的，因此我无须改变自己的生活方式。相比之下，奥威尔所说的"双重思想"则主要是政治和意识形态性质的，人们同时拥有两种相互矛盾的想法。一个人在头脑里同时拥有这两种相互抵触的想法，他无须用自己思考所得的理由来说服自己。对这种事情，不是他个人可以要怎么想就怎么想的，他清楚地知道，他必须小心翼翼地按照官方的说辞和口径来说话，不可胡思乱想，不可胡说八道。

第四，认知失调是在欲望和理性之间进行调适，欲望所坚持和不愿放弃的事情，如果不合理，那就需要找出理由来予以合理化和正当化（往往是私人的理由）。双重思想则是在利益和理性之间进行调适，利益所在，即使违背自己的良知，干出伤天害理的恶事，也会找出许多正当的理由来（往往是政治或社会的理由）。"文革"时代许多残害他人者并不是天生的恶魔或虐待狂，而是因为参与残害他人有利可图，他们这才干下了可能与良知相违背的事情。但他们并不会承认作恶是出于私利的动机，而是会用冠冕堂皇之词来为自己的恶行做合理化的辩解。

中国社会中的认知失调特征，有的是在其他社会中也常见的，有的则是其他社会中很少见的，这在"文革"时代和之后的双重思维里表现得特别明显。虽然近年来怀念"文革"时代的事情时有发生，但明目张胆、大张旗鼓地怀念那个时代，对之公开热情颂扬，其实并不多见。国民对那个时代的灾难记忆并没有完全淡忘，明目张胆、大张旗鼓地怀念那个时代仍然是一件违背人们现有道义忌讳的事情。这样的事情不是没人会做，但做这样的事情并不光彩，不得不运用暗示而非明言的方式。怀念那个时代经常会用一种虽不直接颂扬，但却明白怀念的方式来进行，那就是唱某个特定时代的歌。

唱什么歌都行，唱歌本身并不是问题，问题是为什么目的，在什么场合，由谁组织，为何推动等等，而这些都是会有争议的。出于怀旧、喜好或别的动机唱歌或者唱某种歌，那本来是个人的选择，谁愿意，谁就唱，这是他们自己个人的娱乐。但是，权力的介入和利用会根本改变唱歌这一娱乐活动的性质。权力的介入和高调组织、宣传，这些必然会使得唱歌成为一种政治活动，甚至政治运动，也因此成为一种思想控制的手段。这是"文革"时代的教训，也是为什么几年前重庆倡导的那种高调组织、宣传的"唱红"会令人联想到那个时代的原因。那个时代的样板戏和语录歌之所以可怕，并不在于它们直接招人厌恶。事实上，它们有悦耳的音乐和高亢的歌词，很能"提精气神"，但是，在表面的美好词句和精气神后面，隐藏的却是一种仇恨、暴力的政治手段。

5. 认知失调的心理防御

认知失调的理论能帮助我们更好地了解利益与行为之间的心理关系。人们一般会简单地认为，个人行为受利益（如经济或政治利益）驱使，也就是所谓的"无利不起早"。单纯用利益来为行为归因，就会难以解释为什么有些人会在并不能获得实际利益的情况下也有某些特别的行为。

认知失调的心理效应是让人觉得自相矛盾、难堪、不快乐、无所适从。在这种情况下，一般人都会有意无意地用某种方式降低或消除认知失调，以恢复精神和心理上的平衡与安宁。为了降低或消除认知失调，当事人有时候会诉诸非理性的方式，让旁观者觉得匪夷所思、不可理解。

美国社会心理学家利昂·费斯汀格和梅里尔·卡尔史密斯（J. Merrill Carlsmith）曾经做过这样一个心理实验。他们让 71 名实验参与者重复做一件极为枯燥单调的事情，参与者们当然都对这件事非常反感。但是，参与者们被要求去劝说自己的朋友也来做这件事情，告诉他们这是一件非常有趣和有意义的事情。参与者们有的可以得到 1 美元的报酬，有的可以得到 20 美元的报酬。

所有参与者们都被迫陷入这样一种认知失调，"我告诉别人这件事情很有趣，而实际上我觉得它非常无聊"。这明明是在说谎，但是不是心安理得呢？研究结果发现，得 1 美元报酬的人比得 20 美元报酬的人在说谎时更心安理得，因为他们更容易相信，我不是为了钱才这么说的，我真诚地认为这是一件有趣的事情。而那些得 20 美元报酬的人却会觉得自己是为了钱才说的谎，因此反而更愿意承认"我不是一个说谎者，但我却说了谎"这个事实。

得 1 美元报酬的人比得 20 美元报酬的人更积极、更言不由衷地劝说别人，当然他们也更不容易清楚地知道，自己说的话到底是不是"由衷"。他们因为没有金钱利益的动机，所以需要相信自己是真心的，没有说谎，以平息自己的认知失调。但是，得 20 美元报酬的人则不需要平息这样的认知失调。

人的行为并非都能从经济或别的直接利益来解释，人会有与自己的利益不符，甚至违背的行为。解释这种失调现象的另一个心理学说法叫"心理防御"（psychological defense），也就是通过一种下意识的心理机制来降低外来伤害刺激造成的焦虑或不安。美国心理学家，哈佛大学教授乔治·维兰特（George Vaillant）在《自我的智慧》（The Wisdom of the Ego，1993）一书中指出，心理防御是一种自我欺骗，"它有助于解释那些在人生（早期）遭受伤害和不幸者的精神恢复"。他指出，"防御的选择可以延长到整个成年期，可以使令人愤怒的沙粒变形为珍珠"，"自我欺骗的能力使得人生中铅灰色的时刻变成了金光闪闪的时刻"。心理防御对心理疾病患者也许能有潜在的治疗价值，有利于他们恢复健康。但是，对于任何一个心智健全，能够理性思考的正常人来说，这样的自我欺骗更多是病态而非健康的状态。

我们对一件事情，不管是对是错，也不管是否有意义，只要做了，付出的牺牲越多，就可能越坚持，只为了让我们的一切牺牲和痛苦有意义。这就是认知失调的心理防御。以色列历史学家尤瓦尔·赫拉利（Yuval N. Harari）在《未来简史》一书里讲了一个真实的历史故事。1915 年，意大利正式参加第一次世界大战，参战的高尚理由是"解放"由奥匈帝国"不法"占有的特伦托（Trento）和的里雅斯特（Trieste）这两处"意大利领土"。当时民族情绪空前高涨，数十万意大利士兵开往前线，高喊："为了特伦托和的里雅斯特！"但是，光靠爱国情绪是不能打胜仗的，奥匈帝国的军队在伊松佐河（Isonzo River）沿岸组织了强大的防线。意大利共发动了 11 次血腥战役，最多只攻下几公里，从未有真正突破。第一场战役，他们损失了 1.5 万人。第二场战役，他们损失了 4 万人。第三场战役，他们损失了 6 万人。就这样腥风血雨地持续了两年，直到第十一场战役。但接下来，奥地利人终于反击了，一路追击到威尼斯。意大利人的光荣出征换来的是一片血海的溃败。战争结束的时候，意大利士兵死亡人数达 70 万，受伤人数超过百万。

意大利人吃的就是认知失调的苦头。赫拉利指出，"输掉第一场伊松佐河战役后，意大利政客有两种选择。他们本来大可承认自己犯了错，要求签和平条约。奥匈帝国根本和意大利无仇……必然乐意讲和。然而，这些政客怎么能面对这 1.5 万位意大利士兵的父母、妻子和孩子，告诉他们：'对不起，出了一点儿错，你家的乔凡尼白死了，你家的马克也是，希望你们别太难过。'另一种选择，这些政客可以说：乔凡尼和马克是英雄，他们的死，是为了让的里雅斯特回归意大利。他们的血不能白流！我们会继续战斗，直到胜利！"政客选择的是用另一个错误来纠正第一个错误，接着又需要第三个、第四个错误来纠正前面的错误，纠正不了，掩盖也是好的。这就叫"我们的孩子不能白白牺牲"。而民众并不比误导他们的政客更聪明，"承认一切是白白牺牲，政客要对这些人的父母开口已经很难，但对父母而言，自己承认事实更为困难，对受害者来说则是难上加难。失去双腿的残废士兵宁愿告诉自己，'我的牺牲，都是为了能让意大利民族永存的荣光'，而不是'我之所以没了腿，是因为蠢到相信自私的政客'。活在幻想里是一个更为轻松的选项，唯有这样，才能让一切痛苦有了意义"。

6. 人为什么会掩耳盗铃

掩耳盗铃是人们常用的一个成语，《吕氏春秋·自知》里的"掩耳"故事，原来是"盗钟"后来改成了"盗铃"。故事说，春秋时晋国贵族范氏被灭，百姓都跑到范氏家中拿东西。有人拿了一口钟，想背走，但钟太大，无法背走，便用锤子砸，结果钟发出响声。那人担心别人听到来争夺，便捂着耳朵继续砸钟。大家都知道这是一个关于自欺欺人的故事，但是，却很少有人想过是一种怎样的自欺欺人。

2016年10月20日，泉州鲤城区浮桥派出所接到辖区内一包装袋厂报警称，该厂财务室被人撬开。经过视频比对和辨认，警方确认嫌疑人为曾在该工厂上过班的赖某。监控录下了他的奇怪举动：朝某个方向拜了三拜。他在被抓捕后说，他对着监控拜三拜，是希望报警人或者警察看到监控不去抓他。这可以说是当下版掩耳盗铃式自欺欺人。

美国心理学家邓宁（David Dunning）和克鲁格（Justin Kruger）为这种自欺欺人现象提供了一个性质界定，那就是，这是一种认知偏差（cognitive bias）。能力欠缺的人有一种虚幻的自我优越感，错误地认为自己比真实情况更加优秀，他们误以为自己比实际上更有能力。这也被称为"达克效应"（D-K effect，是 Dunning–Kruger effect 的简称）。

这两位心理学家对达克效应的兴趣缘起于一个真实的美国掩耳盗铃事件。1995年，美国匹兹堡市一个名叫维乐（McArthur Wheeler）的44岁中年人，同一天在光天化日下，毫无伪装地抢劫了两家银行。电视台当天就在晚间新闻里播放了银行摄像机拍摄到的画面，一个小时后维乐就被逮捕。警察告诉他，逮捕是根据摄像画面的证据。他很吃惊，不相信地说，"我明明已经涂了柠檬汁的"。原来他以为，用柠檬汁涂脸可以在摄像机镜头前隐形。

邓宁和克鲁格认为，维乐用柠檬汁涂脸来隐形，意义不在于他这个人特别愚蠢，而在于显示了一种我们大家都有的认知偏误倾向。它包括两个方面，能力欠缺的人会高估自己的能力，而能力强的人则会低估自己的能力，这种认知偏误起源于人的内在幻觉，"能力差者估计偏误，是因为错误估计自己，而能力强者估计偏误，是因为错误估计他人"。能力差的人只想着自己，会以为自己能力很强；而能力强的人则会想到他人（这也正是能力差者所缺乏的能力），会认为他人的能力比自己更强。

邓宁和克鲁格发现,过高估计自己的现象从阅读理解、玩游戏、打网球,到驾驶车辆、医生问诊、官员制定政策,比比皆是。能力差的人大致有这样四个特点:一、通常会高估自己的能力;二、不能正确认识他人的能力;三、无法认知且正视自身的不足或不足的严重程度;四、可以通过恰当训练大幅度提高自己的能力,也能认识并承认之前的无能程度。

能力差是无知造成的,但能力差并不就等于无知。因缺乏知识而能力差,不难补救,但克服无知却不是一件容易的事情。最严重的无知是不知道、也不想知道自己无知,这也是最难以改变的能力缺失。邓宁用"日常生活中的病觉缺失(anosognosia)"来说明这种能力缺失。"病觉缺失"又称疾病感缺失,指的是一个人因大脑损伤而不能感知因大脑损伤造成的机能障碍,如失明或瘫痪。

邓宁在《纽约时报》发表的《病觉缺失的吊诡:出了错但你不会知道出错》(The Anosognosic's Dilemma: Something's Wrong but You'll Never Know What It Is)长篇访谈中指出,如果你无能,你不会知道自己无能,"当你无能的时候,你得出正确答案所需的能力,正是你认清什么是正确答案所需的能力。如何逻辑论证、当好父母、经营管理、解决问题,你需要用来找到正确答案的能力,就是你用来评估答案是否正确的能力。……在别的领域里是否也是如此?我们惊讶地发现,确实,确实是如此"。

邓宁和克鲁格承认,无知者不知道自己无知,这并不是心理学的新发现。他们把孔子("知之为知之,不知为不知,是知也")、查尔斯·达尔文("无知比知识更容易招致自信")和伯特兰·罗素("我们这个时代让人困扰的事之一是:那些对事确信无疑的人其实很蠢,而那些富有想象力和理解力的人却总是怀疑和优柔寡断")也列为发现这个现象的人。在文学作品中也有许多例子，莎士比亚的《皆大欢喜》里说，"傻子觉得自己聪明，而聪明人知道自己是个傻子"。

　　傻子不知道自己傻，这并不仅仅是令人发笑的掩耳盗铃或柠檬汁涂脸故事，而且也会成为一个不容忽视的公共生活问题。我们的许多机构是不是也有病觉缺失的问题呢？它们该如何评估自己的效率和能力呢？要是它们知道，用来得出正确结论的能力，就是用来评估结论是否正确的能力，那么，它们又该如何有所行动呢？

第三章　认知迷误与道德过失

许多人对待批判性思维的方式是将认知的维度与情感和道德的维度区分和隔离开来，单独只讲认知的部分。在他们看来，只有认知部分是可以作为技能来教授或训练的。这种区分和隔离可能也是因为，人的认知与情感—道德是非协调发展的。一方面，有的人认知能力强（聪明、受过良好的教育），能很快掌握技能性的概念定义、逻辑、推理、论证等方法，但道德自律差、感情冷漠，缺乏是非感和善恶判断。另一方面，也有的人虽然是"好人"——有善意，有爱心，有正义感，也能道德自律——但由于缺乏良好的教育，所以智力程度不高，容易冲动或感情失控、缺乏理性分析能力，对欺骗和宣传缺乏抵抗能力，容易上当受骗，受人操控。

批判性思维应该对这两种人都有教育的作用，对前者是情感—道德的，对后者则是认知的。排斥情感—道德的批判性思维是不完整的，是认知中心论的（也常被称为"逻辑中心论"）。它在两个重要的意义上是失败的。第一，它不能使认知技能同时也成为好人或好公民的智能美德。第二，由于忽视了情感—道德与认知应有的联系，它实际上是片面的，自己就不具备充分批判性的品质。

充分而全面的批判性思维需要把认知与情感和道德联系起来，因为认知的谬误经常也是道德的过失。这在本章要讨论的自欺和伪善的关系中表现得非常清楚。充分的批判性思维不是单纯技能性的，更不是与价值观相脱离的（这样的技能可用作为偏见和既得利益辩护，使之合理化的工具）。批判性思维应该增强人的道德操守和公民责任心，这是它对社会和群体良性构建的贡献。它的目标是"智能美德"和"善的智能"。智能美德包括自由意识、正义感、同情心、同理心、信念坚守、道德自律，如果没有这些美德，认知就会受到限制，会被扭曲，也会失去对道德和伦理的判断能力。智能美德对于知识分子来说是特别重要的，也能通过他们的作用产生更广泛的社会影响。

1. 自欺、伪善和集体自欺

在世人的伦理道德词汇里，伪善是一个相当严厉的人格批评和道德谴责之辞，而自欺则不是。在大多数社会里，伪善都是令人反感和厌恶的。人们不愿意与伪善者打交道，当然不愿意与他们做朋友，因为人们总也猜不透他们怀着什么坏心思。除非没有办法，人们也不愿意与伪善者做生意，因为伪善者的诚信有问题。伪善者唯利是图，说一套做一套，随时随地都会利用别人、欺骗别人，图利自肥。因此，伪善被普遍视为一种严重的道德罪过。

相比起伪善来，自我欺骗即便被视为一种过失，性质也不算严重，人们对自欺的批评远没有像对伪善那么严厉。自我欺骗常被视为一种人性弱点，而非不道德的恶行。人们一般都会对自己有某些不真实的看法，形成自欺。例如，人们常会以为自己比实际上更聪明、漂亮、幸福、宽厚、有能力、有爱心或慈善心。但这不过是人之常情的认知缺陷，算不上是道德过失。心理学家甚至认为，能够自欺的人会有比较好的自我感觉，不管是否真实，良好的自我感觉能让人更自信、更乐观进取、更愿意做好事、更愿意承担风险。

在一般情况下，自欺是欺骗自己，伪善则是欺骗他人。因此，自欺可能只是一种个人行为，而伪善则必然是一种社会行为。孤岛上独处的鲁滨孙可能是一个自欺者，他只有自己可以欺骗，所以还成不了一个伪善者。自欺经常是不得已的，而伪善则是厚着脸皮去做完全可以不做的事情。

自欺经常产生于不实的个人幻觉，这样的自欺是不自觉的，并非存心作假。犯下自欺是不思考、不理性的过失；但伪善则是一种工于心计和处心积虑的行为，犯下的是故意欺骗的罪过。经常是，一个人自欺的程度越深，人们对他越是心存可怜，哀其不幸，叹其愚蠢。而对于伪善则不同，伪善的程度越高，越是明知故犯，伤害他人，人们的自然反应就越是愤怒、鄙视和厌恶。说话漂亮，做事肮脏的权势人物，他们欺世盗名，哄骗世人，是众人最痛恨的对象。玛西亚·培根（Marcia Bacon）在《自欺错在哪里》（What is Wrong with Self-deception？）一文中说，"自欺的错误更接近拒绝思考的错误，而不是哄骗别人的错误"。

自欺与伪善有区别，但也是有联系的。自欺会导致伪善，而伪善则需要借助自欺。欺骗自己的人经常对易于获得，或甚至摆在眼前的事实和证据选择性地视而不见、充耳不闻。这样的自欺与伪善一样，是主动的选择和行为。自欺可以发生在一个人心里，但这并不意味着自欺能够摆脱社会环境。事实上，和伪善一样，自欺也是带有社会环境特色的。纽约大学哲学教授威廉·罗迪克（William Ruddick）在《社会性自我欺骗》（Social Self-deception）一文中指出，我们与意气相投、趣味接近的他人交往，形成属于自己的社会圈子。这个圈子里的问题，只有当你走出这个圈子之后才能察觉,"内部诊疗是不太可能的"。如果不走出这样的圈子,那么,"就算我们'睁开道德的双眼',也未必能看出都是问题来。我们来往的人们,要么出于同情,要么因为胆怯,总是在尽量地把光线调到最低"。在这样的环境里,不是大家一起看清,而是大家一起看不清,一起迷失。

美国心理学家艾尔芬·詹尼斯(Irving Janis)用"集体迷思"(groupthink,群体盲思、群体错觉)这个说法来指称那种"迷失的'我们'"("we" gone awry)。詹尼斯并不是反对集体或集思广益。集思广益的集体思考可以是个人思考的平衡力量。个人思考很容易受情绪影响,带有偏见和盲点,因此不能全面认识复杂的事物。在集体中,会有不同的观点,从不同的角度看问题,集体中人们集思广益,胜过个人的一隅之见,这样的集体思考称为 group thinking。

但是,詹尼斯所说的 groupthink 不是这样的 group thinking,它是一种满足于意见一致,排斥异议的"集体心灵"的产物。詹尼斯在《集体迷思的受害者》(Victims of Groupthink, Houghton Mifflin, 1972, p. 205)一书中对此写道,"集体中的每一个人都觉得接到了一道法院禁令,必须避免任何深刻的批评,以免与集体的其他成员们发生冲突,破坏集体的团结。……每个成员都不得干预正在形成的共识,必须告诉自己,你头脑里的反对意见是错误的,或者,你的疑虑不重要,根本不值得一提"。这是显示集体团结和正确,提升集体自尊的唯一方式。詹尼斯指出,这其实是一种幻觉,"提升集体自尊,需要一种在所有重要判断上都集体团结一致的幻觉。失去了这个幻觉,集体的团结也就烟消云散,令人揪心的疑虑开始生长,对集体解决问题能力的信心就会逐渐丧失,不久,因作出困难决定的种种压力而产生的巨大的感情冲击就会接踵而至"。这样的幻觉产生于一个集体中所有人都参与了的"联合自欺"(joint self-deception)。这也是一种"回音室效应"(echoing chamber effect)。

在联合自欺的集体中,所有的成员都十分渴望相信他们是团结一致、意见统一的有力团体。这让他们能够在心理上免除不够强大的焦虑,就算自己人微言轻、无足轻重,也能与他人抱团取暖。即使在这个力量不存在的时候,他们也要让自己相信它确实是存在的。谁要是戳破了这个自我欺骗的泡泡,其他的人就会群起而攻之,把他当成内奸和叛徒,恨不得除之而后快。每次出现一个内奸和叛徒,群体都能变坏事为好事,都能利用这个机会向自己和外人更加证明了它的团结一致。

2. 互为表里的伪善和自欺

"联合自欺"是群体产生凝聚力所需要的,但却是一种有害的心理和认知机制。从自欺到说谎欺骗不过是一步之遥。加州大学圣地亚哥分校人类学教授贝利(F. G. Bailey)在《欺骗无处不在》(The Prevalence of Deceit)一书中讨论了"同谋说谎"(collusive lying),这是一种比"联合自欺"更为严重,也更加有害的社会性堕落现象,在一些国家极为普遍。同谋说谎是指"双方彼此充分知道他们的所言所行是虚假的,但合谋无视这个虚假"。罗迪克认为,在联合自欺中,语言起着重要的作用。共同自欺的人们经常运用一套特别的词汇和说法,它们让人看不到真实的问题,或者干脆回避问题的真相。"不作死不会死""打酱油""我是路过的"就是联合自欺语言的一些例子。行窃者自欺,不说是"偷",而是说"借"。自欺的说法,如果是个别人说,一听就知道是在骗人,但是,如果大家都说,尤其是成为媒体的惯用语,那就会变成了谁都信以为真的"常识"。

自欺的语言在众人一起使用的时候是最能起到自欺效果的，它粉饰了不良行为（第一层自欺），也掩盖了整个群体的道德堕落（第二层自欺）。就算自欺不直接造成对他人的欺骗和伤害，我们也应该因为自欺本身的不真实对它提出批评，而不是把它接受为人的一种必然自然倾向。麦克·马丁（Mike W. Martin）在《自我欺骗与道德》（*Self-deception and Morality*）一书中指出，自欺至少是一种"道德弱点"，自欺"经常助长那些与我们良好道德判断相违背的行为"。由于道德意志薄弱，自欺的人很容易有不道德或反道德的行为。因此，自欺是一种"衍生的过错"（derivative wrong），自欺会导致或有可能导致不道德的行为。康德严厉地警告说，任何一个对自己进行欺骗的人，"都应该予以严肃的道德批评，因为正是从这个肮脏的起点……在真实的原则遭到破坏的情况下，欺骗的恶行开始扩散到与他人的关系中去"。(Kant, *The Doctrine of Virtue*. Univ. of Pennsylvania Press，1964，pp. 94-95)

自欺经常能导致伪善，而伪善则尤其常需要自欺。这是因为，伪善的伪装和扮相表演是很累人的，而最有效的办法是让自己相信假的就是真的，在最大限度上减轻说谎的压力，享受别人好感的快乐。欺人与自欺经常是携手共进的，成功的骗人需要成功的自欺，而欺人的成功也同时成为自欺的成功。正如阿伦特所说，"说谎者越是成功，越是能说服别人，他也就越是会相信自己的谎言"（*Crises of the Republic*. Harcourt Brace Jovanovich. 1972， p. 34）。社会心理学用"认知失调"（cognitive dissonance）来解释这种现象。当一个人说谎的时候，在"说谎有错"与"真实情况"之间出现了失调，令说谎者失去良好的自我感觉，甚至产生不安和焦虑。为了降低失调，说谎者要让自己相信说的是真情，并没有说谎。利昂·费斯汀格、埃里奥特·阿伦森（Elliot Aronson）和其他社会心理学家的多种实验表明，人可以让自己相信以前并不相信的事情，成功的自欺让人可以心安理得、没有内疚地伪善，便是如此。

这种情况下的自欺与伪善已经如此接近，如此相互需要，以至于在概念上的分辨有可能反而不利于我们认识实际生活中的自欺和伪善。如果说伪善是"假装"，那么自欺便是"入戏"。假装的人很容易入戏，同样，伪善的人也很容易自欺。

假装而入戏，大多数这种行为可以称为伪善，也可以称为自欺，对此，丹尼尔·斯塔特曼（Daniel Statman）在《伪善与自欺》（Hypocrisy and Self-deception）一文中解释道，我们有时候听人忏悔说，一直到今天我才意识到自己以前其实是一个伪善者。也就是说，他以前并没意识到自己是个伪善者，只是因为对自己有了批判反思，方才意识到了。这种伪善也就是缺乏自觉意识的自我欺骗。斯塔特曼说，"那个到某一时刻才意识到自己伪善的人，也可以说一直自欺到那个时刻。在这之前，他的行为不只是欺骗了别人，而且也是——主要是——欺骗了他自己，即17世纪英国神学家乔瑟夫·巴特勒所说的那种'内心伪善'。他一直没能向自己承认自己究竟做了什么"。

自欺经常是一般人智力有限的行为，相比之下，高段位的伪善者，正如斯塔特曼所说，"必须具备高智力的理性盘算能力，唯有如此才能欺世盗名，而不显露本质真相。他必须很熟悉自己假装相信的价值观，清楚知道该用怎样的行为来表演这些价值观"。伪善的才能与当间谍的才能颇为相似，"精明、有创意、随机应变，这些是一个优秀间谍必须具备的素质，对于一个能够面面俱到，一贯行骗的伪善者来说，也是一样。但是，间谍用他的才能来为国家服务，而伪善者则是用他的才能谋取私利"。伪善的不道德不在于它伪装善良（伪善是邪恶向美德的致敬），而在于用伪善谋取不正当的个人利益。

一个人从自己以前的伪善和自欺中觉醒过来，这是可以独立完成的。但是，这会是一个艰难的过程。在一个不诚实已经成为一种大众文化的社会里，这个过程要比在比较诚实的社会里困难得多。一个普遍不诚实的社会充满了欺骗，也充满了自欺，这样的社会经常被称为伪善的社会——同时充斥着个人的伪善和利益集团的集体伪善，而且，戳穿伪善的言论自由遭到严格的限制。在这样的社会里，当然不是每一个人都伪善，都企图欺骗别人。说这样的社会伪善，是指它的成员普遍有意识地戴着假面过一种虚伪的生活，假装相信他们其实并不相信的东西，并把这样一种生活以善的面目向世人呈现。他们生活在一个自我欺骗的世界里，在那里，联合自欺与共同装假，集体迷思与同谋说谎已经融为了一体。

3. 知识分子的伪善和自我欺骗

有一篇《为钱、杨伉俪的"不公共"辩护》的文章，反驳有些人批评钱锺书和杨绛对社会不公不义之事的冷淡，认为知识分子"没有义务为遭受不公者说话"，主要的理由是"公民行为，法无禁止，即为许可"。文章解释道，"作为一种政治自由的言论自由……是任何人的权利，而不是义务。如果法治条件正常，你可以在正常良法范围内任意使用处理这项自由，没有任何人有权干涉你是否使用它，包括你彻底抛弃这项自由的权利"。文章显然是从钱、杨的个人"权利"来看问题的，认为他们有"沉默的权利"，而批评钱、杨的人们则是从知识分子的公共责任来看问题的。意见不同的双方所辩论的其实并不是同一个问题。

（1）不沉默是怎样一种道德义务

在一个知识分子还多少能够起到一点批判作用的社会里，他们对公共事务保持沉默，并不证明是他们是在行使自己的正当公民权利，而是显示他们未尽自己的社会道德责任。尽管不尽责并不违法，但却仍然是一种失德行为。这就像日常生活中普通人见死不救、袖手旁观一样，虽然法律并不禁止，但却并不被普遍接受为道德上应该许可之事。把沉默说成是不作声的权利和自由选择，就像把袖手旁观说成是不动手的权利和自由选择一样，是在曲解自由和权利，也是一种伪善。

知识分子的社会道德责任也被视为他们的"义务"或"良心"。康德把人的义务分成完全的和不完全的两种。如果一件事大家都去做——普遍行使——会在逻辑上或实行中引发冲突，那么这件事就不能去做。不做这样的事是人的完全义务（perfect duties）。完全义务禁止人有违反普遍法则的行为。例如，我们有不偷盗、不杀人的完全义务，因为可以偷盗或杀人不能作为普遍法则施行于群体之中。但是，如果我们仅仅尽完全义务，不偷盗、不杀人、不强奸等等，那还不能真正算是有良心.

如果一个人做一件事，奉行的是一个他希望能普遍化的道德原则（虽然他不强迫别人也这么做，但他希望有尽量多的人也这么做），那么他所尽的便是不完全义务（imperfect duties）。例如，虽然别人不助人，他却可以助人；虽然别人明哲保身，他却可以见义勇为。普通人的道德高下主要是在能否尽不完全义务和尽哪些不完全义务中比较和区别出来的。知识分子也是一样。

人的不完全义务感越强，也就越可能有所道德担当，知识分子尤其如此。身为一个知识分子，如果你认为实事求是、揭示真实、说真话、公正待人应该是普遍善行的原则，那么，当你看到同事或熟人被罗织罪名，被冤枉打成右派或反革命，你就会为他们鸣不平。你能够站出来为他们喊冤，以行动证明你是一个有良心的人。即使你生活在一个大多数人都对右派漠不关心，甚至落井下石的社会里，你也可以把说公道话当作你的义务。这是你自己选择的义务，这个义务对大多数人没有约束力，所以是不完全义务。但这个义务对你有约束力，这就是良心的作用。你的良心是你个人的，但也是你在一个小范围里联系他人的方式，其他有良心的人会认同你、赞成你、尊重你。

正义和良心行为经常招致祸端，大多数人不能坚持良心，选择了沉默。正因为如此，环境也就变得更加险恶。在这种情况下，提出知识分子的沉默问题——逃避道德责任，游离于公共事务和社会正义之外（无论是因为什么原因），是一件有意义的事情。这并不是在干涉知识分子的"个人权利"，或强迫他们去尽理应无须担当的义务。

（2）制度性的沉默

为知识分子的道德沉默辩护，就像为公民的政治冷漠辩护一样，不能以个人权利来泛泛而论，因为不同情况下的"沉默"和"冷漠"看似为相同的行为，实质上是有不同内涵的。就拿公民冷漠来说，它指的是没有或缺乏公民参与行为——冷漠的公民不投票，不关心公共事务。然而，这只是表象。有的公民本来就是利己主义者，只关心自家的事情，公共的事情全然抛到脑后。一百多年前，梁启超倡导"公德"的社会启蒙，在很大程度上针对的就是这种公民冷漠。这是一种公德缺失的公民冷漠。但是，还有另外一种制度结构性的公民冷漠，许多人本来是有公共参与意愿的，但却被制度性的权力剥夺了参与的权利。这种剥夺可以是显性的（如根本没有投票的机会），也可以是隐性的（如不满美国两党竞选的选民没有第三种选择，因此事实上并没有实行自己政治选择的机会)。

公德缺失的冷漠比制度结构的冷漠更容易导致犬儒主义。有些人明明是因为自私自利不关心也不参与公共事务，但却善于找出一些堂而皇之的理由，用制度结构的限制来为自己的不参与制造借口。他们不但自己不参与，而且还自视优越，觉得在见识上高人一等，看不起积极参与的人。他们嘲笑参与者天真幼稚，预言任何公民参与必定只能是徒劳无功的愚蠢行为。这样的犬儒主义对公民社会是一种极大的毒害。

和公民冷漠一样，知识分子对公共事务和重大事件保持沉默，同样也包含了不同的情况，也可能隐藏着自视优越的犬儒主义。知识分子沉默，有的是因为从来就不关心别人的事情，早已养成了一种利己主义的处世方式。有的是想发声但被噤声。还有的则是想发声但惧怕发声带来的麻烦和惩罚，因此不得不闭上嘴巴，明哲保身。后面两种是制度性的沉默。知识分子的利己主义沉默也很容易变成犬儒主义，它经常会把自己打扮成迫不得已的制度性沉默，更经常的是把自己标榜为一种"独善其身"的生活哲学，自命清高，孤芳自赏，明明不敢发声，但却偏偏还装作高人一等，不屑多管闲事的样子。相比之下，敢于发声或确实发声的人们反倒显得像是一些不入清流的庸俗之辈。

把知识分子的沉默简单归结为纯粹个人性质的说话或不说话的选择权利，其先在假设是，他们对自己的行为能有充分的选择自由，而且，他们是可以为自己的选择充分负责的自由主体。杨绛的去世引发对知识分子责任和知识分子沉默的讨论，不仅涉及她个人，也涉及知识分子的普遍生存状况。这在当今中国是一件很有意义的事情，其意义远远超过了对钱、杨个人的评价，不应该局限于对他们两人的褒贬。

（3）打破沉默从讨论沉默开始

讨论沉默，而不是对沉默保持沉默，这本身就是一种公共意识的觉醒和公民觉悟的进步，而不是像有些指责者所说的"逼迫别人说话"或"道德绑架"。美国社会学家伊维塔·泽鲁巴维尔（Eviatar Zerubavel）在《房间里的大象：生活中的沉默和否认》一书里把对公共事务的沉默称为"政治性沉默"，这是一种与社交礼仪中寡言少语不同的沉默。政治沉默中有世故与禁忌之别，但这二者间的界限并不像看起来那么泾渭分明。这样的沉默中经常包含着对沉默的沉默，形成一种"超级沉默"（meta-silence）。对超级沉默保持警惕，并有意识地打破这种沉默，这应该成为知识分子的一项重要社会责任。

就像区分发声与沉默一样，区分知识分子能否承担自己的社会责任——负责任或不负责任——也是从两个极端来说的。美国已故公共知识分子托尼·朱特（Tony Judt）在《责任的重负》（*The Burden of Responsibility*）和《未竟的往昔》（*Past Imperfect*）两书中把知识分子为暴力统治曲意辩护称为"不负责任"，而把坚持抵抗的独立批判称为"负责任"。在现实社会里，这两种知识分子都是少数，而绝大多数人则是身处于既不完全不负责任，也不完全负责任的中间地带。在这一大片模糊的中间地带里，存在着不同程度上沉默和容忍现状的大多数。钱、杨是否可以说也在这个大多数里呢？沉默者的沉默是统治的结果，不是他们的权利。看到这一点与钱、杨的个案或对他们的个人褒贬并没有必然或直接的关系。

也许有人会问，既然如此，那么怎么才能不沉默，怎么发声呢？朱特在《思虑20世纪》（*Thinking the Twentieth Century*）一书里给了我们一些例子，其中有一个叫作"像真的"——做出好像可以与权力认真对话的样子，好像可以严肃地讨论法律至少不该是虚伪的，等等。这样可以把官方话语用作一种"操作性"语言。

今天，我们讨论"权利""拒绝沉默""知识分子责任"，或者"勇气""良心""犬儒主义"的问题，其重要性要远远超过对钱、杨的个人评价，也要远远超过对他们是否有勇气，或者对他们是否运用了什么非常巧妙、高雅的方式来表现勇气的猜测和想象。1894 年法国陆军参谋部犹太籍的上尉军官德雷福斯被诬陷犯有叛国罪，被革职并处终身流放，左拉写了为他辩护的《我控诉》，法国知识分子之间产生反德雷福斯派跟德雷福斯派的争论。但是，也有像小说家莫里斯·巴雷斯（Maurice Barrès）这样的知识分子，他们对德雷福斯案的事情本身并不太感兴趣。他们感兴趣的是德雷福斯案的意义。在大众传媒的时代，人们的兴趣和评论聚焦在为时越来越短的短评、博客和推特上。对钱、杨个人的评价不过是一个媒体事件，很快会淡出人们的视线，但是，知识分子的道德选择和他们的良心勇气问题，还会一直被持续讨论下去。

4. 反对"道德绑架"可能是个道德陷阱

有一篇《女生未让座被老人骂 回应：来月经要写脸上吗》的报道说，在福州的公交车上，一位老人因他身边的女学生没给自己让座，就破口大骂她缺德、畜生不如，态度极其恶劣。女生忍无可忍，回应道：来月经要写脸上吗？一位网友评论道，"别做道德绑架，满车人，让是人情不让是本分"。

这位网友提出了"道德绑架"的问题。这令我想起不久前杨绛先生去世，发生关于知识分子沉默的争论。一方面有人提出，只要不是完全被噤声，知识分子就不该独善其身，对公共事务缄口沉默。另一方面则有人认为，用社会责任来要求知识分子说话、发声，是道德绑架，是逼人当圣人。那么，应该如何来看待"道德绑架"呢？

这首先需要弄明白什么是道德绑架，什么不是道德绑架。不妨回到女生未让座被骂这件事情。女生占着保留给老人、孕妇、病人和需要人士的座位，如果老人（第二方）要求，或者某位旁观者（第三方）劝说这位女士让座，不是用骂的方式，而是好好说理；在女生拒绝让座之后，也不恶言相向，就让她占着那座位。这是否构成"道德绑架"呢？

应该说，这不构成道德绑架，因为虽有人对此女生提出公共道德的要求，但并未强迫或强制她这么做。要求和劝说是诉诸女生自己的道德意识，让她自己作出做还是不做的自由选择。就这件事而言，构成道德绑架的不是道德，而是绑架，因为老人用辱骂的言语暴力强迫女生去做一件她不愿意去做的事情——要求她这么做并没有错，错在此要求所诉诸的暴力方式。

有一个关于道德绑架的笑话：有个人每天给门外一个乞丐10元钱，坚持了两年。后来一天他给了乞丐5元。乞丐就问他，怎么这么少？他就说，之前我是单身，所以能给你10块，现在我有老婆了，我还要养活我老婆，就只能给你5块了。乞丐听了后大怒，给了那人一个耳光说：你怎么可以拿我的钱养你的老婆呢！在这个笑话里，之所以有道德绑架，不在于"道德"（施舍和被施舍），而在于"绑架"——不仅是对施舍者动用了身体暴力，而且是用道德谴责来羞辱施舍者。

对道德绑架的定义经常运用夸张和极端的手法来凸显道德绑架的悖谬。例如，把道德绑架定义为"逼普通人当圣人"，诉诸一般人的非理性反感。其实，这个定义里的"圣人"和"逼"都是有问题的，经不起理性推敲。这里的"道德绑架"不过是一个草靶子，因为在日常生活里几乎从来没有这样的道德绑架。

第一，建议商界富佬多多参与慈善事业（不包括用公开羞辱来"逼捐"）、主张知识分子多担负一点社会责任、要求公民抵御冷漠和犬儒主义，都不是在要求他们当"圣人"，而不过是请他们好好当一个有公益心的富人、有责任心的知识分子或有责任感的公民——都是普通人，并非什么贤德智慧的"圣人"。

第二，所谓"逼"也就是"逼迫"或要挟他人做他不愿意做的事情。那么，有人提出某种与道德行为有关的看法，而你偏偏对此觉得不快或有压力，是否就已经构成了逼迫？2008 年 7 月 2 日，郑州市十二届人大常委会第三十八次会议上，审议了《郑州市城市公共交通条例（草案）》。其中规定，乘客应主动让位给老人、孕妇等特殊乘客。不履行义务，驾驶员、售票员可以拒绝其乘坐，城市公交行政主管部门还可以对乘客处以 50 元罚款。很多市民听说后提出了异议，不是因为这样的要求不合一个好社会应有的规则，而是因为它企图用强制和惩罚的手段来加以实行。

政府权力有动用行政或其他法规迫使人们做某些事情，或禁止他们做某些事情的强制手段，这是"逼迫"的特征。这与个人以公共言论来发表意见，希望影响或说服他人是完全不同的。在公共空间里讨论知识分子不该沉默、公民不该冷漠装睡、人不该没有礼仪和诚信，都是说服和建议性质的公共说理。它诉诸听众自己的理性和自由意志，这种自由理性与"绑架"所暗示的暴力和强制是不能混为一谈的。

说理的人不过是在表达自己的看法，听的人可以自己决定是否接受劝说或建议，接受多少，然后怎么做，完全是自愿的。即便他们明白了自己的某种责任或道德义务，那也不过是康德所说的不完全义务，只对他们自己有制约力，对别人并不形成强制，所以根本谈不上什么绑架。知识分子不能发声，公民不能有效参与，经常是因为受到外部力量的限制。错误地拿道德绑架说事，很容易把沉默和冷漠说成是"消极自由",这会有意无意地淡化和掩盖外部力量限制对公民道德的摧残和破坏作用。

法规用强制来要求人民有道德行为,解决不了道德危机,这是道德绑架的极端。这个极端很容易走向另一个极端,那就是用所谓的"消极自由"来取消任何道德责任,代之以最低限度的"公民行为,法无禁止,即为许可"。在后一个极端上,"道德绑架"成为逃避道德责任的遁词。人们对自己的行为只要求不违反法律,而不要道德义务,长此以往,又怎能不落入道德虚无论的陷阱?

5. "灯下黑"的迷思和自欺效应

古代人的灯具多用碗、碟、盏等器皿,注入动、植物油,点燃灯芯,用于照明。照明时由于被灯具自身遮挡,在灯下产生阴暗区域。这样的灯下黑是物理现象:因为光线太暗而看不清。今天,我们所说的灯下黑是一种心理认知现象:由于排除注意力而无视本应看清的东西。灯下黑成为一种喻说,指的是人们对发生在身边很近的事物和事件反而不能察觉。

灯下黑是"注视"的问题,不是一般"看"的问题。注视是带有目的地察看,而一般的看则经常缺少注视的那种注意力和专注。在某一区域内的注视,会让人在其他地方看不见或不去看。人们常用灯下黑来指越是危险的地方反而越安全,换句话说就是,越是以为没有问题的地方越有问题,也越容易被忽视,例如负责打击非法行为的机关反而不能察觉内部存在非法行为(如缉毒机构的人员参与贩毒、公安人员参与黑社会)。

灯下黑是注视的选择性认知偏误。注视既是带有目的的注意力,必然会选择对象:看什么和不看什么。然而,注意力一旦集中于某一对象，就会忽视其他的可能对象。注意力有过滤作用，把重要的与不重要的，相干的与不相干区别开来。它的忽视正是其关注所致。预先设定的目的对信息形成过滤和筛除，造成了对不合目的对象的视而不见。在美国和墨西哥边境上有一个过往的检查站，一位在那里服务多年的美国老警官经常看到一个大叔从边境另一边赶着背货物的毛驴经过那里，他怀疑那位大叔是干走私的，对他的货物总是严加查看，但从来没有发现任何违禁的东西，也没有发现什么特别值钱的货物。最后老警官退休了，有一次他又碰到了那位大叔，忍不住问他，我猜想你是在运什么能赚钱的货，你到底运了什么？那大叔说，运毛驴啊。

灯下黑的视而不见看上去是把注意力放错了地方，但其实经常是一种在下意识中故意不想看见的结果。心理学家莱斯特·鲁伯斯基（Lester Luborsky）曾对人的注意力做过一系列的研究，他用特殊的照相机跟踪研究对象看图画时的眼部活动。照相机监视眼角膜反射的小光点，可以确定眼睛在注视什么。这种跟踪方式基本上不被研究对象察觉，也不造成对他们视线的干扰。研究者让被测试者看十幅画，其中三幅画有性内容。例如一幅画有女性乳房外形，远处是一位正在看报纸的男子。结果发现，有的被测试者一次也没有把目光投向性内容的部分。几天之后，问他们画里有什么的时候，有的说记不得有涉性的东西，有的说根本没有看到。

美国心理学家丹尼尔·古尔曼在《必要的谎言，简明的真相》一书里对这个实验评说道，被测试者并不是真的什么都没看见，而是因为避免看见而没有看见，不看见性内容，这是把注视转向其他内容的结果。注视者欺骗了自己，也相信了自己的欺骗。他写道，"为了避免看见，头脑里一定有某个部分事先知道画里有什么，这才知道该避免什么。头脑一定知道是怎么一回事,这才赶紧设置一道防卫性的过滤,把注意力从有危险的地方转移到安全的地方"。看见和不看见的关系与记忆和遗忘的关系是一样的,要忘记什么就必须先记住不该记住什么。

美国心理学家唐纳德·斯本思(Donald Spence)认为,鲁伯斯基实验中被测试者的目光之所以能有效地避免图画中女性乳房的敏感区,是因为那目光一刻也没有真的离开过那个危险区。他说,"我们倾向于认为,这种避免不是偶然的,而是非常有效的——那个人准确地知道,哪里是不该看的"。换句话说,目不斜视,心无旁骛,恰恰是目已斜视,心有旁骛的结果。同样,那些思想最正确的人并不是从未有过不正确的思想,而恰恰是因为心里清楚才能刻意有效避免的人。

《纽约客》杂志上曾刊登过这样一张漫画,一位拘谨的上了年纪的太太在博物馆里站在17世纪意大利画家彼得罗·达·科尔托纳(Pietro Da Cortona,1627—1629)的巨幅油画《奸污萨宾妇女》(Rape of Sabine Women)前面,她正专心致志地看着油画下角的画家签名。这种自欺式的选择性注视也发生在人们的社会生活和学术研究之中,例如,现当代的历史研究中把注意力集中在琐碎的细节上,避免对历史事件的邪恶和灾难性做出是非、善恶评价。研究者做这样的学术注视,大半是在头脑里先已明白该看什么,不该看什么。本该帮助他们明辨是非和善恶的专业学问反而使得他们回避这样的问题,虽然转移的不是目光,而是学术注意力,但仍可以说是一种灯下黑效应。

古代的灯下黑是因为灯光被灯具遮掩,今天的灯下黑是因为有人把本来光亮的地方设置为盲区或视觉黑洞。这是一种认知偏误,也是一种下意识的自我欺骗。

6. 自以为是的蔑视和文人相轻

对他人的蔑视经常是一种自以为是的自我欺骗。人自以为比别人高明或高人一等,用语言表现出来的时候,经常会出言不逊,甚至非常粗鲁。美国社会心理学家保罗·艾克曼(Paul Ekman)把蔑视列为人的七种基本情绪之一,即蔑视、愤怒、厌恶、恐惧、快乐、悲伤和惊奇。虽然蔑视是人与生俱来的自然情绪,但在英语里,"蔑视"(contempt)这个词却是在大约1393年才有的。它源于拉丁字 contemptus(嘲弄、奚落、鄙视),到了今天已经是一个表示强烈厌恶的用字,因此对他人会有很强的心理伤害力,这种伤害往往不是无意的,而是故意的。

故意要造成伤害的蔑视强烈地表现在一篇网文《上帝啊,你把专家带走吧,路费我掏》(下称《专家》)里。网文把对专家的蔑视和鄙夷表现得淋漓尽致,类似的情绪在网上议论和言语发泄中经常可以看到,蔑视成为这些网文的共同特色,浓浓地涂在当今网络情绪的色彩板上。蔑视的情绪后面隐藏着怎样的文化信息呢?

蔑视可以分为两种,一种是用语言表示的,蔑视专家的网文就是一个例子,它运用的是嘲讽、挖苦和讽刺的修辞手法,如非人化、贬损、极度夸张,甚至谩骂等等;另一种是非语言的面部表情,不说话,但清清楚楚写在脸上。

1988年,保罗·艾克曼和另一位美国心理学家卡尔·海德(Karl G. Heider)在一项人的脸部表情研究报告中说,蔑视表情的特征是"嘴角收紧,朝脸的一边上翘,或者歪着嘴"。在他们观察的十种不同文化中,不管是西方人还是非西方人,辨认蔑视面部表情都相当准确。他们给印度尼西亚的西苏门答腊省受测试者看美国人、日本人和印度尼西亚人的照片,照片上的人显露蔑视的表情,受测试者的正确辨认率高达 75%。

蔑视还有做怪相，翻白眼的。德克萨斯大学行为和脑科学教授马里恩·K. 安德伍德 (Marion K. Underwood) 在《蔑视的目光：鄙夷的翻眼珠子和不理睬的排斥》(Glares of Contempt, Eye roll of Disgust and Turning away to Exclude) 一文中就把一面不作声，一面"翻白眼"作为女孩子表示蔑视的常见表情。

美国心理学家米歇尔·梅森 (Michelle Mason) 编过一本讨论蔑视的文集，叫《蔑视的道德心理学》(The Moral Psychology of Contempt)，提出了一个关于人际交往和社会生活中应该如何看待蔑视的社会伦理问题。有两种不同的意见，一种意见认为，蔑视包含着一种社会性的是非和对错判断，对于维护道德规范是必要的；另一种意见则认为，蔑视是一种无声的侵犯行为，在公共行为中，我们应该避免，至少是疏远蔑视。

应该说，这两种看法都有相当的道理。美国心理学家梅卡莱斯特·贝尔 (Macalester Bell) 在《敌意：蔑视的道德心理》(Hard Feelings: The Moral Psychology of Contempt) 一书里令人信服地证明，蔑视经常包含对不当行为者及其行为的道德判断。被蔑视的对象自私、虚伪、口是心非、说一套做一套，虽然不触犯法律，但却造成了别人情绪上的极大的不快，别人自然而然就会流露出看不起和鄙视来。《专家》这一网文就是这种情况，用文字写出来，发到网络上，已经超过了面部表情流露的程度。

大多数时候，蔑视是一种不作声的冷批评。人们心里蔑视，但不一定说出来。这也是蔑视的一个特点，蔑视一个人经常是干脆不理他，只当他不存在。他自尊自贵，起劲地表演，你只当他是在耍宝，只当没看见，躲他远远的，这才是最大的蔑视。因此，蔑视是一种不寻求对抗,懒得去纠正错误的冷淡和鄙夷。这样的蔑视经常是一种相当无奈的选择。

在公共场合,不加掩饰地对一个人表示蔑视,是对他的一种公开敌意。"竹林七贤"之一的阮籍以善翻白眼著称。在他为母亲举丧的时候,品行高洁的嵇康来吊丧,阮籍迎接他,投以青眼。而等到嵇康的哥哥,那个栖栖遑遑、追名逐利的嵇喜来吊丧的时候,阮籍则十分冷淡,投以鄙夷的白眼。

今天在美国,公开向人投以白眼表示蔑视,可不是一件好事。公开蔑视被视为"非语言性的社会侵犯"(non-verbal social aggression),不是表达批评的正确方式。2003年,加州帕罗奥多(Palo Alto)市议会上有人提出,当选的官员不得在公共会议或集会上做出蔑视的表情,因为这种表情是粗鲁的,是公开的敌意。由于难以界定什么是蔑视的表情,这个提案最终没有通过。

但是,这件事却再次提醒人们,在公开的场合,蔑视的表情,比如翻白眼,是无礼的,不符合教养的规范。对低龄的孩子就应该给予这方面的教育。洛克在《教育片论》中多处讨论到教养(civility)问题时说,良好的教养要求我们在言行举止中避免"无礼",对别人要表示"善意"和"尊敬"。要做到这个,"有赖于两件事:第一,从心底要保持一种不去侵犯别人的心思;第二,要学会表达那种心思的最为人接受、最为人喜悦的方法。从其一,人可称得上是彬彬有礼;从其二,则可称得上是优雅得体"。

一个正派社会对人的公共行为有比较高的要求,在蔑视的问题上多少也能看出这样的特征。因为即使有蔑视,蔑视者也会不那么自以为是,也会知道,蔑视他人并不会自动成为一种道德的表现。瑞士心理学家爱丽丝·米勒(Alice Miller)认为,蔑视是软弱者的武器,用来保护的是蔑视者自己不愿意示人或觉得不安的内心。蔑视他人经常是一种自我蔑视的投射，真正自信的人并不需要借助蔑视他人来说服自己。坚守和奉行自己的道德信念和做人原则是无须通过对他人表示蔑视的。

蔑视似乎是文人中间的一个通病，因此有"文人相轻"之说。网上有一篇《阎连科回应李陀：感谢批评，我的小说将继续"狗屁"下去》的报道，说的是2018年8月上海书展的一场文化沙龙中，批评家李陀与许子东进行对话，在谈到作家阎连科的作品时，李陀说，"我给他打了一个电话说你怎么写这种东西？……我说你写那个狗屁《风雅颂》，狗屁小说"。阎连科对此作了回复，自我调侃说"将继续'狗屁'下去"。有读者评论道，"文人相轻，自古如此"。

我们都知道"文人相轻"这个说法，至于如何理解这个说法，一般人很少会去思考。他们会把"文人相轻"理解为，文化人因为妒忌心重，所以会互相看不起，互相贬低、互相说坏话。更加恶劣的是，文人相轻是因为知道自己艺不如人，所以故意损毁别人，抬高自己。总而言之，文人相轻是一件坏事。

其实，文人相轻的"轻"并非是一种单一的情绪或判断反应，而是可能至少包含两种不同的因素：第一是批评，也就是看到缺点；第二是轻蔑，也就是蔑视或鄙视。批评是正常的，而蔑视则需要克制。

"相轻"是不以为然的意思，虽然是负面的，但也可以包含积极的批评，并不见得是一件坏事。有原则的批评远比无原则的相互吹捧要好得多。但是，批评需要用理性说理的方式，要避免使用过度情绪化的语言。如果一个批评者使用了过度情绪化的语言，如"狗屁"，那是他的个人修养问题，并不影响正常批评的正当性。

如果能坚持理性说理，那么，文人相轻不仅无害，甚至还可以是有益的。因为对一个文人的作品来说，真正有价值、有意义的批评，基本上都是来自其他文人。这里面有一个"外行看热闹，内行看门道"的道理。

一个作家的作品是否有水平，不能只看他有多少粉丝，同行的专业评价更加重要。他可能有很多粉丝，但粉丝是把作家当"明星"来热爱和追捧的，他们未必具有足够的艺术判断和价值思考能力。他们的赞扬会有许多情绪化和非理性的成分，是一种"外行看热闹"的现象。

相比之下，同行的文化人看问题就会更专业，更理性，因此会在作品中察觉一些外行人难以察觉的弱点或缺陷，其中包括作者的洞察和分析能力、语言表达、思考深度、社会关怀等等。在另外一些情况下，同行的文化人还会因为观念原则或政治立场的分歧而互相否定或轻视。这些都是外行人在看热闹时所不关心的。

我们都知道中世纪末和文艺复兴初的意大利诗人但丁，他的《神曲》就曾被否定和轻视过。18 世纪英国诗人、史学家和批评家托马斯·沃顿（Thomas Warton, 1728—1790）就认为《神曲》是一部"令人厌恶"（disgusting）的作品。伏尔泰在他的《哲学通信》（*Lettres philosophiques*, 1733）里断言，"欧洲再没有人读但丁了"。事实上，18 世纪阅读但丁的人要比以前任何时期都多。17 世纪初欧洲讨论但丁的论述还寥寥无几，18 世纪就已经完全改观。18 世纪作家否定和轻视但丁与他们对神学的反感有关，这就像 1950 年代否定或轻视胡适与批判他的自由主义和政治立场有关一样。

在"相轻"的关系中，要做到批评而不蔑视确实是不容易的。这主要是因为，同行之间有一种似乎自然的"近而狎"的关系。狎就是不庄重。近而狎是人的一种自然倾向，英语里有"familiarity breeds contempt"说法，跟中文里的"熟生蔑"是一个意思。

不要说是熟悉的作家朋友，就是两个互相不认识的作家，也会因为共同的文字兴趣而产生互相熟悉的感觉，很容易出现"熟生蔑"的现象。美国德克萨斯大学奥斯汀分校的哲学教授罗伯特·所罗门（Robert C. Solomon）指出，轻蔑是一种与怨恨（resentment）和愤怒（anger）有关联的情绪，只是对象不同而已。怨恨的对象是比自己地位高的他人；愤怒的对象是与自己地位相当的他人，而蔑视的对象则是不如自己的他人。你蔑视的对象不一定真的不如你，但蔑视的行为对那个对象有贬抑作用（如公开称其作品为"狗屁"），你蔑视他，事实上就把他放在了一个低下的位置上。

因此，蔑视是一种对他人有伤害性的态度，应该加以克制才好。有人也许会说，这是不坦率。但是，避免伤害要比坦率更为重要，康德曾经说过"真正意义上的人……是不坦率的"。并不是说康德不在乎人际交往中的真实和坦诚，康德自己是很在乎这个的。但是，他也知道，如果一个道德、政治或文化的共同体是正派的，那它就会要求人们在公开表达某一突然想法和感受时，能够有意识地加以克制。康德认为，蔑视是特别有害的，因为蔑视的对象经常是被非人化的。康德不赞成蔑视，是因为广泛的公开蔑视有可能破坏所有的人际关系，甚至破坏人类社会本身的道德基础。

第四章　人为什么对谎言深信不疑

批判性思维的一项主要社会实践任务是发现、揭露和抵御欺骗，不只是普通人际交往中的那些范围有限的小欺骗，而且更是统治权力用于控制和操纵被统治者的那种大规模的欺骗。这是一种观念的谎言欺骗。在古埃及人的观念里，法老不只是神的代理人，更是一位真正的神。整个埃及都属于这位神，所有人都必须服从他的命令、缴纳他定下的税款，天经地义，不容置疑。现代的法老所使用的观念统治手段虽然翻新了许多，但并没有本质的改变。不同的是，今天的统治观念不再是像古埃及人那样在传统的自然信仰中产生，而是由制度性的宣传来系统打造。所幸我们今天有了古埃及人所没有的批判性思维意识，这使得我们有可能对宣传的观念有了抵抗的意愿和能力。

法国社会学家雅克·埃吕（Jacques Ellul）在《宣传：人的态度形成》一书中发现，被别人长期奴役，不能为自己的命运作主的人，特别容易接受宣传。宣传在非洲国家特别有效，"无论什么宣传都能一下子奏效，因为他们生活在殖民者领导之下，一直处于低下的地位"。从来没有得到说理机会的人，习惯了别人怎么说，自己就跟着相信。在不允许自由思想、独立判断的环境中长大的人也是一样，他们非常容易接受宣传，他们最怕的就是与众人、与集体、与领导不合拍或意见不同。发生这种情况时，他们会本能地感觉到"孤立"和"不安全"，觉得"可能会招惹麻烦"。宣传利用的就是他们的这种焦虑和害怕的感觉。

1. 上当受骗并不都是因为愚昧

然而，容易上当受骗的并不只是那些没有动脑筋习惯和能力的愚民。19世纪英国作家科尔顿（Charles Caleb Colton）说，"有些骗局布设得如此巧妙，只有傻子才不受骗上当"。那些布设巧妙的往往是大谎言，人不容易轻信小谎言，却很容易相信大谎言。戈培尔就是一个利用人性这一弱点的高手。他对希特勒提出的"说大谎，不说小谎"原则深信不疑，身体力行。小谎很容易揭穿，而谎言越大，就越不容易揭穿，例如，纳粹说犹太人有统治世界的阴谋，又有谁能够证明犹太人没有这样的阴谋？希特勒说，"一般的人，倒不是有意要想作恶，而是本来就人心败坏。他们头脑简单，比较容易上大谎的当，而不是小谎的当。他们自己就经常在小事情上说谎，而不好意思在大事情上说谎。大谎是他们想不出来的，就算是听到弥天大谎，他们也不能想象能有这么大的弥天大谎"。

谎言是一种构筑生活世界的伪劣材料，在真假难辨的情况下，被欺骗者会心甘情愿地用它来构筑自己的生活世界图景。即使在明白的情况下，告别这样的生活世界图景也是很困难的。一个东欧作家说，知识分子的爱国心使他们有了接受权力宣传的理由，在这些知识分子眼里，他们那个积弊丛生的国家就像是自己的残疾儿，"听到别人提到这孩子的残疾，他们就会生气，并出于本能地加以袒护"。

知识分子是谎言的构建者，虽然他们有时候也会对他们参与编造的谎言有所抱怨。他们的知识才能让他们有了普通人没有的自欺和欺人本领,他们用这个本领来向统治权力换取他们的社会地位和比较好的生活条件。

在有些国家里,意识形态的语言在宣传欺骗中起着重要的作用。乔治·奥威尔在《1984》的附录里用"新语"(newspeak)指这种意识形态的语言,新语是一个理想目标,目前还不是完全的现实。奥威尔写道,"新语是大洋国官方依照英社党的意识形态需要设计。到1984年,还没有人使用新语作为自己的唯一沟通工具,无论说或写皆然,《时报》中的主要文章是用新语书写,但必须有专家特意编写才能写成"。但是,新语的目标是明确的,对于统治也是绝对必须的。奥威尔解释道,"新语的目的不只是要为英社党的追随者提供一套表达的媒介,以符合他们的世界观及心智习性。同时也要让所有的思想模式无法存在。一旦新语全面普及,大家都忘记旧语之后,那么异端思想——也就是不符合英社党党规的思想——基本上就会变成无法形成的思想,至少在思想必须依靠语言的前提下是如此"。

新语的欺骗作用在于,它会保留许多旧语的词汇,但会"剥除类似词汇中不符合党意识形态的意义,以及所有可能的衍生意义"。奥威尔举了一个例子,"新语中依然有'自由'这个词,但是只能用在说明'这只狗没有虱子很自由'或者'这片天地没有杂草很自由'。这是因为,政治自由或知识自由已经不存在了,就连这样的概念也不存在。所以必须拿掉指涉的定语名词(政治、知识)"。

在完全能达成这个新语目标之前,必须借助严厉的思想审查,也就是控制信息,把控制信息作为政治和社会管制的最关键手段。美国心理学家丹尼尔·古尔曼在《必要的谎言,简明的真相》一书里从心理学的角度对此写道,"一个社会控制信息的方法经常类似于人的头脑运作。民主的特征就是信息的自由流通。因此宪法修正案的第一条就是保障言论自由。但是……官方所说的那个现实过于脆弱，在不加管制的思想面前不堪一击。为了保证掌控，必须依靠窒息不同的看法才能完成。对于一个社会来说，思想审查——政治管控的核心——就相当于个人的心理自我保护机制"。

人在精神不正常的状态下，反而会把健康人看成是"有病"，这样的自我保护机制在一个社会里便表现为一种偏误的信念：严格的思想管制不是政治统治合法性的失败，而是政治权强大，社会秩序稳定的标志。这种偏误信念所造成的谎言使得许多专家、学者都深信不疑，因此才得以转化为他们的专业判断和行为。例如，有些国家的政治异见者通常被视为患有"呆滞型精神分裂症"（sluggish schizophrenia），被送进精神病院进行治疗。对政治异见者精神疾病的诊断基于这样的逻辑，这个家伙跟大家想的不一样，一定是因为精神不正常。

华尔特·赖克（Walter Reich）是一位心理治疗师和作家，他在刊登于1983年1月30日《纽约时报杂志》（New York Times Magazine）上的一篇文章中写道，"那些被召唤去给异见者做治疗鉴定的心理医生们，他们自己也是该国公民。他们是在同样的文化中成长起来的，受到同样的政治现实影响，有同样的社会观点。由于心理治疗师判断一个人是否有病，在很大程度上取决于他对社会里什么是常见，什么可以期待的判断，他在遇到政治异见者时，他的奇怪感觉与特工人员是一样的，因此才会疑心政治异见者确实有病"。

在有些国家里，人们生活在一个巨大的谎言中。很难断定谁是这个谎言的始作俑者，谁在说谎和欺骗，谁又在上当和受骗。这个谎言要比任何个人或一群人所能说的谎都要大得多。这是一个制度性的谎言，是由谎言的"回音室效应"无穷放大了的。人们对谎言深信不疑，因为对他们来说，这就是他们唯一知道的正常生活。那些和他们一样对谎言深信不疑的邻居、同事、熟人和亲朋好友是他们唯一知道的正常人。至于那些与他们想法不同的极少数人，那只有一种可能：他们肯定是神志不清的非正常人。这样的想法当然是不真实的，但是，除非一个人自己走出那个巨大的谎言回音室，否则他是没有办法察觉这个不真实的。

2. 欺骗是怎么诱导上当的

一篇题为《天真女被骗 118 次 骗子：她是除了我妈最好的人》的报道说，家住浙江丽水缙云的陈女士从 2015 年底开始，认识了一个自称是"老板"的骗子，先后给他打钱 60 多万。骗子被抓到后，陈女士才发现，他根本不是什么老板，而是一名普通工人，平时嗜赌如命，从 2015 年 10 月底开始就没有再出去赚钱，全靠从陈女士那里"借钱"度日，日子过得还不错。在被抓后，骗子王某还感慨："她是除了我妈以外对我最好的人。"

另有一篇《"女能人"裙带下的副县长贪腐之路》报道说，2014 年 5 月 28 日，时任湖南新宁县常务副县长的孙洪波因涉嫌受贿犯罪被刑事拘留，同年 6 月 13 日被逮捕。法院一审认定孙洪波犯受贿罪、贪污罪、滥用职权罪，数罪并罚决定执行有期徒刑 12 年，并处罚金人民币 60 万元。判决书显示，孙洪波的三项罪名，都与一个叫王毅的女性有关。王毅是长沙的一名女子，52 岁，有诈骗犯罪前科。与孙洪波交往时，自称国务院某部委领导的亲属，可以帮助孙洪波得到提拔或者调京工作。狱中的孙洪波懊悔不已地说，"一些小学生都明白，不该去做的事，自己去做了"。

不很高明的骗术能够成功得手，这并不只是发生在陈女士和副县长身上。骗子自称是"老板"，开始是利用陈女士贪便宜、想发财的心理弱点，先让她上钩，然后一步一步拖她下水。女骗子则利用了副县长的仕途野心。两位受骗人也许确实比今天一般人更轻信易骗，但骗子们运用的却是一个几乎是万变不离其宗的欺骗手法，那就是设置一个受骗人会相信的情境脚本，让受骗人自觉落入这个脚本的角色行为圈套：投资和走官场门路。

　　骗子行骗都会"编故事"，美国社会理论学家欧文·戈夫曼（Erving Goffman）在《框架分析》（*Frame Analysis*）一书里称之为"设框"（frame）。人总是用特定的理解框架来看待自己的情境和与之相关的行为。同一个情境可以用不同的框架得出不同的解释和意义。框架本身有说服作用，劝说一个人"参加革命"要比拉他"当土匪"容易得多。同样，投资性的借钱要比单纯的借钱容易得多。那个时候，有的红卫兵用暴力残害他人，他们用以理解自己暴力行为的框架不是"犯罪"，而是"革命"。

　　不真实的并不都是谎言。倘若不真实的情境是透明的，各方面的参与者都知道该用怎样的理解框架去会意，那就不存在欺骗的问题。玩笑里的不真实不是谎言，"愚人节"或"洋葱新闻"的恶作剧也不是谎言。但是，如果有谁用错了理解的框架，把玩笑当真，那就也会上当受骗。新华社退休记者李竹润为传播"西点军校学雷锋"假新闻道歉，他说，"那时我年轻，不知道西方媒体往往在愚人节编造洋葱'新闻'，还当了真。我承认我是这个假新闻国内传播的始作俑者，但这是无心所为，后来的以讹传讹，就不是我个人能控制的了。"李竹润当时之所以犯下了这样的无心之过，是因为他不知道该用怎样的理解框架去判断那则雷锋信息的真假，他根本不能设想有人能拿雷锋来开玩笑。对于因头脑定框而眼光局限的人们来说，这是自然的常见现象。

　　故意设计和运用误导性的理解框架，用它来限制他人的想法，这是常见的欺骗手段。心理学家理查德·魏斯曼（Richard Wiseman）在《欺骗和自我欺骗：探究心灵法术》(Deception & Self-deception, Investigating Psychics) 一书里分析了施行心灵法术的"灵媒"（mediums）为什么能成功欺骗的一些行骗原理，他称之为"计谋"（stratagems）。他指出，行骗的"计谋"不同于"手法"（tactics）。心灵法术的欺骗手法千变万化、推陈出新、数不胜数。但"计谋"（欺骗原则）却只是有限的几条，其中一条就是设置"误导框架"（misframing）。

"灵媒"所用的许多手法其实是魔术戏法，但却设置了一个误导的框架：超能力。超能力又称特异功能，是指心灵感应、透视、预知、意念力、特殊体质等超自然能力。在美国，当灵媒并不违法，他们用超自然能力替人解决爱情、人生、金钱等疑难问题，当然是要收费的。但是，若是有证据证明灵媒是用超能力来敛财或行骗，则被视为不道德甚至违法的"精神诈骗"（psychic fraud）。

许多人喜爱魔术，虽然知道那是"耍把戏"，但看到的还是真实的景象，也就是说，尽管认知告诉他们那是假的，但眼睛的知觉却告诉他们那是真的。这二者之间不仅不一致，而且这个不一致还让人得不到解释（无法解释），因此产生强烈的好奇，感受到智力上的刺激和兴奋。可是，"心灵法术"却不同，它要人们在认知上把眼睛所见到的直接当作真的，只有这样，伪装超能力才能达到诈骗和敛财的目的。

英国人类学家埃里克·丁维尔（Eric J. Dingwall）在《魔术与灵媒》（Magic and Mediums）一文中写道，"人们用来看待魔术和灵媒的想法框架是不可同日而语的。看魔术是一种纯粹的娱乐，也可能是好奇'这到底是怎么办到的'。但咨询灵媒则是抱有这样的想法：灵媒与另一个世界的沟通确实是可能的"。不同的理解和会意框架会影响人们如何看待"奇异景象"。例如，人们可以视灵媒为伪心灵术设下的一个骗局，因此认为，他们所看到的超能力现象其实是一个诡计。但是，他们也可能不把这看成是骗局，而是看作真实的心灵感应。这样的话，他们也就会认为自己眼见的现象真的就是超能力所为。设计和编造框架是欺骗的一个重要手段，能否成功在很大程度上取决于欺骗对象有多少判别的能力。如果他们能予以识别并做出正确判断，那自然也就多了一件对抗和挫败欺骗的武器。

3. "比下有余"是怎样一种社会心理

有一篇《摈弃"甘居中游"的心态》的文章说，有的干部把"甘居中游"当成做人做事的秘诀，做事不努力，"得过且过，当一天和尚撞一天钟"，满足于"凑合"，习惯于"比上不足比下有余"的自我安慰。文章批评道，"这种心态之下，一些干部在岗不在状态，为官慢为、为官不为，实质上还是庸官懒政的老毛病"。

"比上不足，比下有余"确实是中国人常有的心态，不过那主要不是指当官的混日子，而是指一般小老百姓无奈的自我宽解和自我安慰。中国的童蒙书、家训、劝善书、箴言、民间智慧中有不少这类说法。例如，《知足歌》里说："莫谓我身不如人，不如我者尚多乎。退步思量海样宽，眼前便是许多福。他人骑马我骑驴，仔细思量我不如；回头又见推车汉，比上不足下有余。"

像这样的"比"，是小老百姓因无奈而自我适应的"比下有余"，对他们来说，"比上"实在是太奢侈了，所以比的方向只有一个——朝下。网上有一个《泥饼故事》介绍说，海地很穷，有的海地人做"泥饼"果腹，介绍者感叹道，看到这种情景，"我才明白能吃上一碗热白饭是多幸福的事"。这么比的，会是一位富豪吗？大概不会；想来是一位日子过得不容易，但却能自我安慰、知足常乐的平头百姓。这令人想起了阶级斗争时代的"忆苦思甜"和当作政治任务来完成的"吃忆苦饭"——虽然物质极其匮乏,但意气风发、热情高昂,幸福感特强。

美国心理学家托马斯·威尔斯(Thomas Ashby Wills)在《社会心理学的往下比原则》(Downward Comparison Principles in Social Psychology)一文中指出,"比下有余"是一种心理机制,能让人产生安全和满足感,提升良好的自我感觉,常怀感恩之心。这种"朝下比"虽然看上去似乎有积极的心理提升作用,但在心理学里却被界定为"负面情感"(negative affect,又称负向情感),因为它包含负面的自我观念和情绪,如自卑、害怕、挫折感、无助和无力、无成就感。人们在关注他人或事物时普遍有负面趋向(negative bias),对负面信息比对正面信息更感兴趣,也印象更深。朝下比的负面情绪会加剧人的负面趋向。

朝下比是社会比较理论(social comparison theory)研究的一部分。社会比较理论是美国著名社会心理学家利昂·费斯汀格于1954年首先提出的。他致力于研究人的期望、自我期待、抱负、自尊和决策,并用实验方法研究偏见、社会影响、认知失调等问题。

社会比较可以分为朝上比和朝下比两种。有的心理学家认为,朝上比("比上不足")会有两种不同的结果。一个是降低一个人的自尊,使他产生妒忌情绪,变得灰溜溜和自卑。另一个是激励他奋发向上。威尔斯是最早研究朝下比的社会心理学家之一。他认为,朝下比是人出于自我评价需要的一种防卫性机制。如果说朝上比有损于人的自尊,那么朝下比则有助于人的自尊。

威尔斯指出,朝下的"比下有余"主要是从与不幸他人的比较中得到安慰和满足感,朝下比的人有"复杂的感情,与从他人的不幸获取快乐感不同"。以他人不幸为乐也就是人们平时所说的"幸灾乐祸"。比下有余是在心里认同不幸的他人,因为大家都不幸,所以不必觉得自己不幸。幸灾乐祸则是置身事外，对他人的不幸无动于衷、冷漠旁观。

许多社会心理学研究都关注一些看上去令人费解的"朝下比"心理现象。这类现象在日常生活中相当常见。例如，如果一个人觉得自己的个人命运（individual fate）不好，便会感到沮丧。但是，如果他觉得有许多人都和他一样命运不好（shared fate），那他可能不但不沮丧，而且反而还会拿来炫耀，满不在乎地自称"×丝"。又例如，境遇不佳者会认同其他境遇不佳者，而不是境遇好的人。这有点类似于人们平时所说的"同病相怜"，但重点不在于"怜悯"，而在于寻找能在心理上能分担不幸的同伴，希望跟自己一样倒霉的人越多越好。

再例如，在群体中，如果人人日子都过得挺好，他们的满足感就不明显；如果其中一些人日子过得特别不好，那么其他人的满足感就会高很多。那些不幸的人为其他人提供了朝下比的对象，帮助他们提升自己的幸福感。竞争性的加工资，有的人加，有的人不加，尽管加到的数额极为有限，但加到的人会有极大的幸福感。

人们一般认为，"比下有余"能起到"以思转境"的积极心理调适作用，能让人在事情不如意的时候，多想想自己所已经拥有的，这样怨恨就自然消失。但是，心理学家指出，朝下比会成为一种不良的固定心态和思维习惯，让人对负面情感的自卑、挫折、无助变得麻木不仁，惰性十足，既不思进取也无意改变。而且，朝下比会让人因虚假的心理满足而变得沾沾自喜、自以为是。在找不到朝下比的对象时，对朝下比有心理依赖的人还会故意贬低、歧视或加害他人，以此得到心理满足，找到良好的自我感觉。这就已经不只是一般的负面情感，而是一种病态的认知失调和心灵毒害。

4. 仪式化的"忠诚"

经常可以看到商场、饭店前整整齐齐地站着一排排身穿制服的员工，在领班的带领下像军事训练一样操练礼仪、接受职业规范训话，然后齐声高呼各种口号。据说，这么做可以振奋员工精神、加强他们的团结一致和集体忠诚。

这种仪式化的忠诚操练是否真的能对每个员工产生预期的影响，这里姑且不论。倒是有一点颇为令人费解，那就是，为什么这种类似阅兵式和正步走的仪式非要在店堂外的大马路边演示，而不能在内部悄悄进行？

社会心理学为这种行为提供了解释，马路边演示的是一种仪式化的"组织忠诚"。就像所有的仪式一样，忠诚仪式不仅需要有被组织了的人群，而且还需要有观看和见证仪式的观众。观众的注视能加强仪式对操演者的心理控制，让他们更加投入到仪式所暗示的情绪中去。人从幼儿时就有被注视的需要，也会因他人的注视而兴奋，大一点的孩子（甚至成人）若如此，就是中国老话所说的"人来疯"。你不当他一回事，看见了只当不看见，他就会觉得无趣，慢慢也就安静下来。对于集体来说，仪式的另一个重要作用是形成一种与"外人"相区别的"我们"。大马路不仅提供了演示仪式的场所，而且也提供了来来往往的观众。观众的注视强化了仪式的心理反馈激励，也加强了参与者对"我们"的群体认同。

美国心理学家卡尔·维克（Karl E. Weick）在《组织的社会心理学》（*The Social Psychology of Organizing*）一书里指出，"组织"有一种共同预期结构，这些预期是和角色密切相连的，因为"角色会界定组织中的每一个成员对他人和自己应该有什么样的预期"。仪式化的组织——需要

"宣誓"加入的教会、帮会、团体等等——尤其能起到这样的作用。需要宣誓加入的团体就比不需要宣誓的更具共同预期的结构，这种组织更能利用一般人的"稀缺捷思"（scarcity heuristic），让他觉得，好不容易加入这个许多人加入不了的组织，因此光荣无比，更加心甘情愿地按组织的要求好好表现。

卡尔·维克指出了组织化过程的一些重要特征，尤其是，组织化强调具体的"可见行为"，而不是个体真正的意愿选择。可见行为是做给别人看到，并通过别人的眼睛被自己看到。这样的行为成为组织内的"互相连锁行为"（interlocked behaviors）。企业的忠诚仪式所起的就是这种作用，那些本来不过是来打工讨生活，靠每日辛苦换取微薄工资的下层员工被迫与其他人，包括他们的老板，连锁在一个虚幻的利益和忠诚共同体中。这种忠诚实际上是雇主出于自身利益，利用仪式和其他手段，在底层员工那里诱发出来的"共同确认"（Consensual Validation，也称"一致性确认"），因为有效，所以不断被模仿和重复。

美国心理学家艾里希·弗洛姆（Erich Fromm）在《健全的社会》（The Sane Society）一书里指出，现代社会中"共同确认"的心理效果是一种有社会危险性的羊群效应，他写道，"关于社会成员的精神状态，人们在观念上的'共同确认'非常具有欺骗性。由于大多数人共同具有某些思想或感情，这些思想和感情就必定是正当的——这种想法十分幼稚。再没有比这更错误的了。这种'共同确认'与理性和精神健康都毫不相干。我们可以说'两个人发了疯'，也可以说'上百万人发了疯'。数百万人都有同样的恶习，这并不能把恶习变成美德，数百万人都犯了错误，这并不能把错误变成真理，数百万人都患有同样的精神疾病，这并不能使这些人变成健全的人"。如果说"共同确认"是一种潜在的社会危险，那么，仪式化的共同确认更是如此。

在我们今天的生活中有许多仪式化的共同确认,大马路边的忠诚仪式虽然惹人注目,但未必是最有害的共同确认。对这样的表演,过路人大多不太理会,而只是置之一笑,将其视为商业的花招和噱头。但是,其他一些仪式化的共同确认戏码却在教育下一代的学校里不断上演,例如,数千学生在操场上集体为父母洗脚的孝道仪式,幼儿园里小朋友们统一着汉服,拜孔子,背诵《弟子规》的国粹文化仪式。这些仪式虽然内容变了,但都是组织化环境中的"互相连锁行为"。

仪式是一种团伙化和组织化的表演性展示,它让人不自觉地丧失自我;而组织化仪式的根本机制作用也正在于要有效而正当地消除个人存在的自主意识和行为选择的意愿,让个人融入一个激情冲动的情绪性集体中去。以前人们所熟悉的各种批判会、声讨会、游行等等都是这种性质的仪式。仪式是一种必须大家一起玩的,必须戴着面具玩的严肃模仿游戏。它之所以"严肃",是因为你必须按照组织预期的角色,在行为上与他人相互模仿,协调一致。

组织化仪式行为需要不断重复,而且需要频繁地让"外人"对它投以关注。讽刺的是,正因为"忠诚"已经变得太不确定、太不牢靠、太虚假空洞,所以才会需要不断地用夸张的仪式行为来测试和演示。很难想象,在亲人或其他牢固可靠的伙伴关系中人们会需要用这种方式来考验或表演彼此间的忠实和信任。仪式不是实质的外显,而只是内在缺陷的掩饰,它虽然绚丽,但却不过是一套遮人耳目的虚假花拳绣腿。

5. 人为什么被"说服"

有一篇《家长圈热传"聪明药"称可提成绩》的报道说,韩国有家长为让孩子提高学习成绩,给孩子注射"聪明针"和服用"聪明药"。

《北京青年报》记者调查发现，国内也有不少家长通过多种途径寻找、购买这类"聪明药"。此外在微信朋友圈中，多篇文章宣传称，这种"聪明药"可以"提升认知力和注意力"，是"智力药丸"。但有的医生说，长期服用"聪明药"会导致神经过敏、头疼等症状。

老话说，是药三分毒，在没有充分弄清药理和副作用的情况下，家长给孩子注射"聪明针"和服用"聪明药"，在许多人看来是一件不明智的事。然而，不明智的事有不明智的道理。家长们相信这些针和药能让孩子变"聪明"，是被其他家长或药物宣传"说服"了的结果。

说服不同于说理，说理注重的是过程，而说服只着眼于结果，只要能获得期待的结果，过程和手段在所不计。好的说理要求真实、逻辑合理、论据可靠。然而，即便是好的说理，也不一定能起到说服的效果。如果你跟对方说的理与他的利益不符（或者他根本不愿意说理），再好的说理也对他无法产生实际影响。相比之下，说服指的是一种实际受影响的行为。非真实、逻辑谬误、论据不可靠的宣传或误导也可以产生这样的说服效果，它要的结果是"依从"（compliance）。

一个人想说服你，他的目的不只是要改变你的态度和看法，而且是要改变你的行为。他希望引发"依从"，也就是使你的行为发生变化，变得与他的要求或目的相一致。当广告商为电视广告投入大量金钱时，他们不只是要你觉得他们的产品不错，而且是要你掏出钱来购买这些产品。卖药的要你相信他们的针和药能让你的孩子变"聪明"，想方设法说动你，道理也是一样的。

说服可以诉诸认知，也可以诉诸情绪，例如，诉诸认知的广告可以这么说，某某咖啡美味、温馨、芬芳，因为它选用最新鲜的咖啡豆，制作考究。诉诸情绪的广告可以这么说，你喝的咖啡告诉人们你属于哪一类人，揭示你高贵的趣味和与众不同的品位。一般来说，越是缺乏独立思考和分析能力和习惯的人，越是有可能被诉诸情绪的说服影响。"聪明药"诉诸的就是情绪，因为所谓"聪明"和"趣味""品位"一样，是一般人都羡慕和向往的，虽然他们对什么是聪明、趣味、品位完全没有兴趣或认识。

心理学家常用一种叫"慎思可能性模式"（Elaboration Likelihood Model，简称 ELM，或称为"详尽可能性模型"）的理论来解释诉诸情绪的说服。这是一种描述人的态度改变的说服理论模型，由心理学家理查德·佩蒂（Richard E. Petty）和约翰·卡乔波（John T. Cacioppo）于 20 世纪 80 年代提出。"慎思可能性"指的是个人对有关议题的信息进行仔细思量，并有所深思熟虑的程度。个人由于"动机"和"能力"不同，会对得到的信息有不同的处理方式。

"慎思可能性模式"区分了在说服过程中起作用的两种典型途径，一种是"中心途径"（central route），另一种是"外围途径"（peripheral route），前一个是切入要点（晓之以理），后一个是转弯抹角（诱之以情）。这二者的区别其实也就是说理与说服的区别。

"中心途径"指的是，人们仔细思考用于说理的信息、证据、逻辑，并根据这些说理因素的强弱来决定是否或如何改变自己的看法和行为。"外围途径"指的是，人们不是集中精力去分析和评估信息，而是对信息情境的表面化暗示或联想直接做出反应。用名人、演员、歌星来为药品代言，不管是真药还是假药，走的都是"外围途径"，其信息情境提示的是像代言人一样的"健康"和"优秀"。卖"聪明药"也是通过外围途径来起到说服作用的。它看上去似乎也有中心途径的理由，如提升"认知力"和"注意力"，但实质上却是通过人们常害怕"不聪明就是傻"的情绪暗示在起作用。

不能认识或抵御外围途径的情绪性说服，其结果经常是受骗上当。人们往往只是从不实商业广告的危害来认识抵抗情绪性说服的必要，其实，情绪性说服也发生在我们的社会和政治生活里，只是经常不容易被注意到而已。韩德强给一些青年人洗脑的正道农场就是一个例子。他在网站发文警告："九十年后的青年必须直面人类生存危机！全球青年必须直面人类生存危机！靠陈旧的知识结构指导，人类只能在加速发展中加速灭亡。要力挽狂澜，必须靠新青年！二十一世纪的新青年所到之处，将融化坚硬、冷漠、自私的心灵，唤醒柔软、温暖和善良的本性。由于这样的新青年大批出现，人类社会将有可能在走向深渊的最后时刻悬崖勒马。"有了"文革"的教训，难道不该立刻对这种大而空的情绪宣泄有所警惕和怀疑？然而，像"灭亡""狂澜""柔软""温暖""善良"这样的情绪用词却还是能产生外围途径的说动作用。恰恰是这样的危言耸听和情绪蛊惑引起一些年轻人的共鸣。尊他为师的一位信徒说，老师的思想已经超越了孔子，超越了释迦牟尼，可见这位老师对他的说服效果是多么的强大。

6. 我们心底里的歧视

在我上海的居所门外，有一位以收废品为生的外地人，附近的居民都称他为"垃圾老板"。邻居们对他都挺和气，有的把废品给他，也不问他收钱。其中一位对我说，现在干哪一行都是凭劳动吃饭，都是平等的，没有谁歧视别人。

我听了之后没有说什么，但不等于心里没有想法。我觉得人们经常对自己心底里的歧视缺乏认识，所以会误以为自己已经克服了歧视。我们的同情心经常会障蔽对歧视及其顽固性的认识。我们会以为，只要对乞丐、外地民工、小商小贩、风尘女子有同情心或恻隐心，就表明自己对他们不再歧视。其实，是否有同情心与是否歧视可以是完全没有关系的。

我们不妨把歧视约简为这样一个与婚配有关的常识问题：你说你富有同情心，你以为自己已经克服了歧视，那好，你愿意把女儿嫁给你家门口的"垃圾老板"吗？你想方设法把孩子送到最好的学校里去——随便说一句，上海的幼儿园好的要一万元一个月，普通的也要几千——你愿意自己的孩子日后成为一位"垃圾老板"，一位清洁工，一位做大饼油条的吗？你肯定不愿意，因为这些人在你心里不过是"下等群体"。人往高处走，水往低处流，人们心底里的歧视并不是一种主观的情绪或情感，而是由社会的实际高低等级所造成的一种定向选择。

任何社会里都存在一些事实上的下等群体，即便人们不公然表现出歧视，也还是会在心里瞧不起"贱业者"。贱业群体是相对于"荣誉群体"的另一个极端，在德语中被称为"可耻群体"（unehrliche Leute）。英国历史学家理查德·埃文斯（Richard Evans）又称他们为"社会局外人"，他认为，近代早期德国可耻群体的局外人身份有五个主要来源："它可能是继承来的；可能与某种职业有关；可能是离经叛道行为，尤其是（主要是女人）性行为的后果；也可能是因为某种宗教信仰或少数族裔身份；或者，也可能是由刑事定罪造成的。"

那时候，德国有多个可耻群体，包括那些从事与肮脏或污染物质有接触的行业者，比如磨坊工人、牧羊人、制革工人、街道清洁工，其中最可耻的是剥皮工、屠夫、捕鼠人和刽子手。另一个可耻群体则更广大，也更加难以归类，包括流动人员，即居无定所的人——小贩、吉卜赛人、巡回演出的艺人（养熊人、魔术师及诸如此类的人）、江湖医生、磨刀人等。再一个是因为性行为不端而失去了名誉的女人，尤其是妓女和未婚母亲。另外还包括被视为低下或落后的少数民族、罪犯及其家属等等。

与近代早期德国相似的是，中国传统社会里也有许多类似的对三教九流、五行八作、卖身女子、罪犯和"坏人"等等的歧视。其中有的具有特殊性，随着时代而变化，并在相当程度上与国家认可的政治"坏人"有关，如还不太久以前的"黑五类"或"阶级敌人"。在很长一段时间内，他们是人们唯恐避之不及的可耻群体，在考虑男女交往或婚配时，尤其敏感。因为可耻群体的成员会被视为对荣誉群体成员的一种污染、腐蚀和玷污。

在可耻群体和荣誉群体这两个极端之间，总是会存在一大片模糊不清的灰色地带，处于灰色地带中的家长无不希望自己的孩子日后能够成为荣誉群体的一分子，或者至少也要避免沦落到可耻群体中去。这就是社会身份流动的攀上避下心理。虽然在不同时期内，荣誉群体和可耻群体所包括的人群会发生变化，但这种攀高避低的心理却是不变的。今天，家长们普遍重视孩子的教育，不惜花重金购买所谓学区房，或者交纳高额学费，未必是因为对知识的价值本身有多大的兴趣，主要是出于对荣誉群体的向往和对可耻群体的恐惧。

我们生活的现代世界在劳动观念上是分裂的，一方面我们赞美劳动的光荣，另一方面我们心里其实看不起劳动，尤其是那种虽吃苦流汗但报酬微薄的劳苦工作。我们处在一个在劳动观念上并没有太多进步的时代。达林·麦马翁（Darrin M. McMahon）在《幸福的历史》(Happiness: A History) 一书里指出，千百年里，劳苦工作一直被视为是一种惩罚，一件不得不去做的事情，"是上帝对亚当之罪的诅咒。人们脸上的汗水是永恒的提醒，标志着上帝对人类的惩罚——也就是必须在伊甸园外布满荆棘的贫瘠大地上劳苦耕种，才得饱足"。欧洲社会因此曾经禁止贵族用双手劳作，因为真正的上流生活是无须劳动的。一直到马克思，才出现了一个新的观念：人类的劳动可以为我们带来救赎，"因此，一般人竟然会认为——甚至期望——工作能够维系他们的幸福，即工作以其自身的理由成为满足之源泉"。这并不是现实，而只是一个希望。

这个希望曾经在社会主义者那里富有浪漫的吸引力，英国社会主义者和艺术家莫里斯（William Morris）在他的乌托邦杰作《乌有乡消息》(News from Nowhere, 1890) 一书里这样展望，"这样，我们终于在工作中逐步获得快乐；然后我们意识到这种快乐，进而培育它，并且深深享受其中。于是，我们获得了一切幸福。但愿世世代代永远如此！"人在极为辛苦的劳作中变得快乐，我们这一代也有许多人曾经因为受到的这种教育而对此深信不疑。上山下乡时期最响亮的口号就是"滚一身泥巴，炼一颗红心"。许多知青把这样的话写进了自己的革命日记，但很快发现，有门路的同学都在想方设法悄悄离开农村，招工的招工，提干的提干，上大学的上大学。唯独最没有办法的留在农村，似乎注定要永远享受这种劳动的光荣。

然而，出其不意的剧变一下子改变了他们的命运轨迹，他们被重新抛进了一个熟悉的，荣誉和可耻界限分明的世界。在这个很快变得受金钱支配的世界里，荣誉和可耻的标准发生了变化。极少数以前被人瞧不起的贱业只要能致富，甚至挣大钱，如今已经能被许多人乐意接受，并成为他们向往的荣誉事业。但是，大多数以前的贱业仍然处于经济收入的低端，因此也仍然遭受或明或暗的歧视。他们回收废品，他们为市民们的一日三餐提供方便，他们风雨无阻地派送快递或外卖，他们以各种小商贩的微利经营贡献和服务于社会，但是，这些人经常被管理部门粗暴地对待，随意驱赶。支配这类恶劣行为的其实是有关人员心底里的一种根深蒂固的，对所谓可耻人群或低下行业的歧视。保障底层人群的正当权益不仅需要国家订立相应的法律法规，而且也需要我们每一个人不要自欺，要更清醒地认识自己心底里的那种暗中主导我们行为的、极难克服的歧视。

7. 我为什么没有怀疑鲍勃·迪伦拒领诺奖的假消息

"鲍勃·迪伦拒绝接受诺贝尔文学奖"的消息在微信中广为转发，后来证明是假消息。我和许多人一样，一开始信了这个假消息。这看上去似乎只是因为轻信，事情过去了，本可一笑了之。但是，人为什么会轻信呢？我为什么就信了迪伦拒奖的假消息呢？

我是从朋友微信上传的消息中得知的，当时并没有觉得那是假的。我并不吃惊，但觉得有些奇怪。消息里说，鲍勃·迪伦得奖后整晚上一秒都没有睡，对着墙上的欧美地图坐了整整一夜。凌晨，他打电话给了经纪人，宣布了自己的决定，其理由是，"我们美国人的音乐，不需要欧洲人指手画脚"。我心里想，不领奖就不领奖呗，扯什么美国人的音乐欧洲人不能指手画脚呢？文学艺术的影响不能以国家来划界，迪伦不会连这个都不懂吧？他拒奖也许表现出他作为一个艺术家的特立独行，但这种矫情的表演反而降低了他在我心目中的分量。

我没有怀疑这是假消息，因为我没有理由怀疑它是假的。这里有不止一个原因。

第一，迪伦是一个以反叛和行为难以预测著称的艺术家，我头脑里已经有了这个先入之见，他的拒奖理由与我头脑里的想法是一致的。所以我就"自然而然"地把这当作了他拒奖的真实理由，在这个过程中起作用的是一种"确认偏误"(confirmation bias)。确认偏误又称肯证偏见或验证偏见，是认知偏误的一种，指的是，当我们主观上已经有某种看法或观点时，我们往往倾向于寻找或直接接受那些能够支持原有看法的信息，而忽视那些可能推翻原有看法的证据。这种偏误是普遍存在的，一个人在某一件事情上能觉察自己的偏误，不等于他在其他事情上也能觉察自己的偏误。

第二，我没有怀疑这是一条假消息是因为，我没有给它太多的注意。我们只是对特别注意或在意的信息才会产生认真的怀疑，有了怀疑也才会去进一步核实。我们对每天接收到的许许多多信息会作一个快速的评估，一般会只关注自己认为是重要的信息。对信息的重视是对信息进行批判性思考的必要条件，只有重视了才会细加思考。我对这条假消息觉得奇怪，但并没有将此转变为认真的怀疑，因此也就没有想到要核实它的真假。

其实，核实这条消息并对之证伪一点也不困难。美国或其他西方国家的主要媒体没有一个报道迪伦拒奖的消息。如果再仔细一点的话，就会发现，这条消息来自"洋葱新闻"，洋葱新闻以正统的新闻报道手法，报道纯粹虚构或真假参半的新闻事件，从而达到娱乐或讽刺的目的。

我教了二十多年的公共说理和批判性思维，总是跟学生说，在评估一个消息是否可靠时，不要忘记核查消息来源是否可靠。在读到迪伦拒奖的消息时，我自己就没有这么做。除了我没有重视这条消息之外，还有另外一个原因。我是从朋友微信的信息里读到的，这样的信息是经过我朋友们筛选的，我对他们有基本的信任，所以更没有对消息产生特别的怀疑。这其实也是我对学生强调的批判性思维的重要一环：即使信息来自你认为值得信任的来源，你也还是有责任检验它的可靠性和真实性。

在我把迪伦拒奖当成真消息（至少没有当成假消息）的时候，我的头脑里自动形成了一个自己信以为真的逻辑关系（"因为—所以"）——

因为他是个反叛而行为捉摸不定的人（因），所以他可以做出拒奖之事（果）。"洋葱新闻"在编造这条消息时，利用的一定也是这个看似符合逻辑的关系。然而，这种逻辑关系只是一个错觉或幻觉，在我头脑里的"因"和"果"可能都是事实，但其实并没有逻辑联系，逻辑关系是我错误想象出来的。就算迪伦真的拒奖，他的反叛性格也可能不是真正的原因。

美国有这样一个谬误因果的例子，虽然是滑稽戏作，但却颇能说明"确认偏误"的错误推断。有人认为面包是有害的食品。他选择性地运用这样的"客观证据"：一、吃面包的人100%最后会死。二、爱吃面包的名人包括希特勒和乌干达独裁者伊迪·阿明。三、90%的暴力罪行都是罪犯在吃过面包的24小时内干下的。每一个证据都是"事实"，但你会接受这些事实证据所支持的结论吗？

第五章　开放社会中的认知验证和考验

在美国，学校里的批判性思维教育是学生们公民教育和通识教育的一部分，不是修一两门课，得了学分就算数的，而是落实在每一门课程的教学之中。批判性思维更是他们日后所需要的一种基本的公民思考能力。每个公民在接受公共信息，参加民主选举和投票表决，作出政治判断，参与社会行动的时候，都需要运用他们在学校里学习到的批判性理解和分析技能。

对于像美国这样的开放社会来说，在公共生活中存在不同立场和来源的政治信息是正常的，也是民主活力的显示。但是，正如美国传媒学家迈克尔·舒德森（Michael Schudson）在《为什么民主需要不可爱的新闻界》一书中所说，美国的新闻界并不"可爱"，经常会有夸张不实的报道、情绪性的个人攻击、半真半假的信息、自相矛盾的言论。但是，不能没有这个不可爱的新闻界。托克维尔早就表达过类似的看法，他说，"新闻出版自由不是那种在本质和天性上的完全的自由，因此，我对新闻出版自由的爱也就不可能是由此所产生的一种倾心的爱。我对新闻出版自由的爱与其说是由于它的善举，不如说是考虑到因它被禁止而会发生的恶行"。

美国人需要公共媒体,并不是因为它是"好媒体",而是因为它能阻碍不良政治人物无所顾忌地干坏事。当人们面对这样的媒体和新闻界时,他们就格外需要有独立思考和理性判断的批判意识。如何对待良莠不齐的多元媒体、虚实不明的公共信息,对每个公民来说都是一种认知能力的考验,从公共信息源获得的知识内容需要每个公民自行验证,而验证本身就是对他参与公共事务和民主政治能力的考验。

1. 选举政治的"负面倾向"

美国每到总统大选,媒体就会有许多对候选人的负面报道,2015年的总统初选当然也不例外。媒体做种种负面报道,但出于中立、客观报道的原则,并不是直接对候选人提出批评意见,而是报道候选人可能引起公众反感的事情。例如,民主党候选人希拉里·克林顿的"电邮门"和不诚实,共和党候选人特朗普像个不懂事的愣头青,说要遣返所有来自墨西哥的非法移民,还要叫墨西哥政府出资建一道美墨边境的围墙。当然,也不是完全没有"正面报道",例如,共和党女候选人菲奥瑞纳虽不是职业政治家,但在辩论中立场明确,观点清晰,论述有力,表现不俗。不过民众更感兴趣的似乎永远是负面消息。

心理学研究早就发现,人在认知上有"负面趋向"(negative bias),对负面事物的关注超过正面事物,负面信息比正面信息更让人感兴趣,对人的影响也更显著。而且,负面印象在人的记忆中比正面印象保留得更为长久。美国心理学家戈特曼(John M. Gottman)在对亲密人际关系的研究中发现,做一件坏事所造成的负面影响需要至少做五件好事才能弥补。在公共关系中,政治人物或公共人物的丑闻就更难以弥补。既然如此,政治人物普遍被民众视为擅长于厚黑学,是一些言而无信、追名逐利的家伙,也就不足为奇了。

加拿大麦吉尔大学（McGill University）政治学教授斯图尔特·索罗卡（Stuart N. Soroka）在《民主政治的负面性》（Negativity in Democratic Politics）一书中讨论了人类心理的负面倾向与民主政治和民主制度的关系。他指出，在像加拿大和美国这样的国家里，"负面信息在政治行为和政治交流中起着特别重要的作用。因此，日常生活中人们对政治的看法显得非常负面。这不仅是人的天性使然，而且也是人所设计的种种制度的自然特征"。

新闻媒体便是这些制度（institutions）中的一种，它的报道偏重负面内容，不仅是因为受众更关心负面的消息，还因为新闻媒体原本就是为监督错误而设计的一种制度。索罗卡指出，"在代议制民主中，监督错误是新闻媒体的核心功能。媒体是第四等级（Fourth Estate），其要义便在于此。作为一个制度，新闻媒体是独立于商业和政治的，它能够也必须要求商业和政治为自己的错误承担责任"。

不仅是新闻媒体这样的独立制度，就连政治制度也是为监督错误而设计的，因为"大多数政治制度与大多数人一样，也是把负面消息看得比正面信息更为优先"。政治制度的设计不仅要让民众能对政府有所监督，而且也要使政府制度本身具有"内部监督"的功能。监督是为了发现和排除错误，因此，政治制度处理负面信息自然需要比正面信息更为优先，它对负面信息投以更多关注，这不是"负能量"，而是它的责任功能。

从这样的角度来看，政府权力不同部分（立法、行政、司法）的分离就不仅仅是为了相互制衡，更是为了起到相互防错和纠错的作用。美国建国之父之一的麦迪逊在《联邦党人文集》第 10 篇和第 51 篇里论述了宗派之争的危害、三权分立的必要和权力间的制约与平衡，其基本前提就是人性的丑陋和必然会犯错误。他写道，"基于人性的本质,这些(分权)措施是必要的,它们可以防止政府滥用权力。但是,什么是政府本身所反映的人性?如果人是天使,就不需要政府了。如果由天使管理政府,一切内部和外部的制约都不需要了。在建立一个由人组成又要管理人的政府时,最大的困难是:你首先要给这个政府统治的权力,然后才能责成它管好自身"。

责成权力管好自身,这就要求它对自己的负面信息(错误)给予制度性的优先重视。因此,索罗卡指出,"监视和避免/纠正错误是麦迪逊式总统制设计的基础"。对于这个政治制度的设计来说,发现和纠正错误是一个主要的原则,而不是原则之一。其顺序是,"我们先建立起一个能够监视错误的制度,然后——在严格限制和细致监督下——选举出一个政府。如果不能有自我监督的制度,就很难有受到监督的选举"。美国大选中的负面消息是选举制度自我监督起作用的必然现象,虽然看上去负面,其实是选举受到严格监督的重要保证。

2. 政治自欺和确认偏误

2016年9月6日特朗普和希拉里的首场辩论后,许多中国人的反应是"希拉里碾压特朗普"。在美国,如果由媒体来投票决定这次美国总统竞选结果的话,那么,希拉里无疑已经取得了压倒性的胜利。但是,卓奇报道(Drudge Report,美国的一个保守新闻网站)的网上民调却显示,80%的回应者认为特朗普在辩论中获胜。另一项由Time.com所做的民调(参与投票者的人数是130万)显示,特朗普领先希拉里4个百分点——52比48。福克斯新闻的网上选民表决结果是,认为特朗普或希拉里赢得辩论胜利的人数分别是50%和35%,其他15%认为,谁都没赢。

怎么来看待这样的民众反应呢?是不是"这届美国人不行",公民素质和政治思考能力特别低下，或者缺乏应有的判断力呢？其实未必，正如美国乔治·梅森大学经济学教授泰勒·考恩（Tyler Cowen）早几年在《自欺是政治失败的根由》(Self-deception as the Root of Political Failure) 一文中所说的，由人的认知和情绪偏误（bias）所造成的自我欺骗（自欺）一直是美国政治的一大问题。这次美国大选中两位竞选者都有严重的品格缺陷，许多民众对他们有强烈的厌恶和嫌弃，激烈的情绪使得一些选民的政治自欺越发暴露出来。

人在政治行为中的自欺，用考恩的说法，指的是"对可以自由获得的信息采取无视、摒弃和另行诠释的行为"。这可以是有意识的，也可以是无意识的。考恩指出，在美国这个以个人主义为文化核心的国家里，"差不多每一个人都觉得，自己的政治见解比那些训练有素的聪明人要高明。在经济问题上，选民很少会听从经济学家的意见"。比起听取别人的意见来，他们更急切地要表达自己的意见。而且，他们相信，自己的个人利益就是国家的利益。这种错误的自以为是就是自欺的结果。

人的自欺是一个古老的现象，并非今天的美国人才有。从荷马和柏拉图开始，自欺一直是希腊思想的一个核心问题，文艺复兴时期的莎士比亚剧作和 17 世纪的道德家那里，如法国作家弗朗索瓦·德·拉罗什富科（François de La Rochefoucauld），自欺是一个经常出现的主题。启蒙运动时期的一些哲学家，如亚当·斯密、休谟、洛德·沙夫茨伯里（Lord Shaftesbury）都特别关心人行为中的自欺。萨特哲学中的自欺（bad faith）也曾是中国"萨特热"中被讨论的问题。自欺的问题应该在当今中国思想讨论中重新受到重视。

在政治选择中（当这种自由选择是可能的时候），自欺的主要表现是，即使在公共信息公开、透明、易于核实的情况下，选民仍然按自己的目的或需要选择和重新诠释公共信息中的事实。在特朗普和希拉里的首场辩论之后，美国媒体迅速提供了对他们引述的数字和事件的"事实核对"（fact check）。美国也有一些专门为选民提供较可靠政治信息的"事实核对"网站。特朗普在辩论中有许多不符合事实的言论，媒体都做了报道，但是，这似乎并没有对一些选民的政治选择产生什么影响，对特朗普的支持者们来说更是如此。

美国佛罗里达州立大学哲学教授阿尔弗雷德·默利（Alfred Mele）在《脱去面具的自我欺骗》（Self-deception Unmasked）一书中指出，人一旦有了先入为主的看法或立场，就会对公开信息采取两种自欺的方式，一是只挑选那些对自己有利的事实（事实选择），二是对某些事实作出对自己有利的重新诠释（选择性诠释）。社会心理学家称此为"确认偏误"（confirmation bias）。确认偏误也叫"肯证偏误"或"验证性偏见"，也就是，人坚持自己的成见、猜想，无论自己的想法是否合乎事实，这个倾向都难以改变。人会根据自己的需要，在头脑里选择性地回忆、忽略或排除矛盾的资讯，选择性地搜集有利的细节，并加以片面诠释。

在政治性的自欺中起关键作用的是价值观和附属感（affiliation）。考恩指出，这种价值观并不是独立思考和批判性辨析的选择结果，而是在相当程度上"继承来的或预先决定的"。"个人总是出生在特定的种族、宗教、区域或家庭关系中，而这些缘于'自然赋予'的特征会影响他的感觉：什么对他是好的，他属于哪个政治阶层。个人背景和家庭史影响一个人的意识形态，这是众所周知的"。符合这种价值观和附属感的政治选择让人有"骄傲"感，让人觉得自信、安全、感觉良好，因而觉得也符合自己的经济、社会和文化"利益"。

心理学研究证明，自欺与良好的自我感觉之间有着密切的联系。

自欺者比不自欺者的幸福感要高。一个人不能自欺，比较不容易快乐，甚至会成为他沮丧、忧郁的主要征兆。自我感觉良好的人，不管良好的自我感觉是否真实，是否有根据，都比较有可能取得成功和达成自己的目标。他们更乐观自信，进取心更强，更愿意承担风险。而且，自欺还能使人更专注于一些主要的目标，如物质享受、社会地位、性。按照进化心理学的解释，自欺是人类在进化过程中形成的一种保护机制，它能帮助人排除忧虑和不安，减少干扰，更有效地实现自己的目标。

如果一个人不经过思考和积极选择，就从自然赋予的价值观和附属感获得骄傲和良好感觉，那么，这样产生的骄傲和良好自我感觉就会不利于公共辩论。考恩对此写道，"如果涉及骄傲——政治经常是这样——那么个人就会回避真实。就算他在辩论中最后胜出，一般的辩论也会让他的'良好自我感觉'受伤。一般人宁愿在私人生活中感受自己的天生优秀"，因为他在私生活里可以不理睬那些破坏这一感受的事物。

但是，在公共辩论中，谁都不能避免遭到对方的质疑、挑战，甚至揭丑和攻击，这对于维持"良好自我感觉"无疑是有害无益的。一般人"希望相信，他们的优秀是毋庸置疑的。他们不愿意听到别人对他们的附属性或品格说三道四，哪怕在公正和公开的讨论中也不行"。对自己的负面看法，大多数人都会觉得，与其听了心烦和不高兴，还不如不听为好。他们会因为害怕冲突和攻击，而有意避免任何公共辩论。对此，他们会用自己"洁身自好"来做理由或借口。

现有的公共辩论经常是一个战场，既然有战斗，自然也就会有"伤亡"，相互的恶感和敌意更是难以避免。成功寻求共识的公共说理和说服在政治辩论中至今仍然是一个相当遥远的理想，现实与此有很大的距离。我们应该承认这个事实。在政治和宗教辩论中，很少有一方被另一方说服的情况。双方的激烈辩论都是做给自己支持者看的公开表演，也是说给第三方或尚未选择立场的旁观者听的，以期能对他们有说服的效应。对立的辩论双方只会在辩论过程中越来越坚持自己的看法，他们的支持者也是一样。双方都越来越觉得对方不可理喻。自己一方越正确，对方也就越愚蠢、越可恶。

考恩指出，在政治和宗教领域，"交换意见很少有能取得一致看法的。但是，在其他领域，譬如关于日常生活的常识信息，交换意见则经常可以取得许多一致的看法。如果我以为街角拐弯的地方有一家饭馆，有人对我说，你肯定弄错了。我就会听他的，同意他说的。在政治讨论中，人们不是这样作出反应（而是会固执地坚持己见）。固执己见的原因可能很多，但我想，如果不是因为各自骄傲，不是因为已经认同了某种先入为主的看法，那么，也许会更有可能取得一致意见"。

政党政治在相当大的程度上需要利用选民自然赋予的"附属感"。正如考恩所说，"政党会不择手段地利用选民的自我欺骗，而且，我们确实可以把政党视为专门为此目的（当然还有别的目的）而打造的组织工具"。这是一个不幸的，目前还看不到改变前景的政治现实，也是一个会长期阻碍民主政治的因素。就像我们今天在美国看到的那样，党派认同或附属感可能严重膨胀和极端化，几乎无限度地加剧了许多选民在政治活动中的自我欺骗和确认偏误。美国政治家艾伦·辛普森（Alan K. Simpson）1979 年至 1997 年任共和党籍参议员，他说，"在这个国家里，我们有两个政党，一个是邪恶党，另一个是愚蠢党，我是属于愚蠢党的"。这位头脑清醒的政治家知道政党政治是多么不可救药，他也知道，如果我是愚蠢的，那么我的对手比我更糟糕，因为他是邪恶的，不管我多么不好，我的对手都比我更糟——而这本身就是一种政治的自我欺骗。

3. 不诚实的美国政客

2016年美国总统大选中，两位候选人希拉里和特朗普都普遍不受选民待见。选民挑选候选人，当然主要是从自己的经济和政治利益出发，但也会考虑到候选人的个人品格和素质。从三场辩论来看，无论是形象、临场表现、政策内涵、对政务和国际关系的熟悉程度，希拉里都占了上风。反观特朗普，他虽然咄咄逼人，但政见缺乏建设性内容，言论毛躁粗俗、缺乏自控，再加上有侮辱和蔑视妇女的前科（虽然他自己不承认）。按理说，希拉里在民意上应该占压倒性优势，但是，实际上并非如此。

为什么会是这样呢？这主要是因为希拉里有说谎和不诚实的坏名声——从电子邮件丑闻，克林顿基金会的运作，到维基解密所披露的她助手的邮件，显示希拉里在付钱给她演讲的华尔街大佬面前（或她需要的竞选捐款人面前）所说的话与对选民所说的话有明显的矛盾。在许多美国选民看来，公共人物的说谎是一种政治欺骗，也是公共人物的严重失德。

当然，美国选民并不是道德家，在他们投票选择的时候，政治家候选人的诚信是一种办事方式和能力的担保，不是一种道德意义的人格或品质。对美国人来说，民主选举的目的是挑选一个尽量可靠的仆人，而不是一个道德高尚、供人敬仰的主人。美国人对政治人物的总体评价不高，自然不会独独对他们的诚信抱有不切实际的期盼。

美国人对政治人物有一种根深蒂固的不信任，即使个别政治人物有比较好的诚信口碑，也无法改变这种整体印象。美国政治学家伯恩斯（James M. Burns）等人在《美国式民主》一书中说，"美国人对政界人士似乎持有一种爱恶参半的态度。我们渴望有人领导,但又不希望受人干涉。而且,我们疑心政界人士野心勃勃,串通合谋,不讲原则,投机取巧,以致贪污腐化"。美国人对政客谋求私利抱有习惯性的戒心,"三个美国人中至少有一人对政界人士的诚实程度和道德水准评价低或甚低。连政界人士自己也看不起他们的职业。纽约州的一位县议长在地方和州的政界混迹一生之后,把政界叫作'疯人院和污水池'"。

"政治家就像尿布,所以必须经常更换",这句话在美国几乎家喻户晓,但却无从考证是谁第一个说的,所以和许多其他既刻薄又真实的俏皮话一样,被套到了幽默大师马克·吐温的头上。不管是谁第一个说的,这句大实话都可以做不同的解释,你可以认为这是在鄙视和嘲笑政治家的肮脏,但肮脏归肮脏,照顾宝宝或老人能不用尿布吗?所以用尿布来比喻政治家,也不妨看作是对他们的一种肯定,肮脏在自己,有用于他人,尿布甚至可以是为人类卫生和健康所作贡献的赞美。

对政治人物,包括政治领袖的怀疑和不信任是美国政治现实主义的一部分,也是民主政治的一个特征。相比之下,反倒是其他制度下的人民更期盼和相信具有超凡魅力、高尚品格,能让他们寄予厚望,带领他们前进的领袖。

自从人类有了政治社会,也就有了政治欺骗,但对于政治欺骗的合理性却一直存在着激烈的争论。传统政治哲学认为,某些出于公共考量的谎言是合理的。例如,柏拉图认为,对人民讲一些不实的故事,有助于他们接受社会等级,安分守己,因此有利于社会稳定。在希腊语里,柏拉图用来描述这种有用谎言的字是 gennaion,是"高尚"的意思,也指"品格崇高"和"良好教养"。19世纪英国政治家本杰明·迪斯雷利(Benjamin Disraeli)说,"绅士"(上流人士)知道什么时候说真话,什么时间不说真话。那些了解高尚目的的人，为高尚目的说谎，是可以原谅的。在第二次辩论中，希拉里用林肯的例子来为自己辩护，暗示只要是对国家有益，就可以对不同的观众发表内容矛盾的讲话，结果受到了批评者的嘲笑。

美国伦理学家博克（Sissela Bok）在《谎言：公共和私人生活中的道德选择》（*Lying: Moral Choice in Public and Private Life*）一书里把一切政治谎言视为民主社会的公害，可以说是对"高尚谎言"的直接驳斥。她指出，政客或政府欺骗民众主要用三种理由：睿智高明、出于无奈、政治常态。

第一种理由是，领导者比民众更了解什么是对国家有价值的目标，更清楚什么是国家的核心利益。他们认为自己有决定如何对待民众的特权，"他们认为，那些被他们欺骗的民众没有正确判断的能力，或者会对正确的信息作出错误的判断"。因此，欺骗民众是为爱护民众和为民众服务。

第二种理由是，领导者隐瞒真相，施以骗术，实为不得已之举。国家会面临长期的任务或困难，如经济落后、贫富不均、体制腐败、战争等等，领导者有心解决这些问题，但民众目光短浅、急功近利，不能理解领导者的长期规划。这时候，"欺骗可能是政府为了取得领导结果而不得不采取的唯一办法"。

第三种理由是，欺骗是政治现实，是政府运作的基本手段，"国家利益的重大目标需要某种程度的欺骗才能克服强大的阻力。谈判必须避开公众的耳目，无政治经验的民众根本无法理解讨价还价有多么艰辛"。欺骗是一种处理事务的高超能力和智慧，"政府要领导人民，就必须行使某种欺骗"。

博克认为，这三个理由都是从统治者的角度来思考和看待问题。

如果从被统治者的角度来看，这三个理由都不具有充分的说服力。他们从以前的经验中学会了怀疑，不相信政客或政府的美好说辞。

首先，政治经验告诉人们，"他们不能毫无疑问地同意，那些说谎的人就一定是大公无私或者判断正确，不管他们自称有多么良好的意图。他们知道，许多谋取私利的欺骗都是用公共利益在掩护伪装的"。而且更重要的是，"就算没有私利动机的欺骗，也会滋生腐败和扩散虚伪"。

其次，政府确实会因为不得已，而需要策略性地保守某些秘密（或者说某些谎言），但是，事过之后，就应该让人民知道真相。但经常是，暂时保守的秘密变成了永久的秘密，谎言变成真相，而真相从此石沉大海，从人间消失。人们再也无法追究或检验那些暂时的谎言究竟是不是必要的谎言。

最后，政府说谎虽然难以完全避免，但"不同社会之间，存在何种欺骗和在什么程度上有所欺骗却有着很大的差异。同一个政府里的不同个人之间，一届又一届政府之间的区别也很明显"。这就要求人们去探究，"为什么会存在这些差异，如何去提高诚实的标准"。如果说欺骗是政治现实，那么就需要更深入细致的公共讨论，弄清这是一种怎样的"现实"，它是如何形成的，如何去改变它，而不是把它接受为我们的宿命。

2016年总统大选中，希拉里一直没能摆脱欺骗、无诚信和不诚实的恶名。民众和媒体对此揪住不放、穷追猛打。这并非因为她是当今世界上最臭名昭著的说谎者，而是因为普通美国人似乎为政治人物设置了比许多其他国家更高的诚实标准。许多选民认为希拉里没能达到这个标准。不管美国多么需要她丰富的政治经验，他们都无法将她认同为一名合格的领导者。

4. 情感智力与伪装率真

2016年美国总统大选中，纽约地产商人特朗普一路夺关斩将，在他成功地成为共和党候选人时，就已经不断有出乎许多美国人意料的惊人言论。他"出格"的公共言行表现引起了人们对他是否缺乏"情感智力"的讨论。这些讨论不仅涉及特朗普本人，而且对思考美国和别的国家其他政治领导者的情感智力素质也有相当的意义。

美国社交媒体专家斯科特·蒙蒂（Scott Monty）在《数码时代的情感智力应该更加容易》（Emotional Intelligence Should be Easy in the Digital Age）一文中认为，特朗普的情感智力在美国政界是一个"例外"，不可否认，他的情感智力不低，但那是一种"强人"（boss）而不是"领导者"（leader）的情感智力。

什么是"情感智力"呢？蒙蒂援引牛津大学出版社《心理学辞典》（A Dictionary of Psychology，第三版）的定义，人可以用智力来"认识自己和别人的情感，辨析不同的感情，给以合适的称谓，并用情感信息来指导思考和行动"。情感智力的四个要素是：一、自我意识；二、自我管理（自我控制，自我发现问题，自我分析问题，自我解决问题）；三、社会意识（将心比心）；四、人际关系管理（relationship management），处理与他人的关系，即处世和做人。

个人是存在于社会人际关系之中的，克制和控制自己的某些情感（如愤怒、妒忌、仇恨、恶意）不仅仅是自身的修为，也是社会规范和公共道德的要求。情感智力强的人有自知之明，他骄傲但不跋扈，自尊但不张扬，更重要的是，他会顾及别人对自己情感的情感反应（如避免别人的妒忌或怨恨）。他在言行时尊重别人的感受，认真倾听别人说话，以调整自己的沟通策略。他有所坚持，但不强人所难，如此营造共识便是良好的人际管理，体现出领导者应有的情感智力。

蒙蒂指出，与领导者的情感智力不同，还有另一种"强人"的情感智力。领导者善于倾听，强人自己说了算，说一不二，容不得下属表示不同的主张或说三道四。领导者要激发众人热情，强人则是要自行立威，让人们怕他。出了错，领导者有担当，与大家一起改正，强人则会找替罪羊，自己永远正确。取得成功，领导者会分享荣誉，而强人则有了更多个人崇拜的资本。领导者为众人服务，而强人则驾驭、操纵、利用他人。强人往往能把握精湛的权术和手腕，诱使和强迫属下对自己效忠和崇拜，他利用人们天生的害怕、妒忌、贪婪，蛊惑敌对与仇恨，对众人分而治之，或施以小恩小惠、恩威并济、收买人心，从众人的感恩戴德中得到情感的满足。

蒙蒂认为，特朗普具备的是一个强人而非领导者的情感能力，他精心打造自己的强人形象，利用一些民众对美国政治现状的不满和愤怒，以及对"异我"族类的不信任、排斥和仇恨。他并没有给他的支持者任何正面的经济方案，而只是不断反对和攻击一个又一个的敌人——穆斯林、讲西班牙语的拉美人、妇女、中国人、墨西哥人、阿拉伯人、移民及难民。他本人俨然成了解决一切问题的方案。他的许多言论都让人联想到当年法西斯政治人物的蛊惑手段，引起了他们关于法西斯主义在美国出现的忧虑。

善于蛊惑、煽动群众的政客们都有相当高的情感智力，勒庞在《乌合之众》中剖析了群众的情感弱点。但是，过分强调群众的弱点，有可能导致低估政客的高超权术手段和情感智力。人们一般把情感智力（情商，EQ）当作认知智力（智商，IQ）的对比面，把情感智力简单地当作一种好的素质和能力。但如果一味强调情感智力对于个人成功的重要性，会忽视对具体"成功"的价值鉴别和道德判断。事实上，与人的所有其他能力一样,情感智力也可能有它阴暗的一面。美国心理学教授亚当·格兰特(Adam Grant)在《情感智力的阴暗面》(The Dark Side of Emotional Intelligence)一文中指出,说起情感智力,人们想到的总是马丁·路德·金博士那样的激情演说,但是,完全不同的人也很善于运用情感智力,"正如历史学家罗杰·穆尔豪斯(Roger Moorhouse)所说,'有一个绝对让人着迷的演说家曾刻苦练习手势和表情',他的名字叫希特勒"。

蒙蒂以特朗普为分析对象,区分了强人和领导者的不同情感智力,他要提醒的是,评判一个政治人物,不仅要看他是否拥有情感智力,更要看他拥有怎样的情感智力,并如何运用他的情感智力。特朗普的情感智力不低,而他却一直在用咄咄逼人的强人方式运用他的情感智力,这不符合大多数美国人心目中的领导者形象,因此也引起了他们的不安。

2016年10月9日特朗普与民主党总统候选人希拉里展开第二场市政厅电视辩论,他的表现优于第一场电视辩论。在第二场辩论会上,特朗普发言时,希拉里经常坐在一边做笔记。她后来对记者说,这是为了把一个本来就比较狭小的空间尽量留给对手。但特朗普在希拉里发言时,却在她身后走来走去。他身高远超过希拉里,给她造成近距离的咄咄逼人态势。美国许多媒体批评这是特朗普没有风度的表现,但是,没风度不等于是特朗普的失误,因为这也许正是他想要的那种强人情感智力表演效果。

特朗普没有风度早已不是什么新闻。他说话粗鲁、刻薄,甚至下流,这在不少其他国家的强人或硬汉政客那里也是屡见不鲜的,经常是一种刻意的反文明或反智主义情感智力演示。但是,偏偏有人把这当成是一种"率真"。有这样的评论:"相对希拉里的'政治语言',特朗普贯穿始终的'真话'会更受美国民众欢迎，当美国人长久以来听够了被精心粉饰过的不痛不痒的言论及观点之后，特朗普的率真或许更能直击现实美国的痛点。特朗普或许没有优雅的风度，但他的话却引发更多的共鸣。"

在特朗普和希拉里之间确实像是在进行一场真小人与伪君子的较量。但是，认为真小人比伪君子更"率真"、更"诚实"，因此更值得信任，却是一个自欺欺人的神话。

这个神话还有另外一个版本，那就是，虽然政治经验丰富的希拉里有很高的智商，但精明的生意人特朗普却占着情商（情感智力）的优势。针对这个神话，哈佛大学政治学教授约瑟夫·奈（Joseph S. Nye）专门写过一篇《特朗普的情感智力缺失》（Trump's Emotional Intelligence Deficit）的文章，他指出，"自制、自律和同理心（将心比心），这些都是领导者用以传递个人热情、吸引他人的能力，而特朗普缺乏的正是这样的情感能力"。

率真与其他情绪特点一样，它本身并不构成性格优势。率真的人如果不能将心比心地顾及别人的感受，而是自我放任，以致失控，那么，他就可能随意伤害别人，做出违背社会行为规范的事情来。早在2016年8月，约50名共和党国家安全专家联名签署公开信警告说，特朗普"或成美国有史以来最鲁莽的总统"。信里说，"总统必须能够自律，控制情感，考虑仔细后才有所行动"，而"特朗普并不具备总统应有的性情（temperament）"。

领导者的感情不应该干扰他的思考，他的情感能力应该包括两个方面：控制自己和顾及他人。若能如此，情感会使思考更为有效。情感能力是美国心理学家贝尔多克（Michael Beldoch）于1964年提出的一个概念，但在此之前人们早已意识到"情感"（经常用的是 sentiment 和

temperament 这两个说法）的重要。1930 年代，美国最高法院大法官霍姆斯（Olivier W. Holmes）对罗斯福总统的印象是"二流的智力，一流的 temperament"。今天，许多历史学家都同意霍姆斯的看法。

情感智力常被误以为就是"情商"，而情商对于个人成功的作用也经常被夸大，片面强调特朗普"率真"的政治效果就是一个例子。奈指出，一个人成功的多种因素中，情商只起到 10%—20% 的作用，"尚不能解释的 80% 包含数百种因素的历时结果，情感智力便是其中之一"。

心理学家们对情感智力的重要性评估意见不一，有的认为情感智力的作用是技术或认知能力的两倍，有的认为远没有这么重要。而且，情感智力的两个部分——自控和同理心——的相互关系也还不是很清楚。例如，美国前总统克林顿的自控能力甚差，但同理心却颇高。那么该如何判断他的情感智力呢？心理学家们一般都同意，情感智力是领导者能力的重要部分。例如，尼克松总统比罗斯福总统的智商要高，但情感智力却要低得多。欠缺情感智力对领导者来说会是一个致命的弱点。

里根总统说过一个笑话：当总统有一个好处，就连他的高中成绩也会成为国家机密。特朗普、希拉里或其他国家的政要们，他们的真实智商或情感智力到底有多高，外人是难以知道的。人们看到的往往只是他们智商或情感智力的表象。奈说，"领导者用情感智力来营造他们的'魅力'或个人吸引力"，从衣着、发型、举手投足，到显示才艺、博学、幽默或智慧，当然也包括演示"率真""亲和"或"诗人气质"。特朗普在两场辩论中表现迥异，哪个才是真实的特朗普呢？里根总统以善于随着场合变化而调整形象著称，二战英雄乔治·巴顿将军为了显示威严，常对着镜子练习怒容。政治人物的情感是可以装出来的。

我们在辩论台上看到某个政客"率真",并不等于他就真的率真。这就像我们在国际舞台上看到某个"疯子"行为乖张,并不等于他真的精神有毛病。这可能是一种处心积虑的战略谋划,为此精心设计出一种令人匪夷所思因而极难应对的国际狠角形象。

政治人物的"形象"在不同的国家制度里具有不同的含义。至少在美国,政治人物一般会把打造形象的标杆定得较低,不期待选民把自己当作"杰出人物"或"伟人",而是只要不留下太恶劣的印象,好让自己达到平常人的"不坏"水准。政治人物的相互抹黑一般也是以这个程度为限,不会把对手描绘成罪犯、恶棍或人民公敌。在第二次辩论中,特朗普似乎越过了这个界限,他对希拉里说:我要是当了总统,就会任命特别检察官起诉你,把你送进监狱。在美国,特朗普也许不是唯一想把政治对手送进监狱的政治人物,但是,这样明目张胆地说出来,确实非常罕见。所以,有媒体评论说,这令人想起了麦卡锡的政治迫害。但是,还有评论说,特朗普这话是专门说给他的支持者们听的,是诉诸他们对希拉里的仇恨,稳固基本阵营。换句话说,这是他的一个情感智力手段。

特朗普经常以违背常规甚至令人惊愕的方式表演他的另类政治人物形象,他公开表现的强人情感智力是这个形象的一个主要部分。他是一个有经验的公众人物,也是一位成功的商人,胜任这两个角色都是需要情感智力的。对此,奈写道,"特朗普是有一些情感智力技能的。他主持过电视上的真人秀,他的演技让他能在共和党众多初选竞选人中脱颖而出,并大大吸引了媒体的关注。带着他那特别的红棒球帽,上面写着他的竞选口号'让美国重新伟大起来',他与体制赌博,用的是'政治不正确'的制胜策略。他把目光吸引到自己身上,得到了许多传媒的免费宣传"。这样的政治手腕,若用"率真"去理解,不仅过于肤浅和天真,而且也容易忽视其中暗藏的那种政治强人对民主政治的潜在威胁。

5. 为何学生成为特朗普胜选的主要"受伤群体"

特朗普在美国大选中胜选的结果出乎许多人的预料,也让许多人因此"受伤"。他们感到失望和沮丧,其中一个最明显的"受伤人群"恐怕就是在校的大学生(还有高中生)了。网上流传哥伦比亚大学、杜克大学、麻省理工学院等学校的校长们给学生们的安慰和勉励信件。其他许多大学,包括我任教的大学,校长也都有类似的公开信给学生。校长们有这样的举动,主要是想抚慰"受伤"的莘莘学子。

那么,对大选结果失望的学生因何而受伤,受的是什么伤呢?是谁或什么让他们受伤的呢?受了伤之后又该怎么办呢?不妨带着这样的问题看看大学校长们是怎么安抚学生的。

校长们要劝导学生的是,这次大选是公正、符合民主程序的。一个自己不赞同的候选人当选,这不应该成为因为失望而觉得受伤的理由,问题不是谁胜谁负,而是美国人民之间的分裂。我校的校长詹姆斯·多纳休(James A. Donahue)在公开信里说,"争论激烈的总统选举已经有了结果,我们国家有了一位新的当选总统。虽然这个结果令我们共同体的许多成员感到失望,但这个伟大国家的许多公民们相信,他们的声音被倾听了。在这个时刻,当我们人民深深分裂的时刻,尽管我们的社会和政治立场不同,我们仍然必须把自己的心和脑投入到培育共识的目标中去"。

选举有不如意的结果,这本身不应该被视为伤害。倘若不是这么看问题,就会把投票给特朗普的普通选民看成是伤害自己的敌对势力。美国有的学校里确实发生了一些学生因政治选择不同而互相敌视并有伤害行动的事件。同一立场的视为同志,不同立场的视为敌人。当这种情况发生的时候,真正的伤害也就发生了。

校长们虽然对选举结果采取不偏不倚的接受态度,但还是与特朗普在竞选中排斥移民和违背多元文化宽容精神的言论和主张保持明显的距离,就此而言,他们对选举结果的看法并不像看上去那么中立。哥伦比亚大学校长的信里说,"此时此刻,我们必须谨守立国之本的价值观念:对思想自由与言论自由的承诺,坚持宽容与理性,尊重多元与异见"。杜克大学校长在信里说,"在此巨变之际,这所大学仍然坚定致力于多元化,包容性和自由交流思想,我们坚定不移地支持我们每个社区成员的价值"。麻省理工学院校长则告诉学生们,"无论华盛顿将发生什么变化,我深深坚信,那些让我们团结一致的价值观和使命不会发生改变"。他显然也感觉到,华盛顿发生的变化可能成为对他那所学校共同价值观的潜在威胁。

许多大学生觉得自己因为这次大选的结果而受到伤害,正是因为他们觉得自己的价值观——那种他们以为已经成为美国共识的价值观——遭到了否定或至少受到了威胁。在美国,除了公共机构,学校是"政治正确"最被认同(至少表面如此)的地方。"政治正确"(political correctness)是一种消极性的公共言行规则,着重于不应该做什么,而不是应该做什么,指的是在语言、措施、政策上避免歧视或伤害任何社会群体。首先受益的当然是最容易受到歧视和伤害的弱势群体,如少数族裔、妇女、同性恋人群等等。

在学校里,人们认同政治正确,首先是出于实用的需要,和洛克所提倡的宗教宽容一样,政治正确首先是一种实用性的智慧。学校里的学生和老师来自不同的族裔和文化背景,每天挤在一个小小的空间里,免不了磕磕碰碰,政治正确(不伤害、不羞辱)成为他们起码的和平共处条件。由于普遍的接受和实行,实用性的规则被内化为近于道德规范的公共伦理,成为一种习惯,也当作了一种想当然的无异议价值观。这其实是一种错觉。

对这样的政治正确,特朗普本人那些政治不正确的竞选言论和他支持者的拥护无疑是一记当头棒喝。许多习惯用政治正确思考问题的青年学生因特朗普的胜选而感到幻灭,觉得他们所熟悉的那个政治正确的美国一下子变得陌生了,觉得真实的美国背叛了他们。正如宾夕法尼亚大学的一位学生所说,"看到如此仇恨性的言论可以在我们的国家胜出,让人受到精神创伤"。严格地说,这个创伤不是来自特朗普或是他的支持者,而是来自受伤者自己,是他们以前不切实际的错觉和幻想让他们在现实面前遭到了幻灭的打击。

青年学生是最理想主义的人群,也是对社会进步持乐观主义的人群,这在全世界都差不多。2016年美国大选的结果让许多在学校政治正确氛围中长大的青年学生从一个美好的幻觉世界一下子跌落到一个令他们抑郁的现实世界里。他们对此完全没有思想准备,在惊慌和错愕之余,最强烈的感觉就是愤怒。但是,愤怒的对象是谁呢?是特朗普和他的支持者吗?愤怒了又能怎么样呢?像这样的问题,显然并不是所有的愤怒者都已经想好了的。不少城市有学生走上街头抗议,他们当中有许多根本就没有参加投票。加州还有人提出要从美国独立出去,完全是一种鸵鸟政策的逃避主义,看起来很激进,其实根本于事无补。

其实,因受挫而抑郁,变得更谨慎、更多怀疑,这对政治和社会意识并不是一件坏事。美国心理学家劳伦·阿洛伊和 林·阿伯拉姆森对此提出了"抑郁现实主义"的说法。抑郁表现为对一些事情较多的担心,是一种在认知上的保守倾向。抑郁者比非抑郁者(往往是乐观者)

更可能对周围环境有比较接近现实的看法，相比起乐观者来，担心的人在判断事物的时候会从更多的方面来考虑，对不利的情况也考虑得比较充分。而且，他们也更善于从过去的错误吸取教训，而不是好了伤疤忘了疼。相比之下，非抑郁者经常比较容易有乐观的错觉，高估自己的能力或有利的环境条件。抑郁的现实感是与乐观主义偏离现实比较而来的，抑郁的忧思针对的不是乐观主义，而是乐观错觉（optimism illusions）和由此而生的"乐观偏误"（optimism bias）。美国的民主政治现实其实并不像许多青年学生感觉的那样开明和进步，不同价值的分歧也远比他们想象的要来得大而深刻。以为美国的政治正确价值共识已经强大到足以超越不同的经济和阶级利益，这其实是一个错觉。

青年人的理想主义和进步乐观主义是任何一个社会的宝贵资产，但也很可能因为其中的错觉或幻觉而成为他们的阿喀琉斯之踵。对于他们中的绝大多数人，经历幻灭，并从中重新认识自己和自己的理念，这是一个必要的成长过程。人们迟早都会有这样的经历，我们认识到以前一些信念和观点的不实或偏误，经历了某种幻灭，我们才变得成熟起来，"文革"过来的许多人多少都有这样的经验。但是，也有另一种可能，幻灭带来的焦虑和害怕会让人们不愿意再对任何理想或进步可能抱有希望或期待，因而自行选择就范于愤世嫉俗的虚无主义和犬儒主义。特朗普的当选可能让一些人对民主政治、公民社会、公民参与的理念发生动摇，他们甚至认为，民主不过是一场闹剧或丑剧，不如等待从天而降的专制明君。但是，这显然不是许多对这次大选结果失望的美国人的选择。

2016年11月12日，旧金山湾区的美国新闻地方电视台（ABC7）播放了题为《大选后进步团体迎来捐款和志愿者热潮》的报道（Progressive Groups See Surge in Donations, Volunteers Following Election），不少当地公益机构都有青年人来参与。儿童艺术中心（Children Arts Center）有不少志愿者来帮助维修和粉刷墙壁，提供计划生育相关服务的非营利组织"计划生育"（Planned Parenthood）也有许多学生志愿者来服务，并收到捐款。"美国公民自由联盟"（American Civil Liberties Union）在选举后的第一天就收到近百万美元的捐款，这个网站的访问量增加了700%，有捐款者说，在这个时刻更显出保护公民权利和自由的重要性。2016年的总统选举结束了，但美国的民主政治和积极公民参与还在继续。希拉里在败选演讲中鼓励她的支持者继续那种"众人拾柴火焰高"的民主政治，她用《圣经》里的话说，"我们行善，不可丧志。若不灰心，到了时候，就要收成"。参与这些公益活动的都曾在竞选中支持希拉里，如果说他们因为自己候选人的失败而受了伤的话，他们可以自我疗伤并变得更加健康，这个新历程已经开始了。

6. 黑天鹅事件与事后解释

2016年11月美国总统选举尘埃落定，媒体也从预测性的分析报道转为对特朗普胜选的原因解释。有一篇《特朗普胜选五大原因》的文章将他胜选的原因归结为五点。第一是"草根民怨"，对奥巴马政府和华盛顿政治不满的民意使得多个"摇摆州"最终几乎全部倒向特朗普。第二是特朗普的"百毒不侵"，他在大选中一路冲杀过来，冒犯冲撞了无数人，有名人也有普通人，包括共和党参议院元老和领袖人物。第三是，"造反到底"，以"变革"为号召，不但要对抗民主党人，还要对抗共和党自身内部的强大反对势力。第四是"坚信直觉"，特朗普凭着自己的直觉，坚持以自己的方式游戏，不按规则出牌，彻底推翻美国政坛的游戏规则，最终一一排除障碍，在不被任何专家看好的情况下胜出。第五是一个打上问号的原因："FBI'援手'？"绝大多数民调在大选前一直看好希拉里，但联邦调查局局长科米（James Comey）在大选两星期前出人意料再度抛出希拉里"私人电邮调查"话题，虽然后来说没有查出新的问题，但伤害已经难以挽回。

这样的"事后解释"都只是猜测和推测，而不能当作具有证实性解释的意义。这也是所有对"黑天鹅"事件解释的特点。黎巴嫩裔美国学者塔勒布（Nassim Nicholas Taleb）用"黑天鹅"来比喻具有意外性（也就是"突发"）的，并具有极端影响的事件，我们可以把这样的事件视为黑天鹅事件。"黑天鹅"具有三大特征：第一，这个事件出现在一般的期望范围之外，过去的经验让人不相信其出现的可能。第二，它会带来极大的冲击。第三，尽管事件被视为不可能，但一旦发生，人会因为天性使然而努力做出某种解释，让这事件成为可理解或可预测。对于"事件"本身而言，第三个特征并不是必要的，它只是使黑天鹅事件变得更加充分。一个事件仅满足前两者即可称为黑天鹅事件，但一个黑天鹅事件总是会让人"忍不住"要对它作出解释。这三点概括起来就是：稀有性、冲击性和事后（而不是事前）可预测性。事后的可预测性其实不是预测，而是解释，至多不过是事后诸葛亮的预测。

"事后解释"所起的作用是让事先看上去不可能合理发生的事情合理化。无论事情看上去多么"不合情理"，一旦发生了，如果要接受它，就必须让它先变得合乎情理。这是人类的一种认知特征——我们总是会自然而然地用因果关系来把一些同时发生，但未必有因果关系的事情联系起来，使之形成逻辑应然的关系。埃尔斯特在《心灵的炼金术》一书里称此为"机制"，"机制指的是那些经常发生和容易指认的因果模式，这种模式通常由我们没有认识到的条件或不确定后果所引发。我们可以对它们做出解释，但却无法对它们进行预测"。

特朗普的百毒不侵、造反到底和坚信直觉，这三个因素在选前都早已显露无遗，但时论和政治分析人士并没有把这些当作他会胜选的条件，反而视此为会令他败选的性格缺陷。对科米再度调查希拉里，随后又宣布没有发现新问题，特朗普曾表示强烈抗议，指责 FBI "腐败"。在事后解释中，这四项都又成了他胜选的原因。

哈佛大学医学院教授乔治·范伦特（George E. Vaillant）曾举过这样一个例子，一个孩子可能因为有酗酒的父母而酗酒，也可能反其道而行之。我们不能事前预测那个儿童会不会酗酒，但如果他后来成为一名戒酒主义者或酗酒成性的人，我们认为我们知道其原委之所在。这就是事后的解释。

事前不能预测（因此而预测失败或做出错误的预测），但事后却解释得头头是道，之所以会有这样的现象，用埃尔斯特的话来说，"并不是由于社会科学本身不发达，或者是由于社会科学研究对象过于复杂"，而是因为我们的认知普遍受制于理解世界事物的不可靠方式。在这种理解中，解释不仅是针对特定事物的，而且还暗含对普遍规则或模式的推导，而这种推导是靠不住的。特朗普的胜选或许与百毒不侵、造反到底和坚信直觉有关，但是百毒不侵、造反到底和坚信直觉却不可能在另一个候选人那里或另一次竞选中复制另一次胜选。因此，对这样的事后解释可以姑妄听之，但不可轻易信之。

第二部分

情绪·欲望·认知

第六章　捷思—偏误与轻信和自欺

初级的批判性思维训练会指出一些常见的说理谬误或认知偏差，如以偏概全、人云亦云、盲从权威、非此即彼、不当类比等等，这些都是思维技能性的。但是，更进一步的批判性思维就会要求深入地探讨谬误和偏差发生的认知心理缘由，这是元认知（meta-cognition）的批判性思维，是一种对思考的思考，尤其是对自己作为思想者和学习者的批判性认识。元思考是比单纯技能性训练更为成熟的批判性思维，对"捷径思维"（有时简称为"捷思"）的探究和认知就是这样一种元认知的批判性思维。

捷思在中文里的正式术语是"启发法"，是从英语的 heuristics 翻译而来的。中文里的"启发"经常是一个褒义的教育用语，是一种受到提倡的积极学习方法，这种积极的联想并不符合认知心理学那个没有褒贬含义的"启发法"说法。为了避免不当联想，我这里姑且就用"捷思"的说法。捷思（heuristics，源自古希腊语 εὑρίσκω，又译作策略法、助发现法、启发力、捷思法），是依据有限的知识（或不完整的信息），在短时间内找到问题解决方案的一种方式。英语"启发"原来的意思是"找到"和"发现"，因此可以理解为一种因受到启发、触动、直觉感受，而产生的看法或判断。

这种便捷、简单的想法没有经过深思熟虑，它跳过了理性思考所需要的独立探索、分析、验证和论证过程，虽然可能有效，但也可能是不可靠或不周全的。捷思的特点是从经验、直觉、一般感觉、常识推断、类似先例等来推出判断或得出结论，是一种猜测性的，不尽可靠的大致判断或粗糙结论——"大致这么看""大概"或"想来应该如此"。但是，捷径思维却把这种可能不可靠的结论误以为是确定的和可靠的，因此而导致许多认知偏误，并不是所有的认知偏误都可归因为捷思，那种由于捷思而造成的认知偏误思维也被称为捷思—偏误，以区别于有效的、未必错误的捷思。

1. 捷径思维和认知偏误

捷径思维的概念是由美国认知心理学家阿摩司·特沃斯基（Amos Tversky）和丹尼尔·卡内曼（Daniel Kahneman）从 1960 年代末至 1970 年代提出来的，随后在经济、法律、医学、政治科学等领域中都产生了影响。在我们思考人在社会生活中为什么上当受骗的问题时，可以受益于社会心理学对洗脑现象的研究，也可以受益于认知心理学对捷思—偏误的研究。社会心理学关注普通人被蛊惑、愚弄、煽动、欺骗洗脑和上当受骗等问题，认知心理学所揭示的捷思及其引发的认知偏误则是造成这些问题的根源性原因之一。

特沃斯基和卡内曼提出，人有两套推论和判断思维系统，一套是分析和批判的，另一套是经验和直觉的。人在信息不充分、不确定的情况下，或是由于没有时间细思慢想，所以必须快速决断。这时候，人经常只是运用经验和直觉的捷径思维。特沃斯基和卡内曼开始的时候提出了三种基本的捷径思维：可用性捷思、代表性捷思和锚定或调整性捷思。每一种捷思都可能造成一些认知偏误。

可用性捷思（availability）指的是，评估一件事情是否常见，全凭是否容易从记忆中回想。容易回想的就以为常见，不容易的就以为不常见。这样的捷思引导人们高估熟悉事物的意义和价值。例如，媒体常报道的事情会让人以为这样的事情真的是经常发生的。

代表性捷思（representative）指的是，在不确定的情况下评估一件事情的或然性，依赖于头脑里有代表性的事例。其实，人们心中有代表性的不见得就更有可能发生，更不见得就是真实的。代表性捷思高估了个别事例的代表性，是一种经验性直觉，看似准确，其实不能用它来准确认识事物或预测未来的类似事件。例如，由于看到熟人买彩票或在股市里发了财，所以用这种代表性来估计自己买彩票或股票发财的机会。又例如，偶尔碰到一个好人或坏人，就以为社会里好人多或坏人多。这是一种很容易让人上当受骗的捷思。

锚定和调整性捷思（anchoring and adjustment）。锚定指的是过度依赖得到的第一个信息（锚），用它来做出发点，并用与它的关系来调整对其他事物的判断或决定。锚的作用是形成偏见或刻板印象。阶级斗争教育中的"忆苦"就是这样的一个"锚"，有了苦就可以调整出对"甜"的体会来。以前生活很"苦"，所以当下哪怕物质匮乏，缺衣少食，也是甜美和幸福的。

思想操控会对人们的意识、观念和行为模式产生不良或有害的影响。社会心理学在研究社会环境里人被操控、被愚弄、被欺骗的具体现象时经常需要回到认知心理学的本源问题。

认知心理学和社会心理学的研究成果能够起到相互印证和支持的作用。认知心理学让我们了解捷思—偏误的认识特征，而社会心理学则让我们能了解人具体的社会化过程、人在社会关系中的心理特征和行为结果。认知心理学和社会心理学有很多重叠的部分，共同涉及的问题包括从众、无主见、盲目服从、偏见歧视、排斥异己、仇恨异类等等。社会心理学比认知心理学更强调这些问题与专制统治的关系，因此更具有直接的政治批判价值。但是，认知心理学能更深地触及这些问题的人性本源。这可以从它如何重新解释阿伦特所说的"平庸的恶"看出端倪。

阿伦特认为，平庸的恶是没有深度的，它本身没有特色，恶的特色在于缺失，在于它所没有的东西。一个人作平庸之恶，是因为他不思考，无判断。但是，认知心理学的捷思学说却揭示了平庸之恶的心理深度，恶扎根于人与生俱来的捷径思维和由此产生的认知偏误之中。那些发生在普通社会日常生活中的捷思—偏误原本不一定有太大的危害，但是，在阿伦特所关注的那种极端环境中，在像纳粹党徒艾希曼这样的人物身上，普通的捷思—偏误便会极度恶质化，千千万万的普通人也会因此从好人变成恶魔，集结成协助希特勒作恶的庞大群众力量。

特沃斯基和卡内曼提出捷径思维说之后不久，美国社会心理学家理查德·涅斯伯特（Richard Nisbett）和罗斯·李（Lee Ross）就在《人的推理：社会判断的策略与不足》（*Human Inference: Strategies and Shortcomings in Social Judgment*）一书里指出，人们在日常社会生活里经常遭遇解决复杂问题的困难，为了应对这样的困难，不得不诉诸并非最佳的方法策略。这两位研究者和其他同行进行了一种社会心理学的"错误与偏见"（errors and biases）研究。他们的研究取向与特沃斯基和卡内曼不同。他们关注的是人在社会生活中进行非最佳思维的原因和后果，而不是基础的认知特征和原理。

例如，他们研究"基本归因错误"，把重点放在这种错误在具体群体里造成的冲突和歧视。基本归因是指，某个人做了一件事，可以归因于环境原因，也可以归因于他的个人原因。涅斯伯特和李发现，归因于个人原因（品格、素质、阶级本性）比归因于环境原因要来得容易，也更常见。他们将此确定为一种基本的归因错误。这种错误会使人们在考查行为或后果的原因时，高估或一味强调个人内心的倾向性因素，低估或忽视外部环境的情境性原因。基本归因错误是社会群体中造成歧视、排斥、迫害的一个主要原因，在发生蛊惑或煽动的情况下，能让许许多多人上当受骗，做出荒唐和极端的事情。例如，"文革"时期把人分成三六九等，就有基本归因错误在作祟，"好人"不管做什么都是好的，"坏人"不管做什么都是坏的；好事一定是好人做的，坏事一定是坏人做的；"好人打坏人，活该！坏人打好人，反动！"声讨、谴责和大批判用的都是恶狠狠的"非人"归因语言（砸烂"狗头""狗崽子""牛鬼蛇神""爬虫"）；赞美和歌颂用的则是"神人"归因语言，造成了狂热的个人崇拜和迷信。

2. 社会心理的四种受骗机制

捷思—偏误思维研究有助于社会心理学在现实的社会背景中更好、更深入地观察和解释人的思维、情感、知觉、动机，以及行为如何受人与人相互作用的影响。社会心理学家试图了解社会环境中人的行为。理查德·格里格（Richard J. Gerrig）和菲利普·津巴多（Philip G. Zimbardo）在《心理学与生活》（Psychology and Life）一书里写道，"社会背景（social context）就像一块绚丽的画布，人们在这块画布上描绘社会动物的活动、优点和弱点"。在社会心理学关注的许多问题里，捷思—偏误思维的影响造成人这个社会动物的思维弱点，也正是这些弱点使得人在特定状态下特别容易被摆布、操控和诱骗，特别缺乏抵抗的能力。

发生在现实生活中的欺骗手法推陈出新、层出不穷。但是，社会心理学研究让我们看到，欺骗的基本机制其实是有限的。对我们来说，了解这些机制当然不是为了进行欺骗，而是为了抵抗欺骗。社会心理学对这些欺骗机制所做的基本上是描述性的分析，如果我们要从中总结出一些有利于抵抗欺骗的策略，那就需要我们带着自己的问题意识，联系自己熟悉的生活经验去做进一步的思考。下面就根据《心理学与生活》的讨论举四种欺骗机制的例子，它们分别是：（1）情境的力量；（2）构造社会现实；（3）态度与行为；（4）服从权威。

（1）情境的力量

情境的力量有多种不同的表现，如一般人熟悉的从众心理、羊群效应、有样学样、假面扮相和犬儒主义。人都是在具体的情境中上当受骗的（自欺或被欺），具体的场合——政治和社会环境、交际圈、家庭和熟人关系、工作单位、政治组织、个人与权力的关系——会给上当受骗带来不同的可能和特征。这里仅就公共生活中的情境力量提供两个例子。

第一个是"角色与规则"（roles and rules）。社会关系为我们设定了"角色"：领导、群众、教师、学生、中国人等等。角色决定一个人该如何按既定脚本作"本分"表演：恪尽职守、服从领导、遵纪守法等等。这样的角色都是人为的，因此是可以任意互换的，角色一变，行为规则也立刻随之改变。角色规则可以把不真实的变成真实的，同时具有自欺和欺骗的作用。社会心理学的经典实验之一，津巴多的"斯坦福监狱实验"让我们看到，情境的角色和规则力量可以改变人的行为，把好人变成恶魔，情境消失，又可以再变回来。

情境力量的另一个例子是"社会规范"(social norms)，指的是群体制定了对群体成员的期待，告诉他们哪些行为在某种环境下是适宜的，哪些不适宜。每个人按照他看到的社会规范来调节自己的行为。他看到的"规范"有的是真实的，有的是不真实的，是他们自己制造出来的错觉。这是一种自我欺骗的结果，过度的自我审查就是一个例子。自我审查的严格程度经常超过实际的审查程度，在认知心理中，这叫"负面偏向"，是一种放大危险的偏误。这正符合审查者的利益，审查者不会对此纠偏。他们只是在自我审查不达标时，才会发出警告。

角色规范是一种虽然不说出来，但大家心知肚明的禁忌，每个人都知道自己在这个规范中的角色地位。美国心理学家丹尼尔·戈尔曼在《必要的谎言，简明的真实》一书里指出，每个家庭里都会有一些不可外扬的家丑，家庭成员对此都心知肚明，但从不言及。虽然没有明白规定不能对外人说，但谁都不会对外人说起。同样，不少人遵守"不谈政治"和对一些事件保持沉默的规则。虽然并没有谁明令他们必须这样做，但他们还是会很默契地这么做。他们在下意识里对自己的沉默感到不安时，会用自己有沉默的"权利"作为借口。这种自我欺骗在认知心理学里叫"认知失调"(cognitive dissonance)。

(2) 构造社会现实

两个人遇到一位正在驱赶路边摊贩的城管，一个人说，"城管没有必要这么冷酷无情"，另一个说，"城管在行使他的职责"。他们两个看到的是同一件事情，但对事情的解释却大相径庭，这就是构造社会现实。每个人带着自己的知识和经验来解释情境，他从认知和情绪来表述事件，这就是他构造社会现实的方式。问题是，我们是否能说清楚"真正发生的事情"？我们在试图说清楚的时候是否会有偏误？

有人认为，对这些问题的回答只能是公说公有理，婆说婆有理。这是一种道德虚无主义的看法，因为理性的社会生活，它的基本秩序也只能建立在说清真相和辨别正误的可能性之上。道德是非的虚无主义本身就是错误的。谁要是以为那是正确的，那他可能是在误导和欺骗自己，也可能是上了别人的当，受了宣传的骗。试想，如果辨明是非与他有切身利益的关系，不辨是非会让他成为受害者，这时候，他还会坚持认为辨明是非是没有意义的吗？

　　人在构造社会现实时，经常会犯的一个错误是"归因谬误"（fundamental attribution error），同一件不好的事，别人做则归结为内因（人品、性格、道德的缺陷），自己做则归结为外因（环境使然、无可奈何、身不由己）。对别人归因严苛，对自己归因宽容。我之所以获奖是因为我的能力强，我之所以败下阵来是因为别人做了手脚。另一个常见的偏误是"自利性偏差"（self-serving biases），将成功归结于自己，否认自己的过失或将自己的过失责任推给别人。这种心理趋向并不是因为文化程度太低。相反，越有文化，越有身份地位的人，越有可能发生自利性偏差。教授会把学生的成功归因于自己，把不成功推到学生身上。政客夸大自己的政绩，也是出于同样的认知偏差。

　　社会心理学研究发现，人们对某些情境所抱有的信念和期望，能够显著改变这些情境的真正特性。期待和预言自我实现（expectations and self-fulfilling）可以有积极的作用。例如，老师对学生的一些期望虽然未必真实，但能对学生起到激励作用。但是，期待和预言自我实现也可以用错误的榜样来误导和蛊惑青年学生。德国纳粹时代，"希特勒青年团"用一位名叫施拉格特（Albert Leo Schlageter）的青年军人为榜样，对13—18岁的青年男性进行军事训练，为德国的对外战争做准备，并为纳粹党提供后备党员。这种宣传洗脑在青少年中制造了"成为纳粹英雄的自我期待，并使他们以此为目标积极表现，做出"确认期待的行为"（behaviors that confirm expectations）。

纳粹高调宣传施拉格特的故事，他的事迹被写到教科书里：1923年，施拉格特在当时被法国占领的鲁尔（Ruhr）地区参加地下抵抗，炸毁了一座铁路桥后，被法军俘虏，他忠贞不屈，壮烈牺牲，后被树立为爱国主义英雄模范。经过这样包装的"榜样"，很少有人察觉那是纳粹的欺骗宣传。"说英雄故事"是一种常用的宣传洗脑手段，心理学家梅拉妮·格林（Melanie C. Green）、提摩西·布鲁克（Timothy Brock）和乔夫·考夫曼（Geoff F. Kaufman）等人提出的"转移理论"（transportation theory）指出，故事叙述起到的想象和感情转移作用可以让人脱离现实，进入一个由说故事人编造的虚幻世界。人一旦进入这个不真实的世界，就会按它的角色和规则来自觉要求自己。

（3）态度与行为

态度是对客体、事件或观念的积极或消极评价，态度会导致相应的行为。人们对具体事件或人物的态度与他们的经历或主观记忆有关。有人对你说"政治家很了不起"或者"政治家都不是好东西"，问你是不是同意他的说法，如果你的回答是诚实的，那么你的回答取决于你想起了哪个或哪些政治家：是乔治·华盛顿、杰弗逊、拿破仑、丘吉尔、斯大林、比尔·克林顿，还是特朗普。如果一个星期后问你同样的问题，而你心中出现其他一些政治家，那么你的回答，你对政治家的判断可能又会不同。同样，如果问你对当前"反腐"的看法，你对腐败程度的判断取决于你想起了哪个或哪些当官的。你的回答只能是大致表明你的态度，取决于你对政治家或官员的一般看法。人们平时赞扬或咒骂"公知"也是这样。因为你事实上不可能对政治家、官员、公共知识分子做一个系统周全的调查，然后才得出某个比较可靠的结论。你只能凭印象做一个快速的结论。这样的思维方式就给别人不当操控你的想法打开了绿灯，别人可以给你提供一些"典型"人物事例，诱导你朝他愿意的方向形成你的看法。

别人也可以通过给你某些信息，不让你得到另外一些信息，来操控你的想法；或者用某种煽情的理由来"说动"(persuade)你改变原来的态度，左右你的行为。说动你有时需要制造能让你情绪激动或受到压力的场景（演讲、开会、游行、宣誓），用别人的态度或行为来影响你的态度或行为。为了说动你，劝说者经常会试图用他的激动情绪和夸张言语来感染你，不仅说话声音激昂和亢奋，而且会借助臂膀动作占据更大的空间，让他自己看着更自信，更有掌控力。他的目的是影响和操控你，不是向你传递真实的信息。

经常会出现这样的情况，先说动（如果不能说动，那就诱使或迫使）你做一件你并不情愿的事情，但只要你开始做了，就会对这件事情变得积极起来，即使错了，也会为做这件事强烈辩护，证明那是对的。俗话说上了贼船，就是这种情况。社会心理学称此为"认知失调"，失调具有激励力量，它推动你采取减弱不愉快感受的行动。你开始把原本不情愿的事情说得像是你情愿的样子。宗教的神职人员就发现了这个原则，许多宗教仪式和训诫都以此为基础，先入教后信仰，入了教自然就能生出信仰来。要让人信神，最好的办法是让他们牺牲一些有价值的东西。牺牲越令人痛苦，他们就越会相信牺牲奉献的对象确实存在。古代贫穷的农民把自己一头珍贵的牛献给了宙斯，就会开始对宙斯的存在深信不疑，否则要怎么解释自己竟然做出这样的蠢事？他以后还要献出更多头牛，才不致承认以前奉献的牛都白白浪费了。

社会心理学发现，在高度失调的情况下，一个人在做过一件事情后,会特别努力地为自己的行为寻找理由,百般自我说服。这种"先做后信"的现象说明,改变态度的方式首先在于改变行为。古老的《圣经》学者深知这个道理。他们劝诫牧师不要坚持人必须先有信仰,然后再祈祷,而是要让人先做祈祷,然后他们就会有信仰。德国纳粹也深知这个道理,纳粹把有影响的知识分子和科学精英先拉入党内,这之后他们自然就会表现出信仰。哲学家海德格尔一直到死都没有为自己参加纳粹有所忏悔。后世人指责他是纳粹分子,是极端种族主义的哲学化妆师,是狂妄极权者的思想代言人,是灭绝犹太人的同谋精英,他被大学的同事称为"坐在讲台上的希特勒"。但是,他对这些都无动于衷。作为一个哲学家,他也许比普通人更需要为自己选择纳粹在事后寻找合理和正当的理由。社会心理称此为"购后失调"(post-purchase dissonance)。一个普通人不听朋友劝告,购买了一种轿车,越是后悔就越是会为这轿车辩护,就这种下意识的自我欺骗心理而言,哲学家与普通人并没有什么本质的不同。

(4)服从权威

格里格和津巴多在《心理学与生活》一书里写道,"是什么使成千上万的纳粹分子听命于希特勒,并将成百万的犹太人送进毒气室?是人格缺陷促使他们去盲目地执行命令吗?莫非他们没有道德准则?我们又如何解释那些狂热的宗教信徒心甘情愿地献出自己的生命并夺取他人的性命?而你又会怎么做呢?有没有什么情况会使你盲从你的教主,去杀害别人然后自杀呢?你能否想象自己身临其境,目睹发生在越南梅里的暴行——数以百计的无辜村民惨遭美国大兵的屠杀,而这仅仅是在执行上级的命令"。他们设想,普通美国学生通常会说,"不!你当我是什么人?"社会心理学家米尔格伦的"服从权威实验"

和津巴多的"斯坦福监狱实验"都揭示了一种现实的可能,那就是,在特殊的情境下,普通人都有可能成为服从命令的作恶者。

政治哲学家阿伦特在见证了对纳粹分子阿希曼的审判后提出了"平庸的恶"的概念,指那种无须来自恶魔,而只需不假思索地听从权威命令的邪恶行为。米尔格伦在他的心理研究实验中得出的结论令人惊骇地验证了阿伦特的睿见。服从权威的实验表明,"二战时期纳粹分子的盲从与其说是本性(他们不同寻常的德意志民族特质)使然,倒不如解释成不可抗拒的情境力量的结果"。

1966 年,师大女附中校长卞仲耘受到一群本来文文静静的十几岁女生们的百般凌辱,批斗会后,卞仲耘给上级写了一封长信,说:"在群情激愤之下,我就被拷打和折磨了整整四五个小时:戴高帽子,'低头',罚跪,拳打、脚踢,手掐,用绳索反捆双手,用两支民兵训练用的步枪口捅脊背,用地上的污泥往嘴里塞,往脸上抹,往满脸满身吐唾沫。"在后来的一次红卫兵"斗黑帮"行动中,她经受了两三个小时的殴打和折磨,大小便失禁,倒在宿舍楼门口的台阶上,但仍有一些学生对她进行殴打、辱骂、扔秽物。随后有人将她放在一辆手推车上,用大字报纸、竹扫帚、雨衣等杂物掩盖起来,至当晚 7 时许才有人把她送到附近邮电医院。此时,卞的尸体早已僵硬。医生开出的竟然是"死因不明"的死亡证明书。一直到今天都没有人为此承担责任,所有的参与者都对此保持了一致的集体沉默。

然而,还有比这更大的集体沉默。苏格兰作家罗伯特·路易斯·史蒂文森 (Robert Louis Stevenson) 说,"最残酷的谎言是用沉默来说的"。苏联作家叶夫根尼·叶夫图申科 (Yevgeny Yevtushenko) 说,"沉默代替了谎言,那沉默就是谎言"。美国的《纽约客》杂志刊登过一幅丹麦国王的漫画:中世纪的一座城堡里坐着一位国王,看着围绕着他的骑士们，国王说，"好，我们都同意，在丹麦没有腐败。在其他地方都有腐败"。不管骑士们心里同意不同意，他们都明白国王的意思，他们可以谈论和批评世界上任何一个地方的腐败，但对丹麦的腐败必须保持沉默，因为丹麦没有腐败。

集体沉默是一种最残酷的谎言，生活在集体谎言中的人们会久假不归，最后把假的当作真的。虚假和欺骗会成为他们的社会常态和普遍风气。欺骗的本质是虚假，而欺骗最根本的作用就是让人把错误的当成正确的，把虚假的当成真实的，在人们的心灵中造成一种不真实的错觉或幻觉。别人对你这么做的时候，那是欺骗；你对自己这么做的时候，那就是自欺。一个习惯于自欺的人，会让别人的欺骗更加容易在他身上发生作用，因为他对于欺骗的抵抗力本来就弱。更严重的是，他甚至会对辨别真假和是非变得冷淡而无兴趣，认为想要辨别真相，那本来就是庸人自扰。一个人能毫不介意地欺骗自己，也能毫不介意被别人欺骗。这样的人多了，就形成了一个充斥欺骗的社会，大骗子骗小骗子，小骗子骗更小的骗子，遍地是陷阱，满地都是坑。要改变这样的状况，每个人都应该从自己做起，提高对欺骗的知觉能力，如果不能减少欺骗，至少也能降低欺骗的害人效果。

3. 心智控制与上当受骗

菲利普·津巴多是一位关心邪教和政治洗脑的社会心理学家，他指出，洗脑是一种在特定的情境下利用人的认知偏误和心理弱点的心智控制，在这个心智控制过程中，最重要的一个手段就是把人放在一种有强制力量的情境之中，降低他的思考和判断能力，让他相信他在正常心智状态下不会相信的东西。这需要被洗脑者自己的配合才能实现。洗脑的目的是使人们上当受骗，但如果人们对洗脑机制有所了解，他们是可以通过增强自己的抵抗力而不让洗脑欺骗得逞的。

津巴多在《心智控制：心理现实还是只空谈而已》(Mind Contro: Psychological Reality or Mindless Rhetoric) 一文中对政治的和邪教的洗脑和心智控制做了这样的概括："心智控制是个人或集体的选择和行动自由遭到破坏的过程；破坏这种自由的代理人改变和扭曲人的察觉、动机、感情、认知和由此而来的行为。思想控制既不神奇也不神秘，而是一个运用社会心理的一些基本原则的过程。它所包含的社会影响因素都在心理实验和实例研究中早就有了充分的揭示，包括随众、顺从、劝说、失调 (dissonance)、抗拒 (reactance)、罪感、恐惧、仿效、认同等等"。这些社会心理因素大多与捷思—偏误有关。

洗脑是从控制信息，使信息尽量单一化开始的。洗脑者会想方设法，用各种手段控制信息，目的是只提供对自己有利的信息，禁绝不利或相反的信息。在网络时代的今天，不容易做到这样的信息控制，但捷思—偏误却使得许多人自己将信息单一化了。信息来自同声相求的朋友圈或网站，形成了自我封闭的"回音室"。你在潜意识中把自己得到的关于某个事件的信息当成与这个事件有关的所有信息，你局限的认知便构建了一个不真实的现实，这也就是洗脑者可以在你身上利用的"可用性捷思"和"代表性捷思"。

在向你提供或灌输单一性信息的时候，一个常用的洗脑手段就是"诉诸权威"，政治的、知识的或学术的权威。媒体把这样的权威意见故意放在最显眼的地方，而且变化着反复出现，利用的就是人的"能说捷思"(fluency heuristic)：见到能说会道的，便以为有水平，有道理。说的人要显出他的能耐和正确，需要确保没有别人戳穿，需要不断重复加强，这样才能"谎言反复一千遍，就成了真理"。这是一种"可获性层叠"(availability cascade) 的心理效果。

单一性信息并不需要都是谎言或百分之百的虚假信息，事实上，能有效欺骗和洗脑的谎言都是由"掺杂信息"(mixed information)构成的。将真实的和虚假的信息混合在一起，能最有效地造成真实的幻觉，这就是"摩西幻觉"(Moses illusion)。商业欺诈和政治欺诈都经常运用这个手段，例如，推销某药品的宣传者先设计一个"科学普及"的场景（如为老年人举办保健讲座），然后给到场者讲一大堆他们已经知道的，绝对正确的健康常识，并掺进他们听不懂的术语（"糖尿病的真正原因是'糖运输障碍'"）。他们因此会觉得推销员是比自己高明得多的"专家"，这也让他有了掺进假信息的机会（某某药物专治"糖运输障碍"）。欺骗蛊惑的政治手法也很相似，经常混合人们熟悉的常识信息和他们似懂非懂的政治术语，即乔治·奥威尔所说的那种"新语"(newspeak)。人对自己弄不明白的事情，会觉得高深莫测。而高深莫测的一定是有道理的，这是一种情绪性的"影响力偏误"(impact bias)。

这种影响力偏误不仅发生在文化不高者身上，在高级知识分子身上也照样可以奏效。1996年发生在美国的"索卡事件"(Sokal affair)就是一个著名的例子。1996年，纽约大学教授艾伦·索卡(Alan Sokal)向文化研究杂志《社会文本》(*Social Text*)投稿一篇伪科学的文章，《跨越界线：通往量子重力的转换诠释学》(Transgressing the Boundaries: Toward a Transformative Hermeneutics of Quantum Gravity)。在《社会文本》刊出该文的同日，索卡在《通用语》(*Lingua Franca*)杂志上声明该文是恶作剧，令出版《社会文本》的杜克大学(Duke University)蒙羞。索卡自谓其文是"左翼暗号的杂烩、阿谀奉承式的参考、无关痛痒的引用、完完全全的胡扯"，说他用了学术界"在我能找到的范围中，有关数学和物理最愚昧的语录"。索卡认为，这篇充满胡说八道的论文之所以能发表，是因为期刊出版论文，并非基于该文是否正确或合理与否，却基于作者的头衔,即利用了编辑"诉诸权威"(appealing to authority)的认知偏误。

人上当受骗都是在特定的环境中发生的,邪教或政治洗脑也都必须借助情境的力量。津巴多指出,"多种认知心理因素一起发生作用时,再加上一些现实生活中的外界因素,就会形成一个(改变人的行为的)大熔炉"。洗脑总是发生在群体中的,不是一般的群体,而是一个以我为中心的,用敌我思维构建起来的群体——"我们"永远正确,永远正义。这种群体观是灌输黑白对立两分世界观的必要条件,在这样的世界里,人不是天使,就是魔鬼;不是正确,就是邪恶;我们一切正确,反对我们的人都是魔鬼的代理人。这是一种"同质性偏误"(homogeneity bias),也是一种"优于常人效应"(better-than-average effect),也就是与他者相比时,高估自己的能力。

"我们"是一个想象性的群体,也是一个能造成认知偏误的情境。人对"我们"的想象能力是与生俱来的,本身无所谓好坏或对错。无一例外,"我们"是在与某个"他们"的区分中形成的,那么谁是"我们"呢?一个家庭?一个村子?一个宗族?说同一方言的人?一个种族?一个性别或性倾向?一个阶级?一个利益团体?我们天生会对"他们"存在偏见,但关键问题是,个人会与谁感同身受?感同身受又是为了什么?

20世纪以来的"身份政治"(identity politics)就是建立在强烈的"我们"意识上的(少数族裔、女性、同性恋),它是一种弱者的抗争态势,其伦理正当性是"平等":我们应该受到平等对待,不应该被歧视。然而,太多人的"我们"意识是一种优越感的表现:我们的历史比你们悠久、文明比你们灿烂、祖先比你们智慧,只是因为受到了不公的对待,才落后下来。这种"我们"的意识里包含着愤怒、仇恨和报复心。

与制造"我们"和"他们"的敌对一样,制造一种大家都渴望获得,但只有少数人才能获得的情景,这叫"制造稀缺",是一种有效的思想控制手段。它之所以能起作用,是因为人天生就有一种"稀缺捷思":物以稀为贵,越不容易得到就越有价值。制造稀缺的一个重要手段就是设立严格的等级和待遇制度。等级(职位和地位身份)和待遇(特权和物质享受)必须紧密挂钩,越高的等级和待遇越是稀缺。把握权力的一个主要标志和特权就是掌握别人需要的稀奇资源(任命权、惩罚和奖励的独断专权)。掌权者不需要真的用杀人来立威,他掌控稀缺资源,这足以让他对许多人拥有了实际的操控大权。这也就是《管子·国蓄第七十三》中所说的"利出一孔"。

人们对洗脑经常有一种单纯被动的错误想法,认知心理学研究让我们看到,成功的洗脑都有被洗脑者自己的积极配合。被洗脑时,多种认知偏误同时在他们身上发生作用。这不是说,被洗脑者自己愿意被洗脑或喜欢上当受骗,而是说,他们自己的认知缺陷在不知不觉中为洗脑提供了成功的条件和机会。如果他们对自己在洗脑过程中的认知原因和道德责任有比较清晰的认识,那么,他们本来是可以对洗脑有所抵抗的,也是可以不被洗脑的。

4. 捷思—偏误列举

今天,认知心理学所讨论的捷径思维已经不只是特沃斯基和卡内曼于1970年代最初提出的那三种(可用性、代表性、锚定—调整)。研究者们对不同捷思—偏误的分类和名称有不同的看法,这并不奇怪。从心理学的性质来看,这是正常的。我们不要忘记,不同于物理、化学这样的科学,心理学是一种"论证性科学"(argumentative science),也就是说,心理学家的所有结论都是可以辩驳的,都可能有不同的看法。

卡内曼（他于 2002 年获诺贝尔经济学奖）是最早提出三种捷思—偏误的，他于 2016 年 8 月接受《彭博观点》(Bloomberg View) 专栏作家贝利·瑞索尔兹（Barry Ritholtz）的访谈时，专门谈了六种捷思—偏误：归因替代、可用性捷思、锚定偏误、避免损失、狭窄框架、理论诱导的盲目。

归因替代（Attribute Substitution）：以回答简单问题来替代回答复杂问题，以为已经回答了复杂问题。卡内曼举的例子是，如果你问一个人"你幸福吗？"他不知道什么是幸福，却能感知自己的心情。他说，"我幸福"，其实不过是表示他心情不错。

可用性捷思（Availability）：这也是一种说理谬误中的以偏概全，如天下乌鸦一般黑、男人没一个是好东西、公知都是坏家伙（臭公知）。

锚定（Anchoring）：卡内曼举的例子是，许多人在谈判时以为，后提出主张比较有利。其实有利的是先提出主张的人，后面的主张往往只是对前面主张的某种调整。

避免损失（Loss Aversion）：比起有风险的投资赢利，保住本钱更重要。一动不如一静、求稳和维稳也都是为了避免损失。

狭窄框架（Narrow Framing）：看不见"大图画"（Big Picture），而把注意力落在眼前的某一事情上。盲人摸象、见木不见林就是这样。

理论诱导的盲目（Theory-induced Blindness）：一味按固定不变的理论或原则看待事物，就会看不见需要改变的东西。美国经济学家约翰·加尔布雷思（John Kenneth Galbraith）说过，在改变和不改变之间选择，"人更善于为不改变寻找理由"。

了解和认知捷思—偏误，重要的是学会如何识别偏误，不需要太拘泥分类或命名的细节差异。认知心理学关注的本来就是普通人的心理现象和特征，这些心理现象和特征并不是心理学家们发现的，更不是他们发明的，而是因为常见，早已被人们知晓。有不少都可以在日常语言（成语、俗语、箴言、格言、警句、谚语等等）中找到现成的表述。认知心理学用术语来形成概念，有助于对具体现象作更深入的认识和讨论。现象与概念并非一一对应，同一现象可以用不同的概念来了解，因此也可以用不同的概念术语来指称。这里就按照英语字母的顺序列举一些有概念指称的捷思—偏误。

动情捷思（Affect Heuristic）：凭情绪和情感（害怕、妒忌、愤怒、热爱、忠心、个人好恶）行事。这与保留怎样的过去记忆有关，如一朝被蛇咬，十年怕井绳；苦大仇深；忆苦思甜。

态度捷思（Attitude Heuristic）：我喜欢的就是好，不喜欢的就是坏。跟我一致的就是友，不一致的就是敌人。

因果性捷思（Cause-effect Heuristic）：把偶然同时发生的事当成确定的因果关系。如，恶有恶报，善有善报；天将降大任于是人也，必先苦其心志，劳其筋骨，饿其体肤。这些可以励志，但未必真实可靠。

传染捷思（Contagious Heuristic）：避免接触被视为有传染性的坏东西（人或物），是造成歧视、排斥和仇恨的一个主要原因。对象如同性恋者、艾滋病患者。

努力捷思（Effort Heuristic）：投入的努力越多，结果就一定越有价值，"没有功劳也有苦劳"，有时确实如此，有时未必如此。

承诺升级（Escalation of Commitment）：在过去决策的基础上不断增加承诺和投入。对青少年早恋严格管教不奏效，不明白这是因为有悖常理才劳而无功，而是以为管教得还不够严格，因此必须变本加厉。

熟悉捷思（Familiarity Heuristic），以为过去的经验，现在仍然适用。刻舟求剑，用"文革"时代思想教育的老脚本来对今天的年轻学生进行道德教育。

能说捷思（Fluency Heuristic）：遇到口若悬河，夸夸其谈，能说得天花乱坠的，便以为有水平，有道理。辩论、争论或吵架时，越是不住嘴说的，越让人觉得有理。迫使别人噤声，自己不断反复，这是一种享有特权的"能说"，"谎言反复一千遍，就成了真理"。

事后聪明（Hindsight Bias）：把不可预测的事情在事后当作可以预测，可以防止的事情。卡内曼指出，"事后解释"（事后诸葛亮）是一种会导致认知偏误的捷径思维，它的危害在于阻碍对过去事件的认真分析。他举了这样一个例子：两支球队本来势均力敌，实力在伯仲之间，但两队对决的结果却是一队完胜，另一队惨败。这是一个小型的黑天鹅事件。可是，事后诸葛亮会说，这两队本来就实力悬殊，一队比另一队强得多，这是明摆着的，谁都看得出来。这样一来，对赛事本身也就没有检讨的必要了，胜队没有可以总结的经验，负队也没有需要吸取的教训。事后诸葛亮善于把一切都看得顺理成章，消除了意外，也消除了分析和反省意外的必要。

峰值定律（Peak-end Rule）：老是拿自己最得意、最辉煌的那一刻在说事、摆谱、吹嘘、说光荣经历。"好汉不言当年勇"就是针对这个说的。

稀缺捷思：物以稀为贵，越不容易得到就越有价值。

模拟捷思（Simulation Heuristic）：以能够想象或设想某事的程度来判断这件事是否可能发生。希特勒说，一般民众不容易相信小的谎言，但却很容易相信大的谎言，因为他们很蠢，不能相信大谎言能有那么大。

社会证明（Social Proof）：通常在拿不定主意，情况又暧昧不明时，最可能认定他人所采取的是正确的行动。而且越多人采取同一个行动，就越证明这个行动正确。"这么多人都在做同一件事，那不可能有错! 反之则墙倒众人推。"

酸葡萄效应（The Sour Grapes Effect）：一种自欺欺人的心理补偿。如我不会游泳，但我会打篮球（因此"游泳算个啥！"）。

5. 一厢情愿与自我欺骗

我们生活在一个"有钱了"就能自我感觉特别良好的时代，许多人炫富、逞强、傲慢、卖萌、撒娇、夸耀，满满地释放着自赞自美的正能量。在这种"有钱万事强""有钱便可任性"的心理背后，有一种变相的"峰值定律"（Peak-end rule）效应在起作用。峰值定律是一种捷思思维，人们在很大程度上根据他们在峰值（即最强烈的点）的感受来判断，而不是基于对不同时刻或方面的周全考量。"有钱"是许多人自我感觉中最强的那个点，决定着他们对自己的看法和自我价值评估。这种受捷思限制的看法和评估其实是扭曲和不真实的。

自我感觉是一种个人感觉（当然集体也会有这样感觉），包含着个人与现实或与他人关系的判断。越是自我感觉良好的人，就越会飘飘然于一种自己在别人眼里的地位和分量：体面、优越、尊贵。这种感觉与实际现实是否一致呢？会不会只是一种幻觉？要是果真是幻觉，致幻的原因又是什么呢？

挪威社会和政治学家乔恩·埃尔斯特（Jon Elster）在《酸葡萄》一书里，将自我感觉良好视为一种非理性的心理趋向，讨论了它的两种不同表现：一厢情愿（wishful thinking）和自我欺骗（self-deception），二者虽相互联系，但应该予以区分。

一厢情愿与自我欺骗的不同可以用这样一个例子来说明。某人自以为是人才翘楚，期盼得到提拔重用。第一种情况是，由于他一心盼望，所以自认为一定会被提拔重用。这便是一厢情愿，是一种"无意识的冲动"。第二种情况是，如果此人在工作中有过什么闪失，上司并不看重他；他自己也知道上司对自己有不良看法，但还是自我感觉良好，认为自己会被提拔。这便是"自我欺骗"。一个人如果求胜心太切，就算证据明摆在面前，他也会做出与证据不符的判断，人称"自欺欺人"。

自我欺骗往往故意障蔽令人不愉快的证据，而代之以有利证据，在这种情况下，一厢情愿便可能为自我欺骗制造想要的证据。例如，这个人也许知道上司不肯定他的办事能力，但他认为上司会欣赏他的忠诚——我不会打篮球，但我会游泳。因此，他还是会有理由相信自己会被提拔，虽然这个理由也许也不确实，不过是他自己一厢情愿的想法而已。

在我们的生活世界里，自我感觉特好的人，他们的良好自我感觉既是合理的，又是不合理的。合理是因为他们确实有理由自鸣得意（有钱、美貌、年轻、后台硬）。不合理是因为，这种人本来就有自鸣得意的毛病，就算没有这个理由让他们自鸣得意，他们也能找出别的理由来自鸣得意。

一厢情愿并不一定发展成自我欺骗，但自我欺骗却经常会包含某种一厢情愿。对许多复杂的自我欺骗现象，一厢情愿能为之提供相对简单的解释，但最后还是需要认清自我欺骗本身。美国历史学家和政治评论家沃尔特·拉克（Walter Laqueur）在《可怕的秘密：压制希特勒"最终解决"的真相》（*The Terrible Secret: Suppression of the Truth about Hitler's Final Solution*）一书里指出，纳粹政府压制真相，而普通民众对之装聋作哑，是一个自我欺骗混合着一厢情愿的现象。拉克探讨和分析的问题是：1942年底，希特勒屠杀犹太人的消息已经流传出来，但普通德国人却不愿意相信，连盟国和中立国的民众，甚至犹太人自己也迟迟不予认可，这是为什么？

　　成千上万的德国人虽然已经耳闻纳粹在用极端手段"解决犹太人问题"，但只有极少数人才知道其中细节。消息和信息的严重性在细节里，没有细节的信息只是不确定的传闻。人们如果缺乏具体详细的信息，便不会太在意那些意义模糊的大概消息。但是，这里还有一种怪异的逻辑在起作用："许多德国人也许感觉到那些犹太人已不在世上，但并不认为他们就一定是死了。"德国民众不能够或不愿意从"不在世上"得出"死了"的逻辑结论，这是一个自我欺骗的极端例子——令人不快的结论阻碍了结论的正常逻辑推导。

　　德国占领区的犹太人因为希望纳粹不至于集体屠犹，所以以为真的不会发生。这里有更多的一厢情愿因素。例如，丹麦的犹太人本来是可以逃离的，但他们中许多人相信，"不至于在这里发生吧"。极少有人能从已经被押解到集中营的亲友那里得到消息，绝大多数人一去便渺无音讯，但人们却拒绝把这当作石沉大海、天人两隔的证据。他们在无意识中按自己的幻想挑选证据，因此无法把零碎的信息整合为真实的结论。由于先有了"纳粹不会这么屠杀"的结论，所以下意识地忽略与这个结论不合的证据。在波兰和其他东欧国家，犹太人难以逃离，但他们即使眼见身边的死难，也不愿意相信纳粹会集体屠犹。拉克将这样的自我欺骗比喻为临死之人相信神迹救命，以为自己可以侥幸存活。

　　从幻想"不至于"到以为甚至证明"没有"，这样的事情也发生在我们的生活世界里。虽然我们都有一厢情愿或自我欺骗的软弱时刻，但我们可以通过认识这种软弱，而不让它成为永远禁锢我们的心理定式。

第七章　说理谬误和认知偏误

为了配合批判性思维的教学,我在美国大学讲授公共说理课的"论证"(argument)内容时,会给学生们添加一些关于"认知偏误"(cognitive biases)的内容。认知偏误是认知心理学的研究内容,一般不会进入大学公共课的说理教学范围。这叫科目界限,即把科目的知识限定在一个范围之内,在这之外的知识被忽视或当作不甚相干。科目界限是一个框架,认知活动中,框架定得小,有助于专精,但也会带来因狭窄而造成偏误的问题。中国老话说,"人无远虑必有近忧"或"井底之蛙",指的是看待事物的时间框架或地域框架太小,会影响全面、正确的认识和判断。认知的框架也是如此,如果太小,知识面就会太窄,缺乏不同知识领域之间应有的联系。当然,认知框架不是说越大越好,否则就可能漫无边际地信马由缰,难以回到原本的课题或问题上来。

从批判性思维的角度来看,把认知偏误的一些内容纳入说理论证是有必要的,有两个理由。第一,认知心理学清理的各种认知偏误已经有百来种,而说理论证中的"逻辑谬误"(主要是非正式逻辑谬误)也有二百来种。这些偏误或谬误都是批判性思维所需要察觉和纠正的。认知偏误可以帮助我们好好盘点一下说理中的逻辑谬误,看看哪些是最基本的，哪些是常见的。第二，有的认知偏误（并非所有的）可以帮助解释为什么说理的"推论"（reasoning，也称"推理"）中会出现谬误，以及该如何看待和辨认两种不同性质的谬误：无心之过和有意为之。这种辨析是批判性思维在处理人际交流关系时所需要的。

1. 说理论证中的谬误

由于中国文化中缺少说理论证的传统，在介绍和引入西方传统的"说理"和"论证"时碰到的第一个问题就是概念术语。"论证"——我这里姑且用"说理论证"这个说法——英语中有用 argument（论证）这个字的，也有用 argumentation（论辩）这个字的。中文常用"论证"和"论辩"这两个不同的说法来加以区别。在说理论证课上，大致可以这样分辨：学生个人论述自己观点的陈述是"论证"，而相互之间不同观点的互诘和辩论则是"论辩"。论证是一个人（或一方）在自己头脑里建立一种"结论"（看法）和"论据"（理由）的逻辑关系。论辩是两个人（或双方）一起检查这个逻辑关系是否可靠、严实，是否有漏洞或谬误。

人在童年的时候就能论证，但不能论辩，论辩是人变得比较成熟以后才学会。例如，一个小孩对另一个小孩说，"你爸爸是坏人，是我爸爸说的"，他有一个看法，也有一个理由，其中的逻辑关系是诉诸权威（他爸爸）。这看上去是幼稚的"自说自话"，但许多成人也经常是这样论证的。从论辩的角度来看，就算结论没错，诉诸权威也是一个说理谬误。由于论证有逻辑谬误，那看起来没错的结论也是不可靠或谬误的。

在日常生活中经常会碰到权威人士自说自话的现象，像是有理，其实不然。例如，在学校里，只要学生动手打架，有的老师就会认定：一个好的也没有。理由是"一个巴掌拍不响",好人怎么会打架呢?老师不愿意调查研究明辨是非,于是不分青红皂白,自说自话地把两个学生各打五十大板,表面看起来似乎很公正,其实却是混淆是非。老师是学生心目中的权威,老师不讲理和讲歪理,使学生从小就学会顺从地接受权威的歪理。这样的学生长大成人,就算对公共事务有兴趣,有想法,只要权威人物一发话,也就会顺从地保持沉默。

在说理论证课上,对学生的教育不是这样的。它的基本要求就是不要自说自话,不管是谁说的,都要分析一下是否真的有理。而且,还要尊重和考虑到不同的,尤其是批评的意见。也就是说,学生学习的不是一方的论证,而是至少双方的论辩。但是,这样的论辩与公开辩论的论辩还是有区别的。

一个学生学习的论辩,是他论证写作时发生在他一个人头脑里的。不管他多么愿意考虑不同意见,考虑得如何全面,他考虑的都是他独自可以预见的不同意见。这是一种假设的,而非实际的论辩。在实际的辩论中,论辩者总会遭遇许多他预想不到的其他意见。也就是说,在实际的辩论中,他永远不会像他预先设想的那么"有理"。在一个有言论自由、信息公开的社会里,会有各种各样发生在现实生活里的公共辩论和意见交锋,对人们的说理能力和质量是不断的考验。

从论辩来看说理论证,最容易出错的部分经常是推论过程中的"假定",英语中叫 assumptions 或 warrants。说理的各种逻辑谬误主要发生在这里,因此是说理教学中论证分析的重点部分。假定是论辩过程中隐而不见的部分,发生的谬误经常不易察觉,有时就算你觉得不对劲,也未必能从道理上讲清楚到底是错在哪里。这时候,认知心理所揭示的一些认知偏误就能对察觉和说清说理中的谬误有所帮助。

例如,有这样一个论证陈述:"巧克力是可以吃的,(因为)石头不是巧克力，所以，石头不是可以吃的"。有的人会接受这个主张（结论），认为它的结论没有问题。石头当然是不可以吃的。但是，如果是双方讨论问题或相互辩论，那么，在论辩中，对方就可以提出，这个推论并不能得出"石头不是可以吃的"的结论，因此是谬误的。分开来看，理由（石头不是巧克力）和结论（石头不能吃）都没有错，但是，它们之间的中间环节（不是巧克力的东西不能吃）是一个谬误的假设。试想，黄瓜不是巧克力，但黄瓜是可以吃的。

2. 意识的和无意识的偏误

在说理论辩过程中，如果人们发现一个论证有谬误（经常被笼统地称为"逻辑谬误"），就会对谬误（或谬误者）有这样两种可能的想法，第一，认为谬误是存心欺骗（狡猾），第二，认为谬误是头脑不清（愚蠢）。确实，这两种情况都是存在的。欺骗或宣传洗脑经常是第一种情况，而蛮不讲理或胡说八道，还自以为有理则是第二种情况。

心理学的认知偏误研究让我们看到，人即使没有意图对他人进行欺骗和洗脑，也不是头脑糊涂、愚昧无知，仍然还是会在说理中有所谬误。这时候，说理中有"逻辑谬误"，既不是因为故意扭曲逻辑，也不是因为没有逻辑，而是因为听从了一种与论证逻辑不同的捷思——偏误心理逻辑。也就是说，他们所犯的论证谬误来自一般人在不当心的情况下都会犯的认知错误。认知偏误指那些有特定模式，有高度重复特征的判断偏差和逻辑误判。人们经常称此为"不理性"的想法，是因为它经不起严格的理性分析和逻辑论证。

有的说理谬误和认知偏误会有一致的关系（当然并不总是这样）。例如，说理谬误和认知偏误里都有"因果谬误"和"诉诸权威"。又例如，说理谬误中的"以偏概全"在认知偏误中经常被称为"德州神枪手谬误"。德州神枪手谬误源自一个典故：有个德州人朝着自己的谷仓射了许多子弹，在弹孔最密集的地方画一个圈，然后自称是神枪手。它们共同的特点就是在不同的证据中刻意地挑选出对自己观点有利的证据，而无视对自己不利的证据。再例如，说理谬误里的"诉诸群众"（ad populum）就是认知偏误中的"从众效应"（Bandwagon effect，乐队花车效应），指的是受到多数人一致性想法或行动的影响，跟从大众的想法或行为，也称"羊群效应"。从众效应是诉诸群众谬误的基础。当这种情况发生的时候，有必要区别犯错者是有意识还是无意识犯的错。

有的时候，说理论证过程有误，论证者自己并不知道有误，他的错误是无意识的。有意识犯错与意图或知识有关，而无意识犯错则是认知的心理问题。在错误发生的时候，将之确定为有意识的或是无意识（下意识）的，会影响我们对说理中谬误的不同评价。例如，某城市经常有严重雾霾，负责空气检测的官员向民众说明空气的品质，宣布空气品质达到健康标准，并没有对人体造成危害，他用多种科学仪器的检测结果和专家意见来证明自己的结论。这时候，现场的听众会有什么反应呢？怎样的反应才是合理的呢？

许多民众深感雾霾对身体的伤害，会认为检测官是在欺骗和糊弄民众，因为仪器的检测结果可能是伪造的，而专家则可能被收买或威胁。这些民众会说，检测官员的结论不可靠，因为证据是经过挑选的，不利证据被故意排除掉了。这种论证谬误叫作采樱桃（cherry picking）、隐瞒证据（suppressing evidence），或证据不完整谬误（fallacy of incomplete evidence）。

但是，某个人可能会相信检测官的说法，他对大家说，空气无害，不必担心。那些认为检测官在说谎的人们会怎样看待他呢？第一种可能是，他们会认为他有奴性或斯德哥尔摩综合征，或者根本就是在讨好当官的，附和检测官说谎。这是从动机和意图来把他的意见确定为一种有意识行为。

第二种可能是，他们想要知道，这个人为什么会相信检测官的说法。原来，他接受官方的说法，是因为他非常希望空气是无害的，所以下意识地拿检测官的说法来作自己需要的证据。这是为了让他自己相信，空气确实无害。他对检测官不但不生气，而且还会下意识地心存感激，因为检测官为他提供了他想要的证据，让他可以不需要再为呼吸雾霾而担心忧虑。这是认知心理学所说的确认偏误（confirmation bias）：他挑选了自己需要的证据，用来证明他想要的看法。

如果大家认为，这个人的看法是错误的，原因是确认偏误在他的下意识里作祟，那么，他们就有可能同情他，原谅他，或者觉得他很可怜，"唉，怎么这么轻信，这么容易上当受骗"，或者"像他这样的无奈又无助的可怜虫，除了用幻想来逃避现实问题，还能有什么办法呢？"

把偏误当作有意识的，往往会引发对偏误者的敌意，认为偏误者不诚实、不真诚、讨好权势、故意说谎，是品格有问题的人。把偏误当作无意识的，那就会觉得偏误乃人之常情。对偏误者的态度也更可能是善意的提醒，而不是苛责和攻击他了。

对偏误者本人来说，善意的提醒要远比苛责来得容易接受。如果谁因为某人的偏误而指责他"奴性"或是"愚蠢"，他一定会反感和抵触，对那个指责者抱有敌意。他甚至会因为反弹而更加坚持自己的偏误看法。倘若如此，那就是在原来的偏误上更增添"认知失调"（cognitive dissonance）或"购后合理化"（Post-purchase rationalization）的偏误。相反，如果谁能同情、善意地指出他的偏误，他就可能乐意接受，还会感谢有人提醒了自己的偏误。

在说理论证课上，同学们之间相互纠正论辩中的错误，两种不同的纠错态度会产生完全不同的效果，一种产生对抗并终止对话，而另一种则有助于沟通并形成共识。只有后面这一种才是有益于说理的，因为说理的目的是形成共识，而不是制造对抗。

3. 歪理为何能谬行于世

当代认知心理学研究人的推论和决策思维，揭示了许多由常见的捷径思维方式造成的认知偏误。认知偏误之所以"偏误"，是相对于以逻辑和或然性分析为规范标准的经典思维方式而言的。这是规范性的说法。但也有一些研究者们认为，不应该把认知偏误用作一个规范性的说法，因为认知偏误的那种思维只是与经典思维不同而已，是一种另类思维，因此无所谓偏误不偏误。在这个意思上说，它只是一个描述性的说法。然而，在实际使用中，认知偏误既是描述性的，也是规范性的说法。

同样，说理的"论证谬误"也既是规范性的，又是描述性的说法。不过，在说理论证教学中，因为要提高学生们纠正谬误的能力，所以论证谬误基本上是一个规范性的说法，指的是论辩话语中常见的错误论证"形式"和"策略"。谬误形式主要是指发生在说理陈述（statement）中的一些错误（经常是形式逻辑谬误），如，张三不识字，所以愚蠢。这里的谬误发生在推论前提中：不识字的人都愚蠢（过度一般化）。谬误策略主要是指在论辩情境使用不当语言或手段，如人身攻击、转移话题、编造证据、断章取义、故意歪曲对方论点。

在说理论证教学中，联系认知偏误和说理逻辑有助于学生们认识公共话语中的一个令人费解的现象，那就是，谬误论证的观念有的对不少人都有说服力，甚至比正确的观念更能让他们接受。歪理能打败说理，不仅能谬行于世，而且还能让许多人为之叫好，积极附和它。人们心甘情愿上谬误的当，受歪理的骗。这是怎么一回事呢？

通常的解释是，他们很愚蠢，或者他们被洗脑了。其实，正常思维的人也照样会接受歪理，或者说，歪理对正常人照样会有说服效果。

我们可以把"说服"区分为两种情况，一种是用逻辑和分析的论证在说服（convince），另一种是用捷径—偏误论证来说动（persuade）。在汉语中，分辨这两种说服要比在英语中困难一些。在英语中，说服和说动的区别是比较清楚的。convince 指的是使人相信某事是真实的，而persuade 指的则是使人接受自己的想法，就算不接受，只要照着去做就成。这种说动与是否真实并不相关。

说服是使人从认知上确信，所以能坚持正确的，改正错误的，是经过自己深思熟虑的结果。说动是因为符合人的认知习惯或捷径思维方式（如"服从领导听指挥"）而被接受，是受别人的劝说或说动，不需要真的被说服或信服，只要接受，照着做就可以了。"娘亲打儿儿不怨""敌人的敌人就是我的朋友"、"大伙这么想，准没错"都是这样的习惯性捷径思维。又例如，谁搬出"权威"来就可以取得让人接受的效果，但却不一定让人信服。"理解的要执行，不理解的也要执行"就是典型的诉诸捷径—偏误思维的论证模式。歪理之所以能被接受，不是因为人们经过思考和分析确定了它的可靠和合理，而是因为它迎合或符合一般人的认知偏误。如果这种偏误不能得到纠正，它会成为社会中一般人看问题的简单、机械、幼稚的思维方式。

在说理教学中联系说理谬误和认知偏误，需要向学生介绍它们各自不同的理论取向。论证或论辩教学关注说理谬误，是实用和运用性质的，是为了帮助学生在说理过程中辨别他人的谬误和避免自己的谬误。这就需要对种种谬误既描述，又纠谬。既然要纠正谬误，那就必须区别正确的和错误的推论方式，并用正确的去纠正错误的。

心理认知研究的任务不同，它主要是为了描述人的心智和思维有何特征，可能如何运作。研究者们可以对捷思—偏误只是做纯粹的描述。从描述的角度来看，认知的捷思—偏误之所以"偏误"，不是指它本身，而是指它偏离以逻辑和或然性分析为经典模式的正确推论模式。如果把这正确的推论模式搁置到一边，改用单纯的"客观方式"去看待源自人类思维特征的认知方式，那就会撤除正误评价。这样一来，偏误也就不存在了。

但是，说理论证教学需要保留对认知偏误的正误评价，这有利于学生认识和了解说理谬误与认知偏误之间的内在联系和实际发生。前面已经提到，不少错误既是说理谬误，又是认知偏误。而且，更重要的是，这样的联系能让我们知道，为什么歪理能有说服力，能起到"说服"的效果。在公共生活中，这是一个很现实，也可能会变得很严重的问题。

说理谬误与认知偏误的联系能让我们看到，那些能让说话人和听话人心心相印、同声相应、同气相求的到底是什么样的认知和心理机制，因此而能对此做出比较客观和温和的评价。说理谬误与认知偏误的联系能让我们更心平气和、更宽容地解释说理谬误背后的一些普遍认知机制和原因，避免把说理谬误简单地归咎为个人的愚蠢、顽固、狡猾或轻信。在说理写作课上，学生要学习的不只是论证的方法，而且还有论辩的伦理，其中一条就是用同理心来相互尊重、相互理解，避免恶意猜度对方的动机。这样才能彼此设身处地，就事论事地发现论证谬误的原因，而不是将之归因为个人的品质、人格缺陷、或阴谋动机（这本身就是论辩中的一种非形式逻辑谬误，也是一种不当的攻击手段）。

对于学习说理的青年学生来说，用同理心来看待认知偏误对说理谬误的影响，也许正是论辩伦理教育应该首先让他们知道的。

4. 公共语言中的"任性"

有一篇《翻译不知道如何翻译"大家都很任性"》的报道说，全国政协发言人在回应反腐问题时表示，党和政府以及人民群众在反腐问题上的态度是一致的，"大家都很任性"。译员当时与发言人沟通，询问"大家都很任性"是什么意思。这虽然不过是一则"花絮"报道，但却提出了一个严肃的问题：如何在公共话语中使用大家听得懂的语言来作清晰的表述。

翻译必须是认真的，要吃透了说话者的意思才能正确地用另一种语言传达出来。认真的翻译必定不能"任性"。翻译不知如何翻译，是因为说话者自己太任性，想怎么说就怎么说，弄得别人摸不透他的意思——"反腐"这么一件好事，怎么用"任性"这个贬义词来说明它的成就呢？怎么能说反腐是任意胡来呢？

其实"任性"本来是很容易翻译的（They just do what they want to do）。翻译无从下手，不是因为她缺乏能力，而是因为说话者太随意，忽视了公共话语的一个基本要求，那就是"包容性"。

在美国，公共说理教学课上都会向学生介绍使用"包容性语言"（inclusive language）的重要性。既然是在公共场合就公共问题发表看法，那就应该清楚明了地让大家能听懂。这不仅是一个语言能力的问题，而且也是一个交谈伦理的问题。"不包容"的实际效果就是"排斥"，例如，如果在场的人都是中国人，有的懂英语，有的不懂，那就应该说汉语。如果必须使用英文的某个专门说法，那就一定要提供一个汉语的翻译。

即使是使用同一语言的人们之间,也有包容和排斥的问题,最常见的排斥性语言就是"俚语"(slang)和"行话"(jargon)。老师会要求学生,在公共发言时不要使用俚语和行话,因为这样的语言只是在特殊的人群中使用,其他许多人会因为听不懂,而被实际排除在语言交流之外。

网络上的"任性",如果它的意思与大多数人在规范语言中所说的意思不合或相矛盾(如贬义变成了褒义),那么,它就是一个"俚语"。"任性"这个俚语是在特定小群体中使用的语言,使用它的人数再多,与使用汉语的整体人群相比,也毕竟是小群体。 更重要的是,俚语是一种非规范的语言。语言学家贝萨尼·K.杜马斯(Bethany K. Dumas)和乔纳森·赖特(Jonathan Lighter)甚至将俚语称为一种"故意的误用"。

另一种具有排外性的小群体语言是"行话"(jargon),如医生、律师、专业人士之间使用的特殊语言(词汇或说法)。医生之间讨论一个病人的病情或治疗可以用行话。但是,如果要对病人作出解释和说明,就需要用病人听得懂的语言,不然就会把病人实际排除在交流之外,或者根本就是故意用病人听不懂的话在忽悠他。

"俚语"往往很难翻译,因为俚语的说法不仅仅有一个"意思",而且带着某种难以传达的态度、情绪、姿态、好恶。语言学家迈克尔·亚当斯(Michael Adams)称俚语为一种"阈限语言"(liminal language),换句话说,是一种处于意识边缘的,勉强感觉得到的语言。他指出,"就算是有语境,也经常不可能说清一个俚语的用意和弦外之音"。

政治人物在公共发言时使用俚语往往不是为了清楚地表达一个意思,而是表示一种姿态,如亲民、幽默、随和,以此拉近与听众的距离，获得他们的好感等等。但是，公共语言中运用俚语有很大的局限性。它会让本该说清的问题停留在模糊不清的状态，让人勉强感觉好像是某个意思。而且，它还会给公众留下耍嘴皮子、言虚不言实的不良印象。为了避免把严肃的公共问题娱乐化，避免把公共论述变成一种娱乐化的政治，有必要重视公共话语中的俚语问题。

5. 公共说理中的"好不与恶斗"

在公开的言论中，恶狠狠的语言——下流话、谩骂、嘲笑、讽刺挖苦——经常被用作一种克敌制胜的有效工具。如果你既想避免攻击一方的恶意伤害，又不愿意在言语交往中以恶报恶、自我作践，那么，你也许就会选择退避三舍，对恶言恶语干脆不予理睬，即"好不与恶斗"。这种"不理睬"往往会被看作退避一方的甘拜下风和哑口无言，或是彻底认输。于是，用恶语攻击的一方便成了胜利的一方。这就是恶意伤害的劣币逐良币效应。

恶语的偏激言论对公共话语会产生一种分化和极化的不良效应。美国经济学家格伦·劳里（Glenn Loury）认为，一个社会中，看法和观点的流通与货币流通有相似之处。在经济学中，格雷欣法则（Gresham's Law）认为，两种货币流通时，有一种的实际价值更高，比如，同样的面值，金币的币值高于银币，而金银币都高于纸币。人们会把良币储藏起来，而用劣币交易。很快便只有劣币保持流通。同样，观点偏激的人可能驱除观点温和者，因为后者想要避免被人误以为也是偏激之徒，而造成声誉受损。实际上，观点温和者"储藏"了他们的观点；因此，公众关于某些问题的交谈可能比公共舆论的实际发布状况要更加极端化。

许多使用恶语的人不是因为不知道恶语不好，而是因为他们觉得自己有使用恶语的正当理由,如弘扬某种正确的信念或观点。他们甚至知道,使用恶语不利于形象,并不符合他们自己的利益,但他们不在乎。正如亚里士多德所说,人们在情感的影响下,尤其是在愤怒的时候,完全可能逆自己的利益而动。

语言的恶毒是一种仇恨情绪的释放。恶语使用者几乎没有不是以具有正当性的"愤怒"(义愤)为理由的。就算后来证明他们是错的,由于是"出于义愤",所以错误的性质也会因此而减轻,如好人打坏人。

在不少习俗规范和法律制度中,有预谋和蓄意的暴力残害与激怒或盛怒之下所犯的暴力伤害是有区别的,后者往往被视为较可原谅。历史学家斯蒂芬·威尔逊(Stephen Wilson)在对科西嘉世仇的研究中发现这样的情况,"1832年,一个来自西尔瓦雷西奥(Silvareccio)的男子在家中发现其妻与一名男子在一起,于是把她杀了,他只是被判10法郎的罚款,这暗示他的行动被认为是正当的。1852年,波塔(Porta)的一个磨坊主因类似的情况杀死了妻子,后被判5年监禁,这仍然是仁慈的判决"。激情经常被当作减轻行为后果的理由,因为人们普遍认为,激情会使人对自己的行为失去控制。

然而,激情是可以假装和冒充的。为了影响别人,演说者经常有效地假装他认为适合自己目的的激情:愤怒、内疚、快乐、同情、鄙视等等。假装的激情使他不仅能打动别人,也打动他自己,所以假装的激情有弄假成真的效果。蒙田曾对此写道,"当演说者诉说其案情时,他会被自己的声音和自己假装的愤怒所打动,他会通过他表现的情感让别人理解他。通过扮演某种戏场角色,他会让自己表现出真正的悲伤……就像那些职业的送葬人一样,他们受雇参加葬礼,按质论价,充满眼泪和悲伤,因为他们即使只是借用悲伤的样子,也可以肯定,通过习惯性地采用适当的表情,他们会受到自己的感染,然后在内心产生真正的悲伤"。许多参加过大人物追悼会的人都有此经验。

"愤怒"比任何其他情感都更经常地用作不当行为的辩解或借口。社会和政治学家乔恩·埃尔斯特(Jon Elster)指出，这种辩解的说法"纯粹是凭嘴上说的，或是事后分析的结果"，不过也会反过来影响到事先的行为。"如果一个男人知道，假如法庭相信他是出于激情而杀害其通奸的妻子，他将被判无罪"，那么，即使他预谋杀人，仍然可以用"一时冲动"来做借口。而且，由于在他动手杀人之前就知道可以用"盛怒"来减轻罪名，那他就会因此更有杀人的动机。

有的人也许真的是因为义愤，干出损人不利己的事情，如2012年抵制日货浪潮中，一个名叫蔡洋的人在西安砸日产车，砸车主脑袋，结果被判10年徒刑，一直到坐牢时，还自以为是爱国的。前几年还有一位教授在保钓游行活动中，因为观点不合，打了一位八旬老人的耳光，他始终坚持自己的正当义愤，拒绝认错道歉。

有的人是装作"义愤"或用愤怒为借口来伤害别人，愤怒成为他们威胁和压制别人的手段。这些人可能发现，貌似愤怒而富有攻击性对他们是有利的，因为这样可以让别人觉得，谁挡了他们的道，他们就一定会予以攻击，绝不心慈手软，决不退缩。这时候，愤怒便不再是一时失控或疯狂行动，也不是因为心直口快或耿直敢言，而是处心积虑设计的克敌制胜手段。正如埃尔斯特所说，"一个貌似真实的疯子可能实际上是一个高明的战略家，因为他的威胁更容易为人所信"。一个人开口便满嘴恶言，吃相凶狠，有可能是因为他没有教养，缺少廉耻，但更可能是在蓄意施展他的恐吓策略。这种策略也许对行为者本人有些用处，但对整体社会却会产生劣币驱逐良币的恶劣效应。

6. 我们能期待什么

有一项调查发现，47%的国人认为道德问题是当今最严重的社会问题，接二连三的幼儿园虐童等事件无疑会强化人们的这种想法。有的人为之辩解说，这些不过是与经济发展和市场化相伴生的现象，是难以避免的。在许多人听来，这样的说法都是用心可疑、难以自圆其说的"歪理"。但是，他们抱着多一事不如少一事，事不关己便沉默旁观的态度，并不去与这样的歪理争辩。只要不直接损害到自己的利益，只要自己的小日子还过得不错，就犯不着出头为受损害者发声说话。这种在夹缝中求生的心态，其自私苟且更是加剧了整个社会的价值观崩溃。人们越是懒于在社会公正和社会道德问题上正面说理，社会也就会变得越发不公正，越发不道德。

在这样一个时代，我们能期待什么呢？是把道德视为一项政治工程，期待可以由政府包办解决社会道德的问题，还是把社会视为一个能动的发展秩序，需要社会依靠自身的道德启蒙力量，让尽量多的人培养起与同情、宽容、人道社会、文明政体相一致的道德意识？

（1）作为道德启蒙的人道主义"同情"

18世纪启蒙运动时期，苏格兰启蒙的道德哲学家们重视"同情""仁慈""怜悯"和"同伴之情"。他们把这些道德意识或道德情操视为良序社会的伦理基础。在他们中间，亚当·斯密是一个杰出的代表。他的《道德情操论》是一部在当时具有广泛影响的重要著作。今天，人们提起斯密，往往首先或者只是想到他的《国富论》。其实，在他那个时代，无论是在英国还是在国外，他都是以《道德情操论》的作者而闻名的。这部书出版于1759年，在《国富论》于1776年出版之前，就已经出过四版，后来又出过一版。斯密本人把这部书看得比《国富论》更重要，去世前修改和扩充的就是这部书。最重要的扩充是增加了一章《论由钦佩富人和大人物，轻视或怠慢穷人和小人物的这种倾向所引起的道德情操的败坏》。斯密所说的"钦佩富人和大人物，轻视或怠慢穷人和小人物"，放到今天来看，一点没有过时。

斯密在书的开篇处写道，"无论人们会认为某人怎样自私，这个人的天赋中总是明显地存在着这样一些本性，这些本性使他关心别人的命运，把别人的幸福看成是自己的事情，虽然他除了看到别人幸福而感到高兴以外，一无所得。这种本性就是怜悯或同情，就是当我们看到或逼真地想象到他人的不幸遭遇时所产生的感情。我们常为他人的悲哀而感伤，这是显而易见的事实，不需要用什么实例来证明。这种情感同人性中所有其他的原始感情一样，绝不只是品行高尚的人才具备，虽然他们在这方面的感受可能最敏锐。最大的恶棍，极其严重地违犯社会法律的人，也不会全然丧失同情心"。

"怜悯"和"同情"的人性基本要素构成了斯密所说的"道德情操"（moral sentiments），也形成了"和蔼可亲和令人尊敬的美德"。人在这些道德情操中得到满足，人有美德是为了实现自己的人性，也是出于"自爱"（self-love），"我们渴望有好的名声和受人尊敬，害怕名声不好和遭人轻视"。我们有两种争取受人尊敬的途径，"一条是学习知识和培养美德；另一条是取得财富和地位。我们的好胜心会表现为两种不同的品质。一种是目空一切的野心和毫无掩饰的贪婪；一种是谦逊有礼和公正正直"。只有后一种才是真正的美德。

诉诸"自爱"的同情不是滥情的、浪漫化的情感，而是一种实在的美德社会效应。它只是在好人受尊敬、坏人受鄙视的社会里才起作用。如果一个社会的道德已经普遍败坏，好人老受欺负，坏人经常得志,那么,同情的美德便不可能诉诸自爱。相反,如果有同情美德的人因为出头替弱势者说话,每每遭受打击报复,那么,大多数人便会错误地以为,这是他自己不识相、多管闲事,倒霉是他咎由自取。

(2)控制利己与热爱自由

如果说《道德情操论》的斯密是一位道德哲学家,那么《国富论》的斯密则是一位政治经济学学者。长期以来,研究和讨论斯密著作和思想的论者差不多都把斯密看作伦理学上的利他主义者和经济学上的利己主义者——前者的出发点是同情心,而后者的出发点则是利己主义——这便是著名的"两个斯密"的论点。不同意这一观点的论者主要从两个不同的途径来统一这两个看似不同的斯密。

第一个途径是强调"经济人"。这种论点认为,斯密在《国富论》中论证"经济人"的出发点与《道德情操论》是一致的——都是从人的利己主义本性出发,但都需要约束利己的本性。例如,他在《道德情操论》中写道:"毫无疑问,每个人生来首先和主要关心自己。"他把改善自身生活条件看作"人生的伟大目标"。这种论述在《国富论》中发展成为表述自利行为动机的名言:"我们每天所需要的食料和饮料,不是出自屠户、酿酒家或烙面师的恩惠,而是出于他们自利的打算。"《道德情操论》和《国富论》在论述的语气、论及范围的宽狭、细目的制定和着重点上虽有不同,但在本质上却是一致的。对控制利己主义的行为,《道德情操论》寄重托于同情心和正义感,而《国富论》则寄希望于自由竞争机制。在一个没有同情心和正义感的社会里,是不可能建立真正的自由竞争机制的。

第二个途径是强调"'自然自由'的制度"(the system of natural liberty)。斯密认为,"自然自由"是在解除了一切君主(或政府)限制后自然形成的简单制度。它是一种自然正义的状态,"一切特惠或限制的制度,一经完全废除,最明白最单纯的自然自由制度就会树立起来。每一个人,在他不违反正义的法律时,都应听其完全自由,让他采用自己的方法,追求自己的利益,以其劳动及资本和任何其他人或其他阶级相竞争"。被称为"低端劳动力"的人们来到城市,只要他们不违反正义的法律,他们就应该有自由用自己的方式争取自己的利益,追求自己的幸福,这就是他们的"梦"。他们与他人的竞争正是以这样的原则为基础的,任何人破坏这样的原则,无论是以什么名义,都是对正义法律的践踏。

在一个道德社会里,自然自由秩序即为正当秩序,它本身就是一种值得追求的价值,斯密的这个观点在18世纪启蒙思想家们当中是很普遍的,这样一种想法并不等于是自然放任(libertarianism),因为它为君主和政府留下了他们应有的统治和管理位置。正如美国政治学家格特鲁德·希梅尔法布(Gertrude Himmelfarb)在《现代化的道路》(The Roads to Modernity)一书里指出的,在一个具有公正权威的国家里,"按照自然自由的制度,君主只有三个应尽的义务——这三个义务很重要,都是一般人所能理解的。第一,尽可能保护社会,不让社会受到侵犯。第二,尽可能保护社会中的各个人,使其不受社会上任何其他人的侵害或压迫,这就是说,要设立严正的司法机关。第三,建设并维持某些公共事业及某些公共设施(其建设与维持绝不是为着任何个人或任何少数人的利益)"。

那些被当作"低端劳动力"的人,为什么连自生自灭的权利都没有?他们作为社会公共生活成员的保障在哪里?饱受歧视和排斥对待的他们,可以说是生活在一个道德社会里吗?如果不是,那么,这个社会所受到的道德损害就不只是"低端劳动力"的,而且是社会中每一个人的。有人为这种歧视和排斥行为叫好:"干得漂亮!这次行动,解决了大伙儿多年的心病!"这种叫好声里透出一种足以令整个社会都心寒的冷漠和无情。在苏格兰启蒙的道德哲学里,人类以同情心和同理心,而不是冷漠和无情来相互对待,是因为从同情心和同理心可以见出人类的道德——如果我们以冷漠和无情的方式对待他人,那么,我们便成为不人道、不道德的个人。

第八章　认知错觉和认知偏误

批判性思维需要认真对待认知错觉和认知偏误。认知错觉的"错觉"又称为"幻觉"(illusions)，德国心理学者吕迪格尔·波尔(Rüdiger F. Pohl)在他编辑的《认知幻觉：思想、判断和记忆的谬误和偏误手册》(*Cognitive Illusions: A Handbook on Fallacies and Biases in Thinking, Judgment and Memory*，下称《认知幻觉》)一书里指出，认知幻觉是从"视觉幻觉"(optical illusions)而来的一个喻说，"一个现象之所以可以称为幻觉，是因为它导致知觉、判断或记忆偏离真实"。对不同的幻觉，确定"真实"的标准和难度是不同的，"对视觉或记忆幻觉来说，什么是真实可以立即弄清楚（因为主观的知觉或回想可以与实际存在的或原始的刺激物做比较），但思考和判断的真实就不那么清楚了"。因此，要判断一个思考的结果是否真实，难度也就要高许多，因为这种思考的幻觉经常是不易察辨的认知偏误。

诺贝尔经济学奖获得者丹尼尔·卡尼曼(Daniel Kahneman)在与美国杂志《我们的科学》(*Science of Us*)的一次访谈中指出，认知偏误起作用的方式类似于视觉幻觉，"在视觉的感知中有一个压抑歧义(ambiguity)的程序，所以你只选择某个单一的选择。因此你就对歧义浑然不觉"。压制歧义是因为不能容忍"模糊",在非白即黑的思维里,歧义或模糊成为一种对封闭思维"清晰明了"的威胁。米兰·昆德拉在《不能承受的生命之轻》中说,表面上清晰明了的谎言,背后却是晦涩难懂的真相,指的就是这种对意义的人为封闭。懒惰和偏执的思维需要对意义进行封闭(the need of closure),偏误即为其体现,也是压抑歧义的结果。偏见不愿承认,歧义代表事物或问题的矛盾性和丰富性,以及对事物或问题的不同解释和看法。作为偏见的对立面,批判性思维的一个重要特征就是全面、公正、多方面地了解一个事物或一种观点,承认并认真对待其可能的意义模糊。

因此,批判性思维并不是为了排除歧义和取得某种单一的结论,而是排除单一性的幻觉偏见。所幸的是,思考和判断的认知幻觉(认知偏误)一旦被破除,那就会比视觉幻觉容易避免。视觉幻觉比认知幻觉来得顽固。即使旁人指出我们的某种视觉幻觉,告诉我们,你看到的不是真实的景象,但还是难以改变我们眼睛的知觉方式,魔术就是这么玩起来的。但是认知幻觉有所不同,克服幻觉虽不容易,但还是会有成效。不过,那经常不是一劳永逸的成效。波尔说,"有的幻觉,只要有正确的指导,仔细挑选的材料,或者某些程序变化,就能减少甚至消除。……但对其他的幻觉,大多数消除幻觉效应的努力未能成功"。为什么未能成功呢?因为即使我们了解了某种认知错觉在某一件事情上的表现,这并不能保证我们在其他事情上不会因为同一种认知错觉而上当受骗。

1. 并不可靠的直觉和常识

错觉是指,在发现某事物不真实之前,我们误以为它是真实的。从词源上说,这种错觉与上当受骗、愚弄蒙蔽、魔幻戏法有关。例如，光的魔幻作用制造了彩虹，魔术师的戏法让人对眼前的景象真假不辨，托马斯·曼在小说《马里奥和魔术师》里就是用魔术师的戏法来隐喻意识形态对人的欺骗、愚弄和洗脑。人们一般认为，错觉起作用，是因为我们不知道真相。

但是，在我们知道真相的情况下，就一定不会再有错觉了吗？如果说错觉是一种"主观看法"（它的对立面是"客观事实"），那么，启蒙主义的教育理想认为，只要人们对错误知觉本身有所认识，他们就能摆脱错误的影响，不再有错误的看法。不幸的是，实际情况却经常并非如此。

这是因为，人对事物的"看法"并不全然是认知（或缺乏认知）的结果。人在形成看法时，无法彻底摆脱一些天性力量的支配和影响——直觉、本能、情感。例如，我们看视觉幻觉图或魔术表演，明明知道那是幻觉或戏法，但我们的眼睛还是会信以为真。我们"知道"什么并不能实际影响或改变我们"看到"什么，我们注定不能摆脱错觉的困扰。

根深蒂固的错误视觉看法对我们了解认知或其他方面的看法是一个启发。正如心理学家齐亚德·麦勒（Ziyad Marar）在《欺骗》（Deception）一书里所说，"人性的配置使我们以一种特定的方式去理解世界，针对现实中那些与我们'目的'相关的方面，'推理'并'达成一致'。我们对世界的最基本的看法严重地受到某些我们看问题方式的限制。同样，正如许多经验的结果所显示，在更高的思维层次上，如说理和社会交往、认识世界、彼此理解，我们可以发现更具欺骗性的看法限制"。

在更高思维层次上，我们之所以会对自己和对他人有所欺骗——错觉、谬误、偏差、扭曲——并不仅仅是因为我们对此认知不足，而是由于人类的心理构造在进化的过程中变得如此，不是短期内能够改变的。对这些错觉和偏误，我们需要增强认知和进行自我教育，但不能期待用这样的认知和教育来改造人性或塑造新人，因为那是不可能的。这样的认知和教育，其意义在于帮助我们对自己的"天然错觉"有足够的自我意识，并由此尽量降低"天然错觉"对我们思考的不当影响。

通往真实信念的道路从来就不顺直平坦，而是崎岖曲折，随时会有沟坎。人的思考经常不符合逻辑，而是由偏见、臆想和猜测在导向。而且，人们从思考（想明白）得到乐趣和良好的自我感觉，而没意识到这种良好自我感觉借助的是错觉倾向的自我欺骗力量。人的自然错觉倾向让人在不知不觉中受其摆布，方便而容易地扭曲事实，让错综复杂的事情变得简单明了，易于预测和解释，显得连贯一致，容易接受，更便于我们为自相矛盾的行为寻找借口，为错误的行为开脱责任，为荒唐的选择找到理由。但是，这种错觉及其行为是有代价的，它们背离真实、在虚假的良好自我感觉中变成傲慢和霸道，因为有效自欺而变本加厉地欺骗和伤害他人。思想的自欺会有严重的现实后果，正如撒切尔夫人所说："注意你的思想，因为它们会变成行为。注意你的行为，因为它们会变成习惯。注意你的习惯，因为它们会塑造你的性格。注意你的性格，因为它会决定你的命运。"认识思维过程中的错觉不仅对个人有认知教育的作用，还有培养公民品格的意义。

英国作家和心理分析师梅莉恩·米尔纳（Marion Milner）在《论不能作画》(*On Not Being Able to Paint*) 一书中说，她发现，无论自己如何在纸上随意画出线条，都会有某个熟悉可辨的图像迅速浮现出来，"那些胡乱画出的线条总是显得像是某个物件，而我则马上又会添上几笔让它变成那个物件。在这样的时刻，我像是不能在较长一段时间里忍受笔下浮现出来的混乱和不确定，像是被驱使着非把涂鸦变成可辨的完整图像不可，尽管我寻求表现的想法和情绪还没有发展到那个阶段。结果便是一种虚假确定的感觉，一种强制和欺骗性的清晰。这是常识专制的胜利，看一个物体就是那个物体，其代价是，因此而无法尝试辨认另一个不同的物体，一个用想象形成的而不是常识现实中的物体"。

我们都有类似的经验，看到任何两个平行的圆点，稍下方有一道短线条，就会将它们辨认为一张脸的图像。这样的图像给了圆点和短线一个我们可以辨认的熟悉秩序，我们对无序的承受力和忍受力都非常有限，会不由自主地把熟悉的秩序强加于原本相互无关的事物，使之有所联系，形成秩序。这几乎是我们对它们唯一可能的理解方式。这是我们的一种天赋能力，但也可以是我们的天然缺陷，使我们在面对复杂事物时自然而然地趋向于简单化的理解，限制在某种狭窄的视角内。就算我们在认知上知道不该这样看待某个事物，但直觉、感觉和情感却仍然作用于我们的看法，我们还是不能完全避免用这样的眼光来看待那个事物。在视觉经验上如此，在更高层的思考方式中也是如此。

我们所用以解释不同事物之间联系的因果关系就是一个例子。察觉或建立因果联系是人类思考的一种重要解释功能，是人类的天赋，但也是人类的弱点。休谟早就指出了"因果关系"（causation）与"相关"（correlation）的区别。天亮不是公鸡打鸣的结果，明白这个道理并不等于就已经能摆脱别的谬误因果推理。人能够在很短时间内"本能解决"复杂思考问题的能力，但也因此难以避免许多偏误和臆测。本能反应与证据过程中一步步小心求证是不同的。请看这样一个例子，"琳达是一位31岁的单身女子，单身，坦率直言，聪明能干。她的专业是哲学,她在学生时代就关心各种社会歧视和非正义现象,参加过反核战的游行抗议"。你不妨测试一下自己,接下来的两句话中的哪一句更可能是真实的:第一句,"琳达是银行的出纳员",第二句:"琳达是银行出纳员和妇女运动积极分子"。85%接受测试的人都说是第二句。

仔细想一想就知道为什么这个答案其实是错误的了。这是因为"妇女运动积极分子的银行出纳"是"银行出纳"中的一部分,人数一定比后者少,因此后者的概率一定比前者要高。为什么人们普遍会出这样的错呢?这是因为,我们会自然而然地认为,那个对琳达个人背景的叙述里,每一个信息都是相关的。古生物学者和科技作家斯蒂芬·古尔德(Stephen Jay Gould)特别喜欢这个例子,他说,就算他在经过别人的分析之后,"我头脑里还是会蹦出一个'人造人'(Homunculus),对我说,'她不会只是一个银行出纳吧,你再仔细读一下她的简介'"。每一点提供的信息都不是白白提供的,这是一个具有合理性的假设,但是有没有其他的可能呢?没有考虑或拒绝考虑其他的可能,这是否也是合理的呢?就在我们专注于某种合理性的时候,我们排斥了另一种合理性。心理学家欧文·戈夫曼称此为认知"设置框架"。这就像一幅图画一样,图画的框架是人为设置的,就在框架把我们的目光集中在框内图画上的时候,它也让我们不再关注框架之外的东西。

人的目光注视范围总是有限的,想象力也是如此。当被小框架框住了的时候,我们难以想象框架外能有多大的天地。这是我们天生的认知弱点,与聪明和愚蠢没有什么关系。传说一位名叫西萨(Sessa)的印度大臣发明了国际象棋,国王十分高兴,决定要重赏他。西萨说:"我不要你的重赏,陛下,只要你在我的棋盘上赏一些麦子就行了。在棋盘的第1个格子里放1粒,在第2个格子里放2粒,在第3个格子里放 4 粒，在第 4 个格子里放 8 粒，依此类推，以后每一个格子里放的麦粒数都是前一个格子里放的麦粒数的 2 倍，直到放满第 64 个格子就行了"。国王想，不过是几粒麦子，于是同意如数付给西萨。计数麦粒的工作开始了，还没有到第二十格，一袋麦子已经空了。一袋又一袋的麦子被扛到国王面前来。但是，麦粒数一格接一格飞快增长着，国王很快就看出，即便拿出全国的粮食，也兑现不了他对西萨的诺言。原来，所需麦粒总数为 18446744073709551615。这些麦粒究竟有多少？如果造一个仓库来放这些麦子，仓库高 4 米，宽 10 米，那么仓库的长度就等于地球到太阳的距离的两倍。而要生产这么多的麦子，全世界要两千年。尽管国家非常富有，但要这样多的麦子他也是拿不出来的。

非常小的框架可以提供简单明了的常识规则，但它阻碍我们看大图画的能力。有许多事情是直觉和常识无法把握的，许多认知偏误都是由不当依赖直觉和常识造成的。

2. 形形色色的认知偏误

吕迪格尔·波尔编的《认知幻觉》挑选了 21 种"幻觉"，每一种幻觉都由专家特别撰文详细介绍相关的研究成果、争议和文献，是一部厚重而权威的学术论文集。从这 21 种认知幻觉来看，许多归入认知错觉的现象也被其他认知心理学者归入由"捷径思维"导致的认知偏误（常被称为"捷思—偏误"），如"联想谬误"（conjunction fallacy，如错误因果关系）、"确认偏误"（confirmation bias）、可用性（availability，一种捷径思维）、用代表性来判断（judgment by representativeness，一种捷径思维）、锚定效应（anchoring effect）、事后诸葛亮效应（hindsight effect）。当然也有比较特殊的认知幻觉，如波莉阿娜效应（Pollyanna Principle，永远能看到坏事的好处)、记忆方位幻觉（orientation illusions of memory)、摩西幻觉（Moses illusion)。

摩西幻觉是这样的，如果被问到，"摩西把动物带上方舟，每种动物各带几只？"大多数人会回答，"两只"。即使他们知道，《圣经》故事里说的是诺亚而不是摩西，他们也还是会这么回答。这里涉及的幻觉是指，某些错误信息与人们已有的知识有矛盾，但人们会不注意或忽视这种矛盾。

许多认知心理学家都认为，幻觉是人类与生俱来的，人有幻觉是常态，不是例外。人的许多认知偏误也是常态，不是例外。为什么会是这样呢？对此有不同的解释，其中最有影响的一种是关于捷径思维的理论。它提出，人能够进行两种不同的思维，一种依靠逻辑和或然性理论，另一种则依靠经验和直觉。后一种即为捷思，它在很多情况下是有效的，但也会导致许多认知偏误（并非所有的认知偏误都是由捷思导致的)。

人们用捷思来解决问题或作出判断，虽然结果并非最佳，但能应付眼前的需要。在寻求最佳解决不可能或不适宜时，直觉的捷思有它的用处。德国认知和社会心理学家格尔德·吉仁泽（Gerd Gigerenzer）在《直觉：我们为什么无从推理，却能决策》（Gut Feelings: The Intelligence of the Unconscious）一书中讨论的直觉决策就是一种捷思的决策，"试验证明，在95%的情况下，依靠直觉就能作出正确的决策。人脑是个超级计算机，在不知不觉中就处理、省略、精练了大量信息，让人只凭少量的信息就能在瞬间作出反应，反之当大脑考虑的变量越多，越难作出正确的决策。一言以蔽之，在绝大多数情况下，你想得越多错得越多，你就是吃了想太多的亏！"

直觉决策的捷思是一种简便思考方式，可以减轻认知负担，但却可能带来严重的系统性的错误。直觉决策在 95% 的情况下正确，这本身就可能是一种"确认偏误"——有选择地用许多直觉决策正确的例子来证明这个看法，而排斥了反面的例子。要证明直觉决策（拍脑袋决策）可能犯错误，同样可以在现实生活中找到许多的例证。而且，"直觉"并不一定是天生的，而是在特定的环境下习得的。"文革"时期，"直觉"告诉人们，接近"黑七类"会受资产阶级思想影响，阅读"封修资"书籍会思想中毒。今天还是有人直觉地相信与艾滋病人接触会传染上艾滋病，这样的直觉会让人产生歧视，对"危险"的人唯恐避之不及。这时候动脑筋想一想比凭直觉要更能做出正确的决定和付诸正确的行为。

直觉不能一概而言，不同的人，因经验、知识、思考能力的差异，直觉决定正确性的概率会有很大的差别。一般而言，常见的捷思经常依靠经验性规则（rule of thumb）、据理猜测（educated guess）、运用常识、大致归纳（profiling）。有的捷思是出于环境的需要，在极短时间里仓促决定，无暇细思慢想，只能用这个方式来考虑问题。有的捷思是人思考过程中的障碍和失灵，是为"偏误"。

认知偏误是在我们思维过程中的障碍或局限，但这也是"人之常情"，我们谁都无法凭直觉想象需要多少麦粒才能放满一个象棋的棋盘。中国成语、俗语、谚语中有许多形容愚蠢和不良行为的说法，其实都是普通人都可能有的认知偏误，如三人成虎、疑人偷斧、掩耳盗铃、守株待兔、刻舟求剑、事后诸葛亮、墙倒众人推、疑心生暗鬼、破鼓万人捶、杞人忧天、捡了芝麻丢了西瓜、王婆卖瓜自卖自夸、一朝被蛇咬十年怕井绳、人心不足蛇吞象、这山望着那山高、好了伤疤忘了疼、癞头儿子自己的好。一般人对认知偏误的认识基本上是有俗语无术语，现代认知心理学对许多这样的认知心理形成了概念和术语,让它们有了专门的名称。下面就再举一些常见的认知偏误例子。

确认偏误：人天生就喜欢别人与自己有同样的想法,找同类的人当朋友,访问与自己观点或看法一致的网站,政治观点相同或相近的人们互有好感,老乡见老乡两眼泪汪汪。这种偏好是自然而然的,是一种无意识的选择。同样,我们一旦对某个事物有了看法,便会选择有利于这个看法的证据,或对"客观事实"作出有利于证明自己看法的偏向性解释。因此也就会忽视或排斥不利于看法的证据或解释。互联网时代的信息爆炸和"回音室效应"更是加剧了许多人的确认偏误。

内群体的偏误（Ingroup Bias）：这是一种与确认偏误相似的思维偏差,人群有部落化的倾向。进化心理学认为这与人的"爱的催产素"（Oxytocin）有关,是脑下垂体后叶荷尔蒙之一种。它使人与同族群人形成紧密联系,排斥外族群的"外人"。尤其是在发生族群间的冲突和战争时,不管同族群内部曾经怎样相互仇恨和杀害,都会一致对外,也就是所谓的"血浓于水"。"母亲打儿儿不怨",自己人总比外人好、胳膊肘朝里拐、家丑不可外扬等等因此而成为一种思维定式。鲁迅批评有人相信"到底还不如做自己人的奴隶好",说的就是这个。

赌徒谬误（Gambler's Fallacy）：虽说是一种"谬误",其实是一种思维障碍。我们注重以前发生过的事情,以为那些事情会对将来有所影响。有时候确实如此,有时候却并非如此。例如,抛硬币赌运气,如果一连数次都是反的,我们会以为下一次总该是正的了吧。其实每一次的概率都是50%。赌徒越是输,就越觉得下一次准会赢,所以欲罢不能。与赌徒谬误有关的是"正面期待偏误"（positive expectation bias）,这也是赌博成瘾的一个原因,因为它让赌徒输了就觉得自己会时来运转,而赢了就觉得"很顺手",还想继续再来。"天下大势,分久必合,合久必分"的说法也是一种变相的赌徒谬误。

购后合理化：又称事后合理化，许多人买了东西，掏出钱来之前反复犹豫，但买了之后，不管是不是花了冤枉钱，都会说服自己说值得。心里越懊恼，越会找出该买的理由，这样才能消除懊恼带来的不爽和痛苦。购后合理化又叫"购买者斯德哥尔摩综合征"，这是在下意识中平衡花钱的懊恼和购物的愉快。这种认知偏误在其他决定选择时也经常发生，是一种"认知失调"——自己得不到的葡萄是酸的，自己有的柠檬则是甜的。

归因谬误（Attribution Error）：归因是指从一个人的行为推导出他的行为动机或因果关系。归因谬误是指这个推导过程或结果中的错误。归因有两种，一种是情境归因（situational attribution），强调外因，将个体的行为归因于情境或环境。另一种是性格归因（dispositional attribution），着重于内因，将个体的行为归因于他的性格或品质。归因谬误经常表现为，同一种行为，尤其是不良行为，对别人总是强调内部原因（如愚蠢、没教养），对自己则强调的是外部原因（如身不由己、迫不得已）。

选择性观察偏误（Observation Selection Bias）：由于某个偶然原因而突然开始注意到以前没有注意的现象，而且误以为这一现象频频发生或特别严重。牙齿某个地方不舒服，用舌头舔，越舔越不舒服。自己买了一个牌子的车，一下子觉得大街上到处都是这个牌子的车。肃反的时候，到处都是特务奸细；阶级斗争之弦紧绷的年代，满眼都是阶级敌人。疑人偷斧也是这样，偶然注意到了什么疑点，有了疑心，越看越觉得处处都有证据。也正如美国社会心理学家马斯洛（Abraham H. Maslow）所说，手里拿把锤子，满眼都是钉子

维持现状偏误（Status-Quo Bias）：人有害怕变化的天性，因此在结果不确定的变化面前会裹足不前。就算拿"树挪死，人挪活"的话

从认知上来鼓励变化，但心理仍然会忐忑不安。中文的"一动不如一静"，英语的 If it isn't broke, don't fix it（不破就不修）都是表现这种心态的谚语。维持现状偏误是恐吓性宣传能够奏效的心理基础。

负面偏误（Negativity Bias）：人们对负面消息的关注程度远超过正面消息。从进化心理学来看，这一心理特征有助于我们对危险的事情保持警觉，但它也会对我们的客观评估造成障碍，形成偏见，影响我们的正确判断和决定。2016 年美国总统大选中确实有许多抹黑和恶意攻击的现象，但就此把民主选举说成是闹剧和丑剧，予以挖苦、丑化和彻底否定，便是负面偏误的结果。

随大流效应（Bandwagon Effect）：人都喜欢随大流，因为这样轻松自在，没有离群独处的焦虑或压力。就算特立独行的人也不会在心理上没有压力感。大家怎么说，我也这么说，至少不会错。这是一种方便但不可靠的捷思。随大流的问题不在于它本身，而在于它对个人思考造成的障碍和扭曲。尼采说，疯狂在个人是例外，在群体是常态。弗洛伊德持相似的看法，他的《集体心理学和自我的分析》(*Group Psychology and the Analysis of the Ego*) 一书受勒庞《乌合之众》的影响，他认为"人群冲动、善变、躁动"，人身处于人群而随波逐流，很快就会倒退到不成熟的状态中去。

只顾眼前的偏误（The Current Moment Bias）：人对未来的想象能力天然受到限制，对未来的变化要么过分乐观（乌托邦），要么过分悲观（反乌托邦），或者选择根本不去多想，即所谓的"今朝有酒今朝醉，管他明日是与非"（是否与唐代诗人罗隐的"今朝有酒今朝醉，明日愁来明日忧"有关，有兴趣者不妨考证一下）。

锚定效应：又称"比较的陷阱"(relative trap)，指的是以非常局限的对比项进行对比。例如，先用一个对比项设定一个很低的标准，然后证明另一个对比项的高明和优越。安于现状是常见的锚定效应，人们倾向于维持现状，常常对变化表示担忧。除非利益明显大于风险，否则很多人不倾向于改革。忆苦思甜，知足常乐，都是我们熟悉的例子。

当然，还有许多其他的认知偏误在我们的日常思维中也很常见，如心理投射偏误（Projection Bias，"我这么认为，有理智的人都这么认为"）、忽略或然性（Neglecting Probability，"坐飞机太危险，会摔死"）、事后明见偏误（hindsight bias，事后诸葛亮）、以偏概全偏误（Availability Bias，看到有人买彩票发财，以为买彩票也是自己的发财之道）、自我中心偏误（Self-Serving Bias，我的敌人的敌人就是我的朋友）、印象联系偏误（Apophenia，戴眼镜的都是知识分子，"黑七类是坏人""红五类是好人"）、光环效应（Halo Effect，名牌就一定好，名人就一定有能耐）等等。

认知偏误既然是"人之常情"，认识和了解认知偏误的目的是否就只能是由于理解就接受认识偏误呢？心理学家哈塞尔顿（Martie G. Haselton）等人在《认知偏误的演化》（The Evolution of Cognitive Bias）一文中指出，"无论是在内容上还是在倾向上，认知偏误都不带有强制性（arbitrary）"，也就是说，这种偏误并不是非犯不可的。认知偏误是可以控制的，也是可以"去偏误"的（debiased）。心理学家罗伊·鲍曼斯特（Roy Baumeister）和博伊德·布什曼（Boyd Bushman）在《社会心理学与人性》（Social Psychology and Human Nature）一书里指出，"去偏误"是通过引导和鼓励，用自控的思考程序来取代自动或习惯性的想法。这也是学校教育训练学生批判性思维的一个主要内容。

有人提出，应该用提倡常识思维的办法来对抗意识形态灌输，因为意识形态总是以某种真理或高深的理论来显示自己的力量。因此，借用常识的力量可以用"朴素的直觉胜过知识理性"。应该看到，这只是一种策略性的姿态和想法，其实并不可靠，也可能是一种认知偏误。我们现在知道，常识或直觉思维只是严格理性思维的一种捷思代用品，一种在特定环境或场合中可能局部有效的临时方案，但难免会有出现漏洞、发生障碍和失灵无效的情况。每当这种情况发生的时候，就会对我们的思考、判断、决定和行为产生不利的，甚至有严重负面效应的影响。正因为如此，了解和认识认知偏误的目的并不是为了鼓励在思考复杂的问题时运用直觉，而是要尽可能谨慎周全地运用好逻辑、理性论证的批判性思维。

3. 拐骗儿童与疑人偷斧

有一篇《男子疑好心送女孩上学 被当人贩子遭多人围殴》的报道说，2016年9月，四川简阳石板镇，49岁的钟全友本想做好事骑车送一个5岁小女孩去上学，却被当成"人贩子"，遭到多名男子殴打，致头部多处骨折。两个多月来，钟全友的儿子钟志强，一直在试图证明自己的父亲并非"人贩子"。他告诉记者，"事情发生后，我感到他们看我的异样的眼神，我只是想证明，我父亲不是人贩子"。直到11月17日，当地派出所通过两个多月的调查，出具了一份不予立案通知书，通知书显示，目前的证据并不支持钟全友"抢娃娃"的行为。钟志强这才"感觉心里的石头终于落了地"。

据报道说，警方只是"暂不予立案"，而当事人5岁小女孩的奶奶则拒绝在"不予立案"的通知书上签字。直到11月18日，她都没有去派出所。她不接受警方目前的调查结果，因为她不能理解钟全友"这个陌生人为啥子要抱我们家娃娃呢？"

这件事看上去像是"疑人偷斧"——钟全友因为别人的错误怀疑而被当成了人贩子。其实没那么简单。疑人偷斧原来的故事是，有个乡下老头儿,丢掉了一把斧头。他怀疑是邻家的儿子偷的,就很注意那个人,总觉得他走路的姿势、面部的表情、说话的声音、动作、态度,无处不像是偷他斧头的人。疑人偷斧是一个典型的"确认偏误"(confirmation bias),这是一种验证性偏见:有了一个想法后,选择性地用证据来支持这个想法,而完全排除不利于这个想法的事实。与许多成语故事一样,《列子·说符》里的"疑人偷斧"是一个没有具体情境的、简化了的故事,因此不能不加分辨地直接套用于特殊情境中的具体事件。

发生在石板镇的这个事件里,为什么那位奶奶和旁观者认为钟全友是人贩子呢?首先,钟全友送一个陌生的女孩,如何理解(看待)这件事,也就是如何构建关于它的"事实"。著名社会学家欧文·戈夫曼在《框架分析》一书中指出,人们是在特定的认知框架(frame)里理解行为现象的,框架不同,理解也就不同。

框架指的是人们共有的对情境的理解,他们从这个框子看待事物,确定如何理解情境中发生的事情和自己与它的关系。所谓的"社会现实"其实是人们在理解的框架里构建的。阶级斗争就是这样一个框架,它构建了"两条路线斗争""人分红黑三六九等""无产阶级战胜资产阶级""社会主义战胜资本主义"等等"现实"。人们用这个框架去看待周围的事物和自己与它的关系,决定该或不该做什么、该或不该扮演什么角色、何为合宜或不合宜等等。

不同的框架会造成对同一现象的不同理解,对之确定不同的意义和自己与它的关系。戈夫曼举了这样一个发生在旧金山的例子:一个人面朝天地躺在交通繁忙的 Powell 街上,街上的车子堵塞了好几个街区。一位妇女走到这个人跟前,准备给他做人工呼吸。这个人抬起头来对她说,"太太,我不知道你要玩什么游戏,但我是在修电车啊"。

修车师傅和好心的太太玩的不是一个"游戏",他们对情境用的是不同的理解框架,那太太的框架有误,所以误会了修车师傅。

发生在石板镇的人贩子事件与此相似,如果说钟全友是真的好心送陌生女孩去上学,那么,她奶奶用来理解眼前景象的则是一个完全不同的解意框架。在她的框架里,钟全友不是在做好人好事,而是在拐骗儿童。

但是,判断这件事情里谁对谁错要比旧金山街上修电车这件事棘手得多。修电车是明摆着的,但钟全友是否要做好事却是存在于他头脑里的意图和动机,他没有办法证明这就是他要做的事。显然,那些参与殴打他的旁观者(群殴当然是不对的)并不认为他有那么善良的意图和动机。他们是用女孩奶奶的理解框架在看待他的行为,也认为他是在拐骗儿童。如果钟全友真的要做好事的话,他的"个人框架"与石板镇民众的"社会性框架"显然错位了。

社会学家彼得·伯格(Peter Berger)和托马斯·卢克曼(Thomas Luckman)在《现实的社会构建》(*The Social Construction of Reality*)一书里指出,虽然每个人都可以构建现实(设置他认为是正确的框架),但社会里会"有一个最典型现实 (reality par excellence)",那就是被普遍认为是真实的日常生活现实。我们当然不应该把这个现实当作确定无疑的客观现实(这可能是一个错觉),但这个日常生活现实在影响人们看待事物的方式却是一个不争的事实。伯格和卢克曼指出,日常生活现实是一种"主体间的世界"(intersubjective world),也就是一个可以与他人分享,大家都认为如此的世界。它并不一定就是客观真实的,但确实是人们对现实的普遍看法。

女孩奶奶疑心钟全友有拐人嫌疑并不是出于对他的成见,这与疑人偷斧的故事是不同的。她疑心,是因为在她印象中,"此前村里就发生过几次未遂的'抢娃娃'的事情"。她用以观照日常生活现实的理解框架——处处有坏人，不能不提防——与许多人是一样的，因此比"好人好事处处有"的框架要更为典型，也更具伯格和卢克曼所说的社会性和日常生活真实性。

在道德不良的社会环境里，就像人们的负面现实感会影响他们做好事的意愿一样（见死不救是因为害怕被讹），现实感觉也会大大增强人们对做坏事者的警觉。拐卖儿童和人贩子的事经常发生，在这样的日常生活环境里，陌生人接近儿童，甚至要抱上自行车骑走，确实会令人不相信是在做好人好事。

在日常生活里，社会性的认知框架经常是隐而不见的，它形成的规则（或潜规则）需要仔细留意才能察觉。但是，这种认知框架在发生偏离的时候，却会一下子变得清晰起来，就像"社会偏离"发生时，平时隐而不见的规则因为遭到破坏而暴露出来。

由于拐骗儿童的事件频繁发生，日常生活中的规则是，不要让陌生人靠近你的孩子，也不要随便靠近陌生的孩子，这与瓜田李下是同一个道理。人们以这样的规则或潜规则生活，习惯成为自然，平时没有人去细想，但一旦出了钟全友做好人好事这档子事情（姑且假定那是真的），规则便一下子因为被破坏和遭偏离而暴露出来。如何处理在接触陌生儿童问题上的"社会偏离"，成了警方的一个棘手问题。规则从隐而不见中浮现出来，进而连同其环境一起受到公众的关注，应该是一件好事。有效规则是在公众对现实的关注中形成的，现实虽然不美好，但至少我们知道该如何去应对这样的现实。

4. 老糊涂是怎样的"糊涂"

2017年7月，《每周科技播报》有一则消息说，爱丁堡大学的研究人员在《英国医学杂志》(BMJ) 发表的一项研究表明，人童年时期的智商与一生中罹患致命疾病的风险有相关性。这个研究跟踪调查了出生于 1936 年的 33536 名男性和 32229 名女性，研究者调查了志愿者们 11 岁时的智商测试成绩，以及他们老年时罹患冠心病、中风、癌症等疾病的情况。在排除了诸如性别和经济地位等多种混淆因素后，研究者们发现，童年时智商越高，79 岁以后罹患疾病而亡的风险越低。研究结论是，智商和寿命之间的相关性可能很大程度上依赖于高智商群体对患病风险因子有提前的认知。

姑且假设，高智商群体受过比较好的教育，所以是高知识人群。他们的健康和卫生知识有利于他们尽早采取措施，所以能较好地预防患病风险。但是，一个人老了，不仅身体会得病，思维也会迟钝和糊涂。如果说知识对察觉身体异状有用，那么，知识对察觉自己认知和思维能力衰退也同样有用吗？

因为年老而认知和思维衰退，对这种"变糊涂"也就是所谓的"老糊涂"，也能有同样的作用吗？老糊涂到底是一种怎样的认知和思维衰退呢？

葡萄牙波尔多大学 (University of Porto) 教授玛丽亚·品脱 (Maria da Graça Gastro Pinto) 在《读写对认知衰老的作用》(Effects of Literacy on Cognitive Aging) 一文中提出，在很大程度上，老糊涂是人的文字素质 (literacy) 衰退的表征，但也是其结果。这能让我们从人文的，而不仅是医学和疾病的角度，触及语言，尤其是人的读写能力与认知健康之间的关系。

两千多年前，苏格拉底就已经对老年智力衰退与语言的关系发生兴趣。他认为，人的智力与记忆的关系比与语言更为本质。他在《斐德罗篇》(Phaedrus) 中告诉斐德罗，只有"头脑简单之人"才会认为书面记录"胜过同样内容的见闻和回忆"。通过口头演说"铭刻在学习者灵魂中的智慧词句"远远胜过墨水写下的字词。尽管苏格拉底提出,对字母的依赖会改变人的头脑,而且不是让头脑变得更好,但他承认,书写可以是一种"抵抗老年健忘的帮助记忆手段",具有捕捉人的思想的实际益处。

人因为年老而变得糊涂,并不只表现为因记忆衰退而丢东拉西、前做后忘、记不得以前发生的事情。老糊涂更是表现在丧失了与他人交流所需要的理解和表达能力。记忆能力是一个人智力健康的重要指标,因为记忆不仅是你记得多少往事,而且是你对事物的理解和表达能力的积淀和累积。

美国著名人文学者沃尔特·翁(Walter Ong)在《口语文化与书面文化》一书中指出,即便在记录下他老师对写作价值的怀疑的时候,柏拉图对书面写作的作用还是肯定的,这表现在他对依靠记忆传承的口头诗歌的批评中。柏拉图看到,书面写作的逻辑、严格和自我完足在智能方面为人类文明带来了巨大的好处。这种好处已经体现在他自己的写作里了。沃尔特·翁写道,"柏拉图那入木三分的哲学思维之所以有可能出现,唯一的原因就在于书面写作对思维过程产生的影响"。

今天,人们对书写文字与人的认知,尤其是对认知中特别重要的理解和判断的关系已经有了苏格拉底所不具备的了解。人类有了文字之后,千百年间语言不断进化、发展,文字不仅成为个体记忆复杂信息的辅助手段,而且通过读写教育和实践培育发展了人的认知范围和智力深度。文字还使人与人之间彼此可以方便地交流,无远弗届。在纯口头文化中,思想受制于人类的记忆能力,知识就是人能记住的内容,而人能够记住的内容则受到头脑储存容量的限制。然而,在读写的文字文化中,思想的内容可以几乎无限地向深广扩展。

今天,"读写"(文字素养)已经不再是狭义的读和写,而是扩展为更为广义的"素养",不仅包括文字的读听写说,而且包括图像理解、数学或科学概念、合理怀疑、批判性思维等方面。健康而有活力的头脑必须具有理解、判断、怀疑、想象、批判的能力,这些都是与文字有关的素养。缺乏这种素养,人就落入了一种实际的"糊涂"状态。不可否认,今天许多人有这种痴呆症状,不是因为年老而丧失了原有的素养,而是从来就没有拥有过这种素养。他们因此一直处于糊涂状态,而浑然不觉。这样的人是最轻信、最没有主见和思考能力的,因此也是最容易上当受骗的。

这样的"糊涂"与人们一般所说的"痴呆"并不是一回事。它指的不是医学上所说的丧失情节记忆和语义记忆,而是语言思维迟钝、交流中理解和表意能力衰弱。糊涂人分辨不清什么是重要或不重要的、相干或不相干的、主要或是次要的。他们既不能准确地理解他人的意思,也不能清晰地表达自己的想法。这种糊涂青壮年时叫愚蠢(silly),年老时叫昏聩(dotard),叫法不同,其实都是缺乏理解和判断、头脑不清、不可理喻的意思。

5. 愚人节不是骗子节

在中国,愚人节被称为"节",先是有了错觉,将"愚人"错误地会意为"傻子",是有意无意地望文生义。在许多国人的印象里,愚人节差不多等于傻子的节日,一个傻子瞎乐,或者谁愿意,谁就可以充傻装愣的快乐日子。

正因为如此,愚人节还被用成了一个调侃和玩笑的说法。不过,调侃的并不是真傻子,而是扮演"有觉悟"的傻子,所以也连带调侃了诱人自愿扮傻的骗子。王小波写过一篇《有一些时期,每天都是愚人节》，调侃一些我们今天看来是荒诞不经的往事，其中就有"一亩地里能打三十万斤粮食"。王小波说，当时，他姥姥不信，"我们家里的人都攻击我姥姥觉悟太低，不明事理。我当时只有六岁，但也得出了自己的结论：我姥姥是错误的。事隔三十年，回头一想，发现我姥姥还是明白事理的"。

2016年愚人节的时候，有一则关于"愚人节"不符合中国文化传统、不符合社会主义核心价值观的微博，更是把愚人节推上了政治正确的风口浪尖，引来大众一片喧哗。其实，愚人节在西方既不是一个节日，也不是一个宣导价值的日子，它不过是一个许多人觉得"好玩"的传统习俗。

愚人节"好玩"，是因为在这一天有人会利用别人的轻信，开一些恶作剧玩笑（pranks）或散播一些不实的消息（hoaxes）。如果谁上当相信了，开玩笑的人就会冲着他，叫他一声"4月愚人"（April Fool）。

开愚人玩笑，需要在对方信以为真之后，挑明那是一个玩笑，不能当真。有的报纸和杂志在这一天会刊登一则假报道或假消息，但会在第二天刊登说明那消息是个玩笑，或在玩笑报道下面直接用小字加以说明。无论以什么方式开玩笑，其用意都是寻开心，不是欺骗。这与设下骗局贩售伪劣产品、有毒食品或不安全疫苗等等的欺骗作假根本不是一回事情。

愚人节开的一般是无伤大雅和无害的玩笑，当然，什么是"无伤大雅"或"无害"，这本身可能是有争议的。玩笑和幽默是文化的一部分，在一个可以公开说理和讨论的社会里，对玩笑的讨论本身就有文化和文明的教育意义。这类讨论不是抽象教条、颐指气使的说教，而是就具体的例子有事说事。

有许多这样的例子，例如，1957年BBC广播公司有一个三分钟的报道，说瑞士南部"意大利面条树"获得丰收，还有图像证明。当时，英国人很少有知道意大利面条的，不知道这种面条是用面粉和水制作的，所以许多人信以为真，纷纷联系BBC，询问如何才能在自己院子里也种植意大利面条树。几十年后，CNN还把这称为"有影响的新闻机构所开的最大玩笑"。

对BBC的这个玩笑，新闻媒体评价不一，2014年愚人节这一天，BBC以《这是最好的愚人节玩笑吗？》(Is This the Best April Fool's Ever?) 为题，回顾和检讨了这一往事，并指出，有的媒体认为这是一个"非常有趣的玩笑"，而另一些媒体则认为这是在"欺骗公众"。

赞同的一方认为，愚人节玩笑有益于人们的健康，因为好的玩笑能让人"捧腹大笑"，放松压力，消除紧张。书店里有各种愚人节玩笑的汇编，让人们知道，那些新奇、有创意、机警、幽默，对别人不造成伤害的才是好的玩笑。不赞成的一方则把愚人节的恶作剧和假消息视为一种操控，刁钻促狭，不厚道，甚至幸灾乐祸，以愚弄他人为乐。双方各有自己的道理，但也有共识，那就是，玩笑的底线是不伤害或羞辱他人，至于是否夸张失实，那倒是次要的。

不少玩笑都能让人们看到，虚与实、严肃和玩笑之间的差别其实并不那么绝对。愚人节那天发布的真实消息有时候会被当成一个玩笑。例如，2004年愚人节那天，谷歌宣布，它旗下的Gmail为每个客户提供1G的信箱内存，当时其他电子邮件服务所提供的内存最多不过是4MB，1G等于1024MB。几乎所有人都把这当成了愚人节玩笑，但谷歌却是认真的。

意大利作家和符号学家艾柯（Umberto Eco）与法国作家和演员托纳克（Jean-Philippe de Tonnac）在《这不是书籍的末日》(This Is Not The End of the Book) 一书里有一个关于"愚蠢"问题的交谈，他们认为，"愚蠢"

可分为三种，愚人（fool）、白痴（idiot）和智障（very low IQ）。智障是头脑有病，不是愚人，也不是白痴。愚人只是轻易相信不该相信的事，而白痴则是头脑不清，逻辑混乱，但偏偏自以为是。白痴说歪理，却非要强迫别人相信那是真理，"这就是为何白痴对社会有危害"，而愚人只是对自己不利。社会应该特别防范和警惕的是白痴，因为"白痴不满足于错误，他满世界嚷嚷，发出刺耳的言论。……把蠢话当真理来说"。

愚人节不是一个让人上当受骗的日子，而是一个提醒人们不要轻信，否则会上当受骗的日子。愚人节的玩笑和假消息就像供人娱乐，也令人思索的谜语一样，蒙骗不是目的，谜底马上揭晓，因此可以说是一种智力考试。这与骗子行骗，造假说谎，永不吐真言，以此力图永不被揭穿是完全不可同日而语的。

第九章　情感的昏智与认知

批判性思维与冲动的情绪是格格不入的，然而，情绪并不都是冲动的，完全没有情绪的批判性思维是苍白和冷血的，不可能成为有意义的行动。罗素说，小灾难来自固执，大灾难来自狂热。固执或者狂热都是冲动的情绪，理性是制约过度情绪的力量。倡导理性并不是为理性而理性，而是因为理性能帮助人类尽可能避免因固执、狂热或其他激情而造成的大大小小的灾难。当然，灾难也可能是由"理性"（表现为某种伟大的"教义""理论""思想"）所造成的，但是，在这些"理性"后面起作用的其实同样是骄傲、自大、狂妄、控制欲和权力欲（其实是一种贪婪）这类激情或欲望，理性不过给这些激情和欲望提供了方便的正当性而已。

我们普通人并没有政治野心，也不可能因为对权力的激情或欲望在这个世界上制造大大小小的灾难，为什么我们也需要用理性来认识和节制自己的情绪、激情和欲望呢？除了不要凭一时的激动贸然行事，做出以后会后悔的事情之外，一个最重要的原因就是，理性思考可以让我们避免因情绪冲动而轻信人言，最后上当受骗，被人操控和利用。理性的关键在于它是人的判断力所需，而没有独立判断力的人是没有自主性的，因此，理性是对人的自主性的重要保障。

为了防止轻信和上当受骗，我们遇到事情要多动脑筋，首先就不能感情冲动，也不能意气用事，这样才能保持冷静的头脑。这样的想法包含着"理智"与"情感"的对立，理智有利于思考，而情感则不然，甚至还会成为思考的障碍。从一般的常识经验来看，这样的想法是可以得到验证的。但是，理智与情感之间并不是简单的对立关系，理性与情感之间的复杂关系本身就需要我们用理性去思考和认识。我们可以从什么是情绪开始这样的思考。

1. 情绪和进化心理学

"情绪"是对一系列主观认知经验的通称，是由感觉、思想和行为综合产生的心理和生理状态。美国心理学家威廉·马斯顿（William M. Marston）指出，任何一种基本情绪都不仅仅是感觉、心态或情感，而是驱动行为的能量，将一种情绪与另一种情绪加以区分的唯一方法就是观察在什么情境下它会导致人的什么行为。情绪可以分为与生俱来的"基本情绪"（常见的有喜悦、愤怒、悲伤、恐惧、厌恶、惊奇）和后天学习到的"复杂情绪"（爱欲、嫉妒、惭愧、羞耻、自豪、怨恨、窘迫、内疚、害羞、骄傲、自暴自弃）。

心理学家们对哪些是"基本情绪"，或对基本情绪可能如何复合成哪些"复杂情绪"有不同的看法。例如，有一种看法认为，八种"基本情绪"按这样的顺序排成一个圈子：恐惧、惊奇、悲伤、厌恶、愤怒、期待、喜悦、接受。每一种基本情绪与相邻的两种都能产生一种复杂情绪，恐惧与接受产生顺从，恐惧与惊奇产生惊恐，惊奇与悲伤产生失望，悲伤与厌恶产生内疚，厌恶与愤怒产生鄙视，愤怒与期待产生敌对，期待与喜悦产生乐观，喜悦与接受产生爱。可以设想，在基本情绪之间，复杂情绪之间，基本情绪和复杂情绪之间，还可能产生更加复杂的情绪。基本情绪和原始人类的生存息息相关，复杂情绪则必须经过人与人之间的交流和生活经验中学习得到。由道德因素产生的情绪都是复杂情绪。因此，复杂情绪又称"较高的认知情绪"（higher cognitive emotions），"认知情绪"是指具有社会人类特征的情绪，尤其是其中包含的道德认知，如羞愧、罪感、悔意、妒忌、报复等等。

情绪在不断重复和积累的情况下会形成心境（mood，又称心情）。英国行为科学家、生物学家和社会科学家丹尼尔·内特尔（Daniel Nettle）在《幸福》（Happiness）一书中指出，"有害情绪——恐惧、忧虑、悲伤、愤怒、羞耻——是一个人不幸福最主要的原因"。在某个严重的人道灾难过去之后，许多遭受摧残，甚至家破人亡的人们，他们的伤痛并不会因此成为过去。他们会留下创伤记忆，常常会做噩梦，被自己无法控制的梦魇所折磨；他们会为失去亲人而久久悲伤，为自己被迫对亲人或好友所做的一些见不得人的事感到羞耻；他们会对政治和社会生活充满了恐惧，时时提防别人，唯恐被人出卖和背叛。这样的精神伤害并不会因为加害者说一声"对不起"而就此消失。这不是情绪的波动，而是遭受创伤的心境。

心境通常比情绪或一时的心情要持久，在背后影响情绪的消长。例如，一个心境好的人不容易动怒，一个心境不好的人对挫折和失败会特别敏感。情绪经常是由于一时的刺激而生，而心境则经常是一种心态。例如快乐是情绪，幸福是心境；振奋是情绪，乐观是心境；沮丧是情绪，悲观是心境；悲伤是情绪，厌世是心境。一个人可以一时悲伤，但仍然觉得自己有幸福的人生，这是情绪与心境的不同。

我们的日常语言并没有足够准确的词汇让我们把可能的情绪与相关的心境区分开来。例如，愤怒一般是指遇事火冒三丈，路怒就是典型的表现。这是一种情绪，经常是非理性的。但是，愤怒也可以是一种心境或心情，人们说"愤怒出诗人"，并不是说诗人是特别容易发怒的人，而是说诗人对人世间的不公不义特别敏感，特别有正义感，所以反应也特别强烈。1950年代英国"愤怒的年轻人"一代作家，他们的作品表达对社会的愤怒和不满，作品的主人公也多以孤独、失落、焦虑为典型，这样的作品有许多对社会现状的批判，因此也可以说，"心怀不满"是他们的心境，与"心满意足"或"感受幸福"正好是两种对立的心境。

认知情绪比基本情绪更受到道德思考和社会批评的关注，因为认知情绪是在人际或人群中产生影响和发挥作用的，因此更具有明显的社会功能。人们对社会中不公不义之事的"愤怒"（愤慨）就是一个例子。这与基本感情的一般性愤怒是不同的。

但是，基本情绪和认知情绪之间也是有联系，可以转化的。也就是说，基本情绪是可能被社会情绪吸收或同化的。例如，人对身体的排泄物有一种本能的厌恶（disgust），那是基本情绪。但是，人对于不可信任的人或行为也会产生厌恶感，这就是社会性的认知情绪了。恐惧的情绪也是一样。例如，一个人在野地里出其不意遭遇一条大蛇，会因为害怕而自然地退缩，这是基本情绪。但是，纳粹德国的犹太人被盖世太保半夜临门，同样会害怕得灵魂出窍，这就是认知情绪。在这种情况下，害怕就被特定的社会情绪吸收了。因此。躲避毒蛇和躲避秘密警察都成为人的生存本能。

长期以来，情绪只是被笼统地视为人的七情六欲，在宗教里，负面的情绪更是被当成了"罪孽"。从1970年代开始，进化心理学和神经科学大大增加了人们对情绪的认识，随之而来的一个重要问题是，那些在人类进化过程中形成的情绪基因对人类祖先的生存也许有用，对现代社会中的人仍然还有用吗？对此，可能有两种看法，一种是情绪无用论（或有害论），一种是情绪有用论（或有益论）。

从古希腊时代起，许多思想家就把情绪视为智力行为的障碍，或者至少是一种多余。这就是情绪无用论。人们很容易从经验生活取得关于情绪无用或有害的证据。情绪激动或过于情绪化会妨碍人的清晰思考，不利于智力行为。例如，俗话说，好汉不吃眼前亏，指的是不要逞一时之勇，或因为愤怒或赌气就失去对敌我力量对比的理性考量。领导批评你，哪怕是错的，也不要生气，或者至少要做出虚心接受的样子，绝不反驳回嘴顶撞，更不能因为受不了而拂袖而去。只有这样才能保住你的饭碗，或者避免他给你穿小鞋。感情冲动于事无补，只会坏事，小不忍则乱大谋，这是人们的生活智慧。

情绪有用论并不否认情绪激动会削弱人的智力思考，但认为情绪对人并不只是有害、无用或多余的。它认为，对智力判断而言，最好是理性和情感的互相配合，而不是独尊理性。并不是越排除情感，智力就越强，完全排除情感会使智力变弱，而不是变强。基于心理进化和脑神经研究的发展成果，越来越多的哲学家和心理学家正在改变先前对情绪的负面和不良看法。

无论是无用论还是有用论，关注点都不在情绪本身，而在于情绪对理智行为的影响，无用论认为情绪的影响是有害的，而有用论则认为，至少在某些情况下，情绪的影响不仅无害，而且还可能有益。理智行为虽然值得称赞，但并不是任何事情都需要借助或都能得益于理智行为。爱情和婚姻就是一个例子，太理智的爱情和婚姻会变成精致的利益交易，掺杂太多的功利和算计，变成一种冷冰冰的利己主义。罪孽感、羞耻感、荣誉心、友情或亲朋好友之间的信任也都是有益情绪的例子。

从进化心理学来看,情绪无所谓道德上的好坏,情绪是人类出于生存本能,在长期的进化过程中形成的。但是,哲学家和道德学家认为,有的情绪特别具有道德内涵或关乎人的道德判断,因此可称为"道德情感"(moral sentiments)。亚当·斯密的《道德情操论》(*The Theory of Moral Sentiments*)讨论的就是这样的情感,但该词翻译成"道德情操"并不准确。情操是道德修养的意思,是由思想信念形成的不轻易改变的情感与操守,是理性的产物,而不是人的天性中所固有的。情操是一种由文明所创造的美德,康德的道德哲学所讨论的就是这样一种美德,是人的自我要求,而不是自然要求。

与康德所说的美德不同,道德情感(如同情、怜悯、亲人之爱)是在人类进化过程中形成的,在这个意义上说是天生的。许多思想家都指出,情绪对人的道德行为(美德)有着重要的指导作用。亚里士多德所说的美德是与行为联系在一起的,而道德行为则需要在情绪上恪守中庸之道,避免走极端,例如,勇敢和怯懦、谦虚和骄傲是两个极端的情绪,怯懦固然不好,但过分勇敢也不好,过分勇敢其实就是鲁莽。骄傲和谦虚一旦走向极端,就会成为傲慢和卑微,都是有害的情绪。亚当·斯密用另一种方式来联系情绪和道德。他认为,人的某些情绪或情感(如同情、同理心、怜悯、仁爱)专门就是为了让人有道德行为的。现代心理进化学似乎证实了斯密的这一想法,它从人类进化的角度提出,人类有这些情绪的基因,因为这样的基因有利于人类的群体生存和延续。例如,艾略特·索博(Elliott Sober)和大卫·威尔逊(David S. Wilson)在《为他人:无私行为的进化和心理》(*Unto Others: The Evolution and Psychology of Unselfish Behavior*)一书里就要证明,人类在进化中发展出利己的基因,但也发展出利他的基因。

当然,也有许多思想家并不同意这样的看法,他们认为人是只受自私本能驱使的动物,这种观点在16、17世纪的思想家那里有非常经典的表述。例如,霍布斯认为,人天生就是自私的,自私是人唯一的自然人性,法国道德学家弗朗索瓦·德·拉罗什富科（François de La Rochefoucauld）和英国哲学家、政治经济学家和讽刺作家曼德维尔（Bernard Mandeville）也都是这么认为,康德似乎也持类似的看法。康德认为人的天然情绪有时确实也能引导人的正确行为,但他认为,这种缘起于情绪的行为并不是真正的德行。例如,恐惧可以让人服从道德法则,有道德的行为,但这并不是真正的道德行为。按照康德的看法,真正的道德行为只能是在完全不为情绪左右时,自我选择的行为,纯粹是出于对法律的尊重而自愿服从法律。从亚当·斯密的角度来看,不为道德情感所驱动的行为就算是道德的,也是冷冰冰的无血无肉的行为,只有道德情感才能使人的道德行为具备充沛的人性。

2. 情绪与伤害

有的情绪似乎对当事人只有害处,没有好处。好人斗不过流氓,因为好人有羞耻心和罪感,所以不能阴毒下三烂,不择手段,而流氓正好相反。美国心理学家罗伯特·弗兰克（Robert G. Frank）试图从进化心理学来证明,像罪感这样的"道德情绪"看上去对当事人无用甚至有害,其实是有用和有益的。这样的解释基本上是一种猜测,而不是实据证明。在现代社会里,在好人要吃亏的现实面前,证明道德情绪一定有利于自我利益其实是缺乏经验说服力的。人们看到更多的是马善遭人骑,人善遭人欺的现实。这里的"欺"可以是欺负,也可以是欺骗,欺骗就是一种欺负,欺骗一个人几乎总是为了变着法地损害他的利益。除了极其特殊的例外,"遭人欺"是不符合一个人的正当利益的。一个人要知道并守护他的正当利益,首先就需要有自主性,不要被别人想怎么就怎么影响。清晰、逻辑、理性的思考体现一个人的自主性，也帮助提升自主性，唯有如此才能有效地防止别人利用你的轻信来欺骗你，损害你的正当利益。

一个人的情绪或情感很容易被别人利用，坏人经常利用好人的情感来欺骗、损害和伤害他，做出恶劣的事情。例如，同情是一种斯密倡导的道德感情，但斯密也看到，同情有可能被利用来达到不道德的目的。对此我们应该都不陌生，例如，为人们痛恨的"碰瓷"（讹诈好心的救助者）就是利用别人同情心的恶劣行径。

苏珊·弗华德（Susan Forward）在《情感讹诈：当你的生活中有人用害怕、义务和罪感来操纵你的时候》(*Emotional Blackmail: When the People in Your Life Use Fear, Obligation, and Guilt to Manipulate You*) 里讨论了我们许多人都有过的，被亲近者或朋友熟人利用的经验体会。她称之为"情感讹诈"。这一般发生在亲密的人际关系中，如家人、夫妻、情侣，当然还有亲人化了的伙伴、帮派、同志、战友，等等。它通过这类话语来起作用："如果你真爱我，那你就……""我这都是为了你好……""你怎么可以这么自私？……""你这么做，对得起……吗？"说这些话的人都是想利用亲近的感情，如爱、忠诚、尊重、信任等等，来达到影响和操控对方的目的，说话者可能是我们的父母、恋人、师长、领导，利用我们的情感向我们索取他们想要的东西，那就是我们的顺从和服从。

古人就已经了解，情绪会削弱理智的思考能力，"利令智昏"是我们熟悉的说法，说的是人在贪欲情绪的控制下会丧失理智，不能做出清醒正确的判断。唐代赵蕤所撰的《反经》（又名《长短经》）共有十卷，并依《周易》之例，分为六十四篇。其中一篇即以"昏智"为题，专门讨论情感的"昏智"作用。纪晓岚编撰的《四库全书·〈长短经〉提要》

说："此书辨析事势，其言盖出于纵横家，故以'长短'为名。"这是一本讲谋略的著作，有的人甚至将其和《资治通鉴》相提并论。认为《资治通鉴》是从正面谈谋略问题，而《反经》是从反面来谈谋略。赵蕤用历史上的一些实例来说明，可以利用人的情绪和欲望，达到令之"昏智"的目的，并以此为破坏手段，打败对手。

赵蕤在《昏智篇》首开宗明义地说道，精神是智慧的源泉，精神清爽智慧就会明朗。智慧是心志的标志，智慧公正就表明心志正直。现在却有精神清爽、智慧明朗而偏偏不明白成败道理的人，这不是因为他愚蠢，而是因为音乐、美色、财物、利益、发怒或偏爱把他的智慧弄得昏暗不明了。赵蕤把人的欲望、利益、情绪放在一起，同列为昏智的主要原因。他举的都是帝王的例子，帝王不缺金钱财富，所以在这些致昏因素中，贪图女色首当其冲，是人性的最大弱点。其中有这样一个例子，过去孔子曾代理鲁国的国相，齐景公听到这件事后很害怕，说："孔子当政，鲁国必然成为霸主。鲁国一成霸主，我国与它最近，必然被它先吞并掉了。"犁且说："除去孔子就像吹动一根羽毛那么容易。你何不用重金聘请孔子来齐国，送美女和乐舞给鲁哀公。鲁哀公喜欢美女和乐舞，必然荒于国事，荒于国事孔子必定劝谏，哀公不听劝谏，孔子必然离开鲁国。"于是便选了八十多名美女，都穿上漂亮的锦绣衣服，并教会她们康乐之舞，然后送给鲁哀公。哀公接受齐国的女乐之后果然荒于国事，三天没有听政。孔子说："有了那些妇人在那里唱歌，我可以离开鲁国了。"于是便前往卫国。这就是被音乐和美色弄昏了智慧的例证。

情感令人智昏，错误不在情感，而在情感致使的行为。情感是自然的人之常情，无所谓对错，行为有错是因为行为有悖正确判断，错误的判断导致错误的行为。情感之过在于不加审查的情感妨碍了应有的正确判断。

今天，我们讨论情绪的昏智作用，是因为有的统治者总是在利用民众的某些情绪让他们成为没有抵抗意识与能力的顺民和愚民。兰德尔·彼特沃克（Randall L. Bytwerk）的《弯曲的脊梁》（*Bending Spines*）一书里就有不少这样的例子。利用民众的"希望"情绪就是其中之一。在纳粹统治时期，希特勒代表着德国美好未来的希望，在许多德国人的情绪中，反对希特勒，就是"在反对一个美好未来的梦想"。希特勒所代表的"德国梦"使得"一个人在怀着对即将到来之事的希望时，可以接受当下的缺陷"。就算对现实中的某些事情有所不满，"一个时常做出的看法是：'要是元首知道就好了'"。于是，"希望"这种人的基本情绪便产生了支持希特勒的政治作用。

民众的"愤怒"是另一个具有政治作用的情绪例子。有作家将许多东德知识分子对他们国家的看法与父母对一个残疾孩子的看法相比较："当局外人提及这一问题时，哪怕意识到缺陷，仍表现出一种不顾一切的、自我折磨式的爱，满怀着改善的希望，满怀着防卫性的愤怒。"这种"防卫性的愤怒"在许多民族主义者那里是很常见的，他们未必满意自己国家内的现状，但是，一旦有来自外部的批评，他们又会马上挺身而出，积极卫护他们并不满意的现状。

3. 情绪与思考

人都有基本情绪，但并不总是处于情绪激动的状态下，人平时并不总是在受到恐惧、妒忌、愤怒、厌恶等情绪的影响或支配。同样，大多数的认知性情绪也是短暂的，人并不随时随地都有爱恋、羞愧、骄傲、罪感这样的情感。人在不受情绪影响的时候，情绪是中立的。这时候，人一般能够逻辑、理性地思考，形成清晰的判断。这时候，人也可以相对容易地分辨好的或不好的说理，区分什么是可靠的道理和强辩的歪理。但是，一个人智能再高，在受到强烈的情绪或心情影响时，他的清晰思考能力也会减弱，甚至完全消失。

人有两种不同的思考方式，一种是缓慢的，结论比较准确；另一种是快速的，结果经常不确定，似是而非。第一种是依靠逻辑和分析；第二种则是凭借情绪和直觉。这两种思考结果的判断价值和可靠性是不同的。思考的问题越复杂，越重要，这两种思考方式的区别也就越明显。在我们的日常生活世界里，并不是所有思考的问题都具有同等的复杂性和重要性。对于许多并不复杂又不太重要的事情，快速而大概的思考方式也是需要的。因此，快和慢这两种思考方式可以说是各有各的用途，都是人在处理不同性质的事务时所需要的，适用于不同的情况。于是便有了一个更高层次的判断问题：什么是大事，什么是小事，什么事情重要，什么事情不重要，如何对它们有所区别，这本身就是判断的结果。

南加州大学神经科学、心理学和哲学的葡萄牙裔教授安东尼奥·达马西奥（Antonio Damasio）讲述过这样一件事情，他有一个脑部受伤的病人，有一次跟他约下次见面的时间。这位病人在整整两页纸上罗列了应该和不应该在哪一天见面的理由，但还是无法做出决定。达马西奥提议说，随便找一天就可以了。这位病人说，那太好了，就像写在那两页纸上的理由不存在似的。这位病人的大脑有伤残，缺乏对大事小事的判断能力，理性思考用错了地方。但是，头脑健全的人也会缺乏对事情大小的判断。例如，有一篇题为《中国传统文化对蟋蟀身体和战斗力关系的认识》的"学术论文"，把昆虫争夺交配机会的本能行为上升到中国传统文化的高度，这样的"理性思考"比大脑伤残者的行为更令人啼笑皆非。这样的学术论文看上去有政治正确的理性，但却是智昏的产物。

当然，情绪心理学关心情绪引发的智昏，而不是政治正确引发的智昏，因为只有前一个才具有普遍意义。英国心理学家迪伦·埃文斯（Dylan Evans）在《情绪：情感的科学》（*Emotion: The Science of Sentiment*）一书里指出，可以从三个方面来认识情绪对理性认知能力的负面影响，一、注意力，二、记忆，三、逻辑推理能力，其中包括判断和说理是否可靠的评估。

在情绪的影响下，一个人的注意力会发生变化。注意力会变得很狭窄，出现高度的选择性，无暇周密全面地思考。这时候，记忆也会有选择性，选择性地回忆或压抑记忆。钱锺书在为杨绛《干校六记》写的序言中提到了这个问题："杨绛写完《干校六记》，把稿子给我看了一遍。我觉得她漏写了一篇，篇名不妨暂定为《运动记愧》。"钱锺书说，"现在事过境迁，也可以说水落石出。在这次运动里，如同在历次运动里，少不了有三类人。假如要写回忆的话，当时在运动里受冤枉、挨批斗的同志们也许会来一篇《记屈》或《记愤》"。与"屈"和"愤"相比，许多人的"愧"是被压抑着的，在"羞耻""后悔""惭愧"这样的情绪或心情影响下，他们对"愧"做选择性的遗忘，但是，"也有一种人，他们明知道这是一团乱蓬蓬的葛藤账，但依然充当旗手、鼓手、打手，去大判'葫芦案'。按道理说，这类人最应当'记愧'。不过，他们很可能既不记忆在心，也无愧怍于心。他们的忘记也许正由于他们感到惭愧，也许更由于他们不觉惭愧"。

情绪对注意力和记忆的影响相对明显，相比之下，情绪对逻辑推理（logic reasoning）的影响则比较难以察觉，情况也更为复杂。人的轻信和受骗就与逻辑推理和判断有关。别人试图影响你，如果不是拿刀子架在你脖子上，就一定会用话来说服你，可以说是在对你说理。这时候，你就需要判断他说的在理不在理。你需要有逻辑推理能力来检验对方说的理是不是可靠，在每一个步骤做出你的理性判断。如果你听信了不可靠或是说不通的理，你就会上当受骗，被他人操控。

人们的心情能影响他们的判断，例如，同是对一个陌生人，心情好的人比心情差的人容易有好的印象。"识人"（相信谁，信任谁）是一种判断。俗话说"日久见人心"，观察他的一贯行为就知道他值不值得信任，对一个政府也是一样，一贯说谎就不值得信任，这样的判断不应受到个人是否喜欢或是否爱过的影响。"喜欢"和"爱"都是强烈情绪或情感，都可能不当地影响人的冷静思考和判断。

但是，也应该看到，我们在做判断的时候并不总是有时间或条件做仔细的思考。有时候需要做出相对快速的决定，这就得依靠直觉。直觉有时准确，有时不准确。我们有时候不得不凭直觉决定是否信任一个人，但却是有风险的。遇人不淑或识人不善不仅可能是一个错误，而且可能是一个灾难。同样，人们对政府或领导人的直觉判断也可能是一个致命的错误。英国历史学家和传记作家朱莉娅·博伊德（Julia Boyd）的《第三帝国的旅人：芸芸众生眼中法西斯的崛起》(*Travelers in the Third Reich: The Rise of Fascism: 1919—1945*) 里有这样一件真实的往事。有一位名叫克罗斯费尔德（Crosfield）的英国军官作为"一战"老兵代表访问德国，有机会见到了希特勒。他这样讲述自己的印象："希特勒是一位与众不同的人。他鼓励德国人用心专注、全心奉献，无人能望其项背。我们很荣幸地跟他在一起一个半小时，大多数的时候都是讨论一战时的战争经验和不同战线的情况。……他的简洁、真诚、对国家的狂热忠诚给我们留下了深刻的印象，感觉到他是真正在为避免另一场世界大战操劳。"而事实正好相反，希特勒发动了另一场世界大战。

心理学研究发现，人在做即刻判断时，心情是一个重要的，甚至是决定性的因素，这使得他的判断很难做到客观，更不要说是完全客观了。克罗斯费尔德受邀请被接见时的好心情就是这种情况。斯坦福大学心理学教授戈登·霍华德·鲍尔（Gordon H. Bower）在《社会判断与心情的一致性》（Mood Congruity of Social Judgments）一文中介绍了不少这方面的研究。人的心情影响他的判断和决定，这样的事情几乎每天都发生在我们的生活里，大多数人也都对此有所体会。所以，员工有什么要求，会在老板心情好的时候向他提出，要是老板心情不好，轻则自讨没趣，重则适得其反。老板对员工的评价是一种"社会性判断"，员工可以利用老板的心情来影响他的判断。

任何社会性的人际交往都会涉及社会性判断，说理关系中也是这样。我们在不受情绪支配的情况下，一般能判断"有道理"和"没道理"的区别，我们会把不可靠的，甚至带有歪曲或欺骗目的的道理称为"歪理"。歪理有不同的"歪"法，在这里无法一一列举。（可参见徐贲《明亮的对话》）我们一般所说的歪理是不可靠、有问题，但却硬要别人相信的说辞，我们称之为宣传洗脑或强词夺理。人们经常只是从理性认知或逻辑上来分析歪理，这是不够的。

在逻辑思考能力之外，削弱我们识别歪理能力的还有两个因素，一个是可供思考的时间，另一个是情绪或心情的影响。没有思考的时间就来不及细想，无暇细思也就容易在判断中出错。心情是另一个影响判断质量的因素，对歪理的判断也是这样。许多轻信和上当受骗正是在对情绪影响没有知觉或缺乏防备的情况下发生的。在情绪冷静，思考时间又充裕的情况下，有逻辑思考能力的人一般能够识别歪理，拒绝被它说服。但是，心理学研究发现，即使一个人有逻辑思考的能力，他在心情太好的时候也还是会因拙于判断而轻信。在这种情况下，他会相信不可靠和不合理的说辞，也不容易被可靠的说理说服。人们常说的"被胜利冲昏头脑"就是这样一种情况。一个人胜利了，得意忘形，心情特别好，无论这种成功有多少是运气成分，无论这种成功中是否还隐藏着多少危机和不堪，无论有多少人提出质疑，就是陶醉在好心情里。于是，就算他有时间，也懒得细想，别人说他几句好话，听着顺耳就信以为真，于是做决定时就会出昏着。

人在受情绪或心情影响的时候，判断经常会走捷径，因此思考的时候不是运用逻辑分析来寻找事实证据，而只是单凭某些外部因素来决定自己的想法。说话人的身份或权威就是一个具有影响力的外在因素，普通人很容易相信领袖、要人、专家学者、名人或成功人士的话，因为他们很容易引起"敬佩""崇拜"的情绪。现场的气氛也是一个具有影响力的因素，这个气氛可以是悲愤的，也可以是激昂的，只要把气氛营造起来，就能有效操控在场人接受信息的情绪或心情。阶级斗争时代时兴一种叫"忆苦思甜"的活动，吃忆苦饭、诉苦申冤、控诉万恶的旧社会、血泪斑斑数往事。组织这样的控诉会，为的就是用情绪影响和左右在场者的理性认知和判断。人在受情绪或心情影响的时候，尤其是在极短或不充分的时间内会匆忙地把情绪转化为认知或判断，是最容易轻信和受骗的，因为在这种情况下，人最容易因为捷径思维而发生认知偏误。

4. 体育赛事与情绪

体育赛事最能调动人的情绪，对赛手和观众都是如此，也许对赛手更为强烈。2016 年奥运会期间有不少有趣的花絮报道，其中有一则是关于中国游泳女选手傅园慧的，另一则是关于朝鲜举重选手严润哲的。2016年8月10日傅园慧以0.01秒之差落后于美国选手贝克尔，与加拿大选手麦斯并列获得铜牌。她走出泳池，得知自己57秒76的成绩后，喜不自胜，第一反应是："哇塞！太快了！我打破了亚洲纪录唉！"相比之下，严润哲虽然获得了银牌（8月8日），但却对自己的表现感到羞愧和内疚，因为"没能获得金牌对不住金正恩"。两个运动员对自己的成绩有不同的情绪反应，一个高兴，一个羞愧和内疚。情绪中包含了对自己行为的判断和评价。

亚里士多德给情感的定义是，"情感是能够促使人们改变其判断的那些东西，而且伴随着痛苦与快乐，例如愤怒、怜悯、恐惧和诸如此类的东西，以及与它们相反的情况"。傅园慧100米仰泳的成绩是57秒76，这个成绩是好还是不好，就她本人而言，是由她兴高采烈的情绪来判断的。换一个运动员，对自己同样的成绩也许会感觉到失望、沮丧、羞愧或内疚，其行为判断也就会与傅园慧截然相反。严润哲的羞愧和内疚就是这种情况。

在和平时代，体育赛事可以说是最能引发人们强烈情绪的事件，不只是运动员，而且还有广大观众。不过，观众的情绪与运动员的有所不同，因为观众毕竟不是体育比赛行为的当事人。就观众情绪而言，挪威社会和政治学家乔恩·埃尔斯特（Jon Elster）在《心灵的炼金术：理性与情感》一书里提供了一个对"情感"相当有说服力的解释。他指出，情感既可以指"即发性情感"，也可以指一种"性格倾向"。人们观看比赛，被赛事牵动神经，即刻体验快乐、兴奋或失望、愤怒，这些都是即发性情感。性格倾向则是关乎"具有产生某些情感的潜质"，例如，有的人性格冲动，容易激动，喜怒变化剧烈；而有的人则性格比较冷静，虽然做不到庄子说的"登高不慄，入水不濡，入火不热"，或范仲淹所说的"不以物喜，不以己悲"，但也不至于喜怒涌动，不能自已。

然而，不管怎么说，体育赛事总能引起强烈的情绪反应，而赛事胜利引起的正面情绪则经常被视为"体育投资"的重要收益。一般人会认为，奖牌得得越多，国民越高兴，也就越能"鼓舞人心"，增强"爱国心"，因此，在专业体育上花大钱（牺牲"非专业"的体育）、使手段，甚至弄虚作假，都是"值得"的。这也就是亚里士多德所说的"情感能够促使人们改变其判断"。

那么，要是做了所有这些事情，还是没能取得"好成绩"呢？那最自然的结果就是"失望"和"恼怒"，而不是对做这些事情的"羞愧"或"懊悔"。失望和恼怒的情绪则会进一步影响判断，使人误以为，之所以没有取得好成绩，是因为钱花得还不够多，手段使得还不够周到，弄虚作假还不够巧妙等等。

一项挪威民众的评估发现，由于挪威在1994年冬季奥运会上取得好成绩，民众喜悦激动，觉得"自己所获得的感情收入足以证明巨额建设费用的合理性"。然而，埃尔斯特指出，由于不能事先预知挪威一定会有好成绩，所以并不能用民众喜悦来证明巨额费用的合理性。而且，"问题并不仅仅是没有人能够预料到挪威人会如此成功，而是如果能够预测自己的胜利，他们所产生的喜悦激动将会少得多"。

体育比赛的高度竞争性使得其结果难以预测，有的选手水平特高，稳操胜券，他们的胜利带来的喜悦往往不如那些有悬念的或意想不到的胜利所带来的大。当然，如果稳操胜券的选手失利，他的内疚或羞愧就会更大。

心理学家托利·希金斯（Tory Higgins）指出，羞愧和内疚是两种不同的情感，羞愧是因为成绩没达到自己的标准，而内疚则是因为成绩没能满足别人的期待，内疚还会包含对犯错的害怕，害怕别人因失望而迁怒于自己。而且，羞愧和内疚也是一种社会文化观念。在有的社会里，旁观者的责备左右着选手的羞耻和内疚，成为一种情感伤害和精神缰轭。然而，在大多数社会里，一个已经尽力但成绩仍不理想的选手则不需要对自己觉得羞愧。对他来说，旁人的失望并不代表他的过错，他可能会有些遗憾，但既然他没有亏欠别人，自然也就无须对任何人有什么愧疚了。

5. 人为什么相信奇迹

2020年3月30日的英国《卫报》上有一篇题为《意大利市长给"奇迹神水"理论泼冷水》的文章。文章说，意大利北部的皮埃蒙特(Piedmont)地区一个叫蒙塔尔多·托里内塞(Montaldo Torinese)的村庄里，迄今为止，居民无人感染新冠病毒，那里的一些人相信他们是受到了"奇迹之水"的保护。蒙塔尔多·托里内塞距意大利大城市都灵约19公里。截至3月28人，都灵已有3658人感染了新冠病毒。蒙塔尔多·托里内塞所在的皮埃蒙特地区是意大利受疫情影响最严重的地区之一，截至3月29日共有8206人感染。

有人相信，有720名居民的蒙塔尔多·托里内塞能免遭疫情是一个奇迹，是因为那里的井水有神力。1800年6月，拿破仑的部队在该村建立了营地，准备在附近的马伦戈(Marengo)进行战斗。按照当地的说法，拿破仑的将军们患了肺炎，全是因为神奇的井水才治好的。这之后，拿破仑的部队在马伦戈赢得了与奥地利军队的战斗。但是今天，该井已关闭，井水仅用于田间灌溉，已经不能饮用了。

为什么在科学如此发达的今天还会有人相信蒙塔尔多·托里内塞的"奇迹之水"呢？对此可能有不同的答案。

第一个可能的答案是，相信奇迹是一种心理投射。许多人相信奇迹，因为他们认为会发生奇迹，或者奇迹已经发生。相信与健康有关的奇迹尤其常见，不治之症得以痊愈，或者靠什么神奇的力量战胜了先进医学束手无策的疑难病症，或者突然有了什么特效药、祖传秘方、神奇的草药等等。据说印度还有人相信喝牛尿能够治疗新冠病毒的。人们特别容易相信这样的奇迹，是因为他们在遭受重病或重伤时仍然需要保持希望。

第二个可能的答案是，奇迹确实存在。如果它们时而发生，那么也就会有人见证到奇迹，并相信奇迹。但是，哲学家普遍认为，奇迹总是包含着对自然法则的违背。让空的篮子盛满食物，或者把水变成葡萄酒，像这样的事情被认为是奇迹，主要是因为它们违反了自然法则，因为按照物理、化学、生物学的法则，这样的事情是不可能发生的。自然法则毕竟在保证人类一贯而稳定的生活秩序。因此，即使不能完全排除奇迹，奇迹也极少发生。但是，在疾病和医疗问题上，是否违背自然法则经常变动，较难判断，所以奇迹似乎也更经常地发生。

第三个可能的答案是，相信奇迹与人类的认知和成长有关。心理学研究显示，人在婴儿时期就已经建立了一种识别违反自然规律的认知机制。心理实验发现，两个半月大的婴儿目睹玩具似乎会移动或穿过固体物时，就会表现出"惊奇"。一些心理学家认为，违反期望的现象对婴儿的智力发展有益，他们会因此更主动寻求信息并了解世界。实验还发现，婴儿玩弄违背期待的玩具比平常的玩具更有兴趣。有些婴儿甚至还会测试自己的"假设"，看玩具是不是真的能飞起来，或者穿过墙壁。

还有的心理学家认为，奇迹具有一个共同的特征，那就是"最小的反直觉性"(minimalcounter-intuitiveness)。也就是说，奇迹通常会与直觉上的期望稍有不同，但不会过分违背直觉。魔术和变戏法营造的就是这种效果。奇迹引起人的好奇心，提升他们的注意力，但不会颠覆他们的认知观念。最小的反直觉性的假设得到了心理学实验的支持，《圣经·新约》里的奇迹故事（例如耶稣在水上行走，或者让盲人复明）几乎都可以用这个心理学假设得到说明，因为在水上行走毕竟与变成一只鸟升空飞翔不同，让盲人复明也与使他在额头上生出第三只眼睛不同。

从人的认知和成长来看奇迹，并不能就此得出从来就没有奇迹发生的结论。这就好比，心理学家发现，饥饿的人会有在橱柜里看到饼干的幻觉，但这不等于说，每当饥饿的人在橱柜里看到饼干时，他看到的都是幻觉，他在橱柜里看到的确实有可能是饼干。同样，虽然心理学家能够从认知发展来解释人为何相信奇迹，但是否真的有奇迹却是另外一个问题。因此，虽然可以解释对防治新冠病毒的奇迹心理，但最好还是小心预防，不要指望或依靠奇迹。

第十章 社会情绪的认知与伦理

批判性思维重视人的情绪并在具体情境中区分负面的（消极）和正面的（积极）情绪作用。在这两种情绪中，批判性思维特别关注的是负面情绪，因为这类情绪可能产生不良的社会影响和有害的伤害作用。以色列心理学家艾伦·本－泽维 (Aaron Ben-Ze'ev) 在《微妙的情绪》(*The Subtlety of Emotions*) 一书里把情绪区分为"正面情绪"和"负面情绪"两类，前一类包括爱、同情、同理心、仁慈、恻隐心等，后一类包括仇恨、嫉妒、贪婪、蔑视、好色、权力欲和控制欲等。正面与负面的划分凸显了道德和伦理评价对于理解情绪的重要性（好与坏、善与恶、正与邪、可欲与不可欲等等）。人们对情绪和情感的理解从来就不是单纯的认知，而是包含着道德和伦理的判断。批判性思维对情绪和情感问题的思考（包括自然欲望和本能）因此必须同时是认知的，也是伦理的。

人类对负面情绪的理解比对正面情绪更为细致、深入，也投入了更多关注。影响人们对正面和负面情绪理解的一个因素是情绪维持的时间长度和唤起的记忆频繁程度。人们更长久地记住与负面情绪有关的事情，也更经常地唤起坏的相关记忆。这也许是因为负面记忆比正面记忆更有"功能价值"（functional value）。忘记负面经验的事情可能会再次遭遇坏事，甚至带来攸关生死的后果，而忘记正面经验的事情的后果则远没有那么严重。而且，事情一下子变坏也比一下子变好要更为可能。坏事总是似乎比好事要多。"祸不单行，福不双至"就差不多是这个意思。人在愿望受挫后会产生负面的情绪，会耿耿于怀，也可能受到激励而改变现状；而人在遇到顺心事或成功的时候，经常只是一时快乐，而后也就不再记起。记仇不记恩，记坏不记好，甚至帮他百次不记恩，半次不帮就记恨，这本来就是人之天性。

人的这种天性还与一个常见的现象有关，那就是，经常担心的人比总是乐观的人在评估现实处境时要更为准确（参见本书第十一章的讨论）。但是，也有证据显示，负面情绪可能对人造成较多的认知障碍，如害怕和恐惧会使人绝望止步、沮丧和失望会使人不思进取。相比之下，正面情绪则更能使人愿意行动，更有所作为。爱、同情、怜悯经常在性格开朗而不是性格阴郁的人身上起作用，让人做出有益于他人或社会的事情。但是，也有的心理学家认为，负面情绪更能促使人干出"惊天动地"的大事，希特勒对犹太人的仇恨所煽动的杀戮和残害旷古罕见。负面情绪使得千百万群众变成狂热的暴徒，他们的残忍和暴力行动使得数以百万计的无辜者失去生命。

批判性思维高度重视情绪对人行为的影响和对社会的危害，自然也就会更多地关注人的负面情绪。这不是一种选择性的关注，而是因为这会有益于更好地了解负面情绪对我们这个世界已经造成的和可能再造成的灾祸性影响。批判性思维并不用魔鬼或天使来看待或解释人世间的灾祸或好事。它认为，从神的恩典或魔鬼的诱惑来解释人的情感和行为是不可靠的。人的真正本性及其在自然界的地位或社会中的作用都是一个有待认识的问题，既然老答案已经行不通，就需要用新的眼光去探究人性,而心理学和社会心理学研究对人的情绪作用的揭示就可能为这项工作提供一种新的眼光。

1. 妒忌、恶意和造反革命

英国哲学家罗素把妒忌看成是革命的伴娘,他说,"害怕是歹毒(malevolence)的根源,但不是它唯一的根源,妒忌和失望也可能导向歹毒……革命运动的动力在很大程度上来自对富人的妒忌",革命成为轮流发财的暴力转换手段。而且,妒忌滋生恶意和仇恨,妒忌的人会特别残忍地对待他妒忌的对象。罗素虽然指出妒忌经常是革命的主要推动力量,但在所有重要的社会理论家中,托克维尔可以说是最能把这一想法真正体现到对革命政治的心理分析中的。

(1) 妒忌是破坏性的冲动

挪威社会和政治学家乔恩·埃尔斯特在《心灵的炼金术》一书里指出,在托克维尔的《旧制度与大革命》中,"妒忌、平等和(身份地位的)流动性等密切相关的思想构成了重要的解释词汇"。托克维尔研究了法国大革命前社会阶级和群体之间的关系(农民、城市手工业者、城市资产阶级、贵族、知识分子、教士、王室管理部门),这些关系在很大程度上是从"利益"角度来描述的。这些利益冲突导致强烈的情感反应(妒忌、恶意、仇恨等等),对于托克维尔来说,"这些情感为旧政权的脆弱性及其最终崩溃提供了主要的解释途径"。不仅如此,他的许多洞见也都能启发我们对"文革"时代造反的思考。

首先,妒忌虽是人的自然情感,但却更是与个性有关的禀性,有的人妒忌心特别强,有的人则不是这样。妒忌有"溢出效应",溢出效应指的是,在一种领域中推迟满足,会产生一种在其他生活范围里这么做的一般习惯。例如，节食减肥者比不节食减肥者更容易放弃抽烟。同样，妒忌同学的人也会妒忌自己的兄弟姐妹、朋友、同事，甚至陌生人。在任何一种人际关系中产生的妒忌，如果不加遏制，随心所欲地将之合理化，会变成一种在普遍人际关系中的习性。妒忌者会将自己的妒忌合理化，正当化，他会说，不是我眼红、小心眼，而是人家挡了我的道，可恨，该恨。

妒忌还有"补偿效应"，妒忌的内驱力如果在一个领域中的发泄受到阻碍，就会在另一个领域中寻找出口。补偿效应在节食减肥者那里可能表现为，他需要偶尔给自己一点可口的食物，需要因为严格节食给自己一点奖励，这样，他若想戒烟，就会相当困难。幸灾乐祸和欺软怕硬便是妒忌常见的补偿效应，会混合出现在许多人对"当官的"的心态中。贪官被惩处让他们觉得痛快和解气，但那只是出于妒忌，并不是真正仇视贪腐，要是他们自己有机会，他们也照样会贪腐。这种补偿妒忌的幸灾乐祸对遏制损害公共利益的事情或提升社会道德毫无作用。

妒忌在革命中所起的情感动机作用只是一种大致的趋向，并不适用于每一个人，只适用于妒忌心特强而又有所行动者。在法国大革命之前，因利益冲突引起的强烈情感反应中，贵族首当其冲，法国贵族既是农民阶级（其中妒忌心特强者）仇恨的目标，也是资产阶级（其中妒忌心特强者）妒忌的目标。仇恨是一种比妒忌更强的情感。埃尔斯特指出，"仇恨的行为倾向是要伤害那个已成为情感目标的个体，而妒忌的倾向是要破坏其财产。只有当妒忌的关系无法与个体本身（如善良）区分开来时，妒忌的破坏性冲动才会指向个体。在大革命的暴行中，法国农民的狂暴是推动力，相反，资产阶级的妒忌并没有超出要求废除封建特权的范围"。

（2）妒忌与仇恨

奥地利－德国社会学家赫尔穆特·舍克（Helmut Schoeck）在其名著《妒忌》（*Der Neid: Eine Theorie der Gesellschaft*, 1966, 英译本 *Envy: A Theory of Social Behavior*, 1969）一书中指出，在人类所有的情感中，妒忌是非常独特的一种，因为它使人感到极度不悦。妒忌的独特性表现在，我们从不对自己或他人承认这种情感。参与革命者的妒忌（情感）经常被转换成觉悟（认知）或反抗（利益冲突）。早在革命还在进行的过程中，实际存在的妒忌就已经开始被精心地做了转换处理，被合理化和正当化。

由妒忌而来的仇恨有的只是一种概念性仇恨，人们参加斗争大会，演示仇恨，只是为了表现觉悟，并不真是为了发泄恶意和仇恨。恶意和仇恨可以先已经有了目标（如世仇、敌人）；但也可以先被灌输恶意和仇恨，然后再为此寻找目标。学生斗争和残害老师，有的是因为以前"吃过老师的苦头"，积下了恶意和仇恨，但大多数则是因为被灌输了恶意和仇恨，然后才对老师进行暴力攻击。

与概念性的仇恨相比，针对个人的妒忌则更具体，更具攻击性。"破四旧"和"抄家"就是妒忌最有代表性的攻击和破坏行动。绝大多数参加者并不是真正憎恨那些"旧东西"——有钱或有文化人家的金银细软、古董字画、书籍、家具、收藏等等，而是因为妒忌这些好东西被别人占有和享受。这种妒忌能对妒忌者制造双重的痛苦，埃尔斯特称之为第一和第二阶的心理痛苦（first-order and second-order pain）。第一阶是妒忌本身，我不能拥有和享受我想要的东西，因此耿耿于怀，恼羞成怒，妒忌变成愤怒和恶意：我得不到，你也休想享受得安稳。第二阶的心理痛苦是因为，如 17 世纪法国作家拉布吕耶尔（Jean de La Bruyere，1645—1696）所说，妒忌"是我们每个人都有但又不敢承认的，是令人感到羞耻的情感"。妒忌的人会将妒忌对自己和对别人隐藏起来

(欺骗和自我欺骗同时出现)。

为了隐瞒妒忌，妒忌者会把妒忌的情绪转变为仇恨——仇恨那个让我妒忌的人，并为自己的妒忌编造正当的理由，将妒忌正当化。妒忌正当化后的仇恨会使妒忌者对目标做出特别歹毒和残忍的行为。妒忌首先针对的是别人拥有的"好东西"，但是，当"好东西"和有好东西的人不可分的时候，如果夺不走，毁不掉好东西（如名声、地位、学识、才能），那就攻击和摧毁那个人。

（3）相邻妒忌与暴力

许多心理学家都指出，妒忌有对近不对远的特点，称为"相邻妒忌"（neighborhood envy）。人们嫉妒的往往不是陌生人而是身边好运或成功的人。因妒忌引起的仇恨也经常有这样的特点。许多人不恨昏君恨贪官，也是因为官比君离自己更近。托克维尔在《旧制度与大革命》中揭示了这一现象。他指出，尽管推翻君主制后来成为法国大革命的最终结果，但造反却首先是以打击贵族为开端的。事先并没有迹象表明，革命将会超出这一目标。要不是路易十六的无能，法国革命最终可能导致的是立宪君主制的建立。

在革命开始的时候，农民、资产阶级的仇恨和妒忌情感针对的完全是贵族，并没有针对国王。埃尔斯特指出，"对于资产阶级的妒忌，存在着一令人困惑的事实。贵族在捐税上的确享有豁免权，但他们是从国王那里得到这种权利的，资产阶级仇恨国王不是更合适吗？但是，这并不是（仇恨和妒忌）情感的作用方式。如果 A 使 B 多于 C，C 会把令他感到自卑的情感目标指向最近的那个 B，而不是最终的那个 A"。"文革"期间，不管谁受到冤屈或迫害，心里有什么怨或恨，指向的也都是 B，而不是 A。

人妒忌和怨恨的都是与自己差不多的他人，而不是自己根本不可相比的他人。一般人不会因为皇帝养尊处优或有三宫六院而妒忌或怨恨皇帝。历次政治运动中，在同一学校、单位里是最容易挑起人们妒忌和怨恨的。这样的情绪被用作操纵和控制他们的工具。华人作家闵安琪的《红杜鹃》一书，从一个无名小人物的角度，描述了"文革"期间普通人遭遇的妒忌与仇恨。一个工人阶级邻居夺走了她这个"臭老九"家庭的住房。到农场后，她目睹并参与了农场知识青年之间尔虞我诈、不择手段的恶性竞争，都与妒忌和仇恨脱不了干系。家庭出身好的知青之间因受重用的机会不等而相互妒忌，家庭成分不好的对成分好的又妒忌又害怕，既巴结又憎恨。表面上人人都比觉悟、比进步，但这种"竞赛"背后却隐藏着暗地里的出卖、背叛、落井下石。妒忌和隐藏妒忌，恶意和掩盖恶意，造成了青年人的双重人格，使他们学会了虚伪和伪装，学会了阿谀奉承、首鼠两端，变得善于欺骗和自我欺骗。一旦习惯于此，便成为第二天性。

妒忌基于相邻的可比性，暗含着某种平等意识，但却是一种向下拉齐的平等。出于对平等的预期，一个人才能理直气壮地问，为什么他可以，我就不可以。这种平等是孙隆基所说的"铲平主义"的向下拉齐。妒忌是大锅饭、铁饭碗、平均主义的心理基础，在这些制度影响已经大为消减的今天，我们仍然需要警惕妒忌，因为它的"溢出效应"和"补偿效应"仍然在以新的变化形式败坏我们的公共生活。

2. "火大"的社会

在一般人的理解里，"火大"就是单纯的发怒或愤怒，避免火大只需发火的人克制自己就可以了。其实并非如此简单。火大并非就是人们所说的"愤怒"，作为人的普遍情绪，愤怒并不是单一的，而且是一个情绪的范围,从生气、发火到动怒,再到暴怒,火大从开始还有理性,可以克制,到渐渐失控,以致怒不可遏,因失控而狂怒,完全失去理性。希腊索福克勒斯的悲剧《埃阿斯》(*Ajax*)中有一个狂怒者的故事。埃阿斯与奥德修斯争夺奖品失败,他怒火中烧,血液在血管里沸腾,身上每条筋肉都在颤动。他像根石柱似的呆呆地站在那里,垂着头注视着地面。最后,他的朋友们好言相劝,才把他拖回战船上。夜色笼罩着大海。埃阿斯坐在营帐内,不吃不喝,也不睡。最后,他穿上铠甲,手执利剑,想去把奥德修斯砍成碎片,还要去烧毁战船,把希腊人全都杀死。女神雅典娜蒙蔽了他的双眼,让他误以为羊群就是希腊人,埃阿斯在羊群中,挥舞利剑,左砍右杀。等他清醒过来,发现自己在所有人面前丢人现眼,他羞愧难当,自杀身亡。

(1) 愤怒与仇恨

埃阿斯不仅性情易怒,而且非常骄傲自负(有点像《三国演义》里的张飞和《水浒传》里的李逵),但是,他对奥德修斯和希腊人愤怒,却是有理由的,因为他觉得自己受到了不公的对待。奖品刚拿出来,他见奥德修斯前来与他相争,便生气地叫道,"你竟敢和我相争?你和我比,就像一条狗和狮子比一样。你难道忘了,在远征特洛伊前,你是怎样不情愿离开家庭啊……把不幸的菲罗克忒忒斯遗弃在雷姆诺斯海岛上的也是你!帕拉墨得斯比你高强,比你聪明,你却挟私仇诬陷他,置他于死地。现在,你竟忘了我对你的救命之恩,忘了你在战场上无法逃脱时是我救了你。……我不仅比你高强,而且出身也比你高贵!"

以色列心理学家本-泽维在《微妙的情绪》一书里指出,人发怒经常是因为觉得别人的行为逾越了不当的界限,对自己造成了侵犯、侮辱或"不该有的伤害"(unjustified harm)。典型的愤怒是一种"即刻反应"，事过之后，人经常会对暴怒后悔。埃阿斯就是这样。当然，也有对自己愤怒不后悔的，但那已经不再是先前的"愤怒"，原先的愤怒其实已经转化为"仇恨"。亚里士多德说过，"愤怒可能随着时间而治疗，但仇恨却不会。……愤怒伴随着痛苦，而仇恨则不是"。

本－泽维写道："愤怒本质上是针对一个人做的事情，他做了某件具体的、该受责备的事情。而仇恨则是针对他那个人。"路怒症就是这样一种愤怒，通常是"无名业火"，虽针对一个人，但不是出于对那个人的仇恨。发怒的时候不顾一切，事后却又追悔莫及。

发火和愤怒是人之常情，也是社会中的平常现象。但是，人在发过火之后，不能转怒为仇，也就是人们常说的不能"记仇"。愤怒对社会的主要危害在于它会转变为仇恨。仇恨当然并不都是因愤怒而起，不愤怒也照样能有仇恨。

（2）愤怒是一种复杂的情绪

心理学家华尔特·皮特金（Walter B. Pitkin）在他的《人类愚蠢历史简论》（*A Short Introduction to the History of Human Stupidity*）一书中指出，人类所有的情绪都同时包含着睿智和愚蠢，都指导人的行为，"情绪是行动的模式……如果把情绪与行动分离，那就永远不可能把握情感的作用"。任何一种基本情绪都不仅仅是感觉或心态，而是涌动的能量，引向某种行动。任何一种平常的情绪，在特定的情景下，都可能是对某个事件或外界环境的反应，包含着明显或微妙的社会意义。

愤怒中经常包含某种对错或道义的意识。龙应台有一篇短文，叫《中国人，你为什么不生气?》，她说，那些检验不合格的厂商、占据着你家骑楼的摊贩、往河里倒垃圾的居民、不守交通规则的计程车司机、焚烧电缆的小商人、出售不洁食品的摊主，碰到这样的人和事就应该生气。而且,还不能把生气只是憋在心里,必须大声说出来,才能起到批评的作用。她认为,都是因为中国人太能忍让,太沉默,所以干坏事的才那么有恃无恐。

但是,愤怒也是很容易被误导的,在人群中尤其如此,成为一种群氓情绪。法国社会学家勒庞在《乌合之众》一书里对此有深刻的分析。勒庞指出,群体表现出来的感情不管是好是坏,其突出的特点就是极为简单而夸张,"群体情绪的夸张受到另一个事实的强化,即不管什么感情,一旦它表现出来,通过暗示和传染过程而非常迅速地传播,它所明确赞扬的目标就会力量大增"。不管是实体的人群还是网上的人群都是一样,人群中的个人受他人的情绪影响,对事情不能作出细致的区分,只要有人因愤怒而喊打,许多人都会不由自主地予以响应,不假思索地应声附和,参与暴行。

以前,每次政治运动都少不了群众参与的"斗争会"和"批判会"。现在这样的政治斗争虽然停止了,但这种群众参与的发泄方式还在延续。每次网上发生什么事件,情绪性的"激愤"总是压倒了理性分析,这是一种没有节度,也没有责任感的激愤,什么脏话都骂得出来。正如勒庞所说,"群体感情的狂暴,尤其是在异质性群体中间,又会因责任感的彻底消失而强化。意识到肯定不会受到惩罚——而且人数越多,这一点就越是肯定——以及因为人多势众而一时产生的力量感,会使群体表现出一些孤立的个人不可能有的情绪和行动。在群体中间,傻瓜、低能儿和心怀妒忌的人,摆脱了自己卑微无能的感觉,会感觉到一种残忍、短暂但又巨大的力量"。

在群体中表现的愤怒与个人的愤怒情绪是不同的。个人的愤怒一般有真实感,但群体中表现的愤怒则是可以假装的。即使不愤怒的人也可以假装得很愤怒,尤其是在必须表现得"义愤填膺"的时候。在群体愤怒行动中达到私人的利益目的是常有的事情。2016年9月美国巴尔的摩市的警察暴力执法引起了许多人的愤怒和抗议,但是,加入抗议行动的却并非都是真正愤怒的,他们当中有许多是浑水摸鱼、趁火打劫的暴徒。

群体中的愤怒还经常会寻找错误的发泄对象。例如,巴尔的摩市那些真正愤怒者当中,也有并非直接因受害于警察暴力执法而愤怒的,许多人身处下层,生活困顿,心怀长期积压的不满,所以会把愤怒发泄到本来并没有对他们造成直接伤害的警察身上。愤怒经常被比喻成高压锅,人们遏制自己的怒气,只能在一定的时间里有效,一有机会怒气就会爆发出来。社会中的群体事件经常就是人们怒气突然爆发的机会。

(3)健康的情绪和健康的社会

情绪既是主观感受,又是客观反映,具有目的性,也是一种社会性的意见表达。众人一起表达情绪会成为多元的、复杂的综合事件。情绪会产生动机,例如:悲伤的时候希望找人倾诉,愤怒的时候会做一些平时不会做的事。情绪也是一种认知评估——注意到外界发生的事件或事情、本能地估计自己与他人的力量对比、下意识地采取行动策略等等。

以研究愤怒而著名的社会心理学家拉丽莎·泰登斯(Larissa Tiedens)指出,愤怒往往有夸张和表演的性质,表现愤怒是一种吓唬和震慑对手的有效策略。夸张地表演愤怒——无论是个人的"凶悍"还是革命的"义愤"——可以让自己(或旁观者)觉得"气势压人"或者"长自己志气,灭他人威风"。这可能是一种自欺欺人的心理需求和感觉,自己觉得有理,便会越发得理不饶人。哪怕根本没有道理,一发火也会像是有了充足的道理。当然,这样的愤怒绝对不可能只是放在心里,一定要竭力夸张地表现出来,不仅要拉高嗓门,还要做出火冒三丈、怒不可遏的样子,揪人家的脖领子,扇人家的耳光等等。

甘地说,"发怒和不宽容是正确理解(别人)的敌人"。我们当然不能把说理的欠缺全都归咎于发怒或不高兴,但发怒经常会对说理的冷静思考、理性逻辑和宽容待人有负面影响,却是一个事实。

人会因发怒而转向仇恨,或因仇恨而特易发怒。发怒的时候,我们相信,"因为他们做了坏事,他们一定是坏人"。仇恨的时候,我们相信,"因为他们是坏人,所以他们一定做坏事"。正因为仇恨和发怒是相互转化的,所以,公共道德在要求避免仇恨的同时,也应该要求遇事一定要制怒和说理。火大的社会一定是一个不讲理的社会,而一个不讲理、无理可讲、无处讲理的社会也一定是一个人们会普遍火大的社会。一个社会里不说理的人越多,火大的人越多,整个社会也越不健康。2000多年前,苏格拉底就看到,一个健康的灵魂和一个健康的城邦之间有着某种可以相互印证的联系。这个看法在今天也还是同样适用。

3. 网络义愤和激情失控

美国牙医沃尔特·詹姆斯·帕尔默(Walter J. Palmer)在南非射杀狮王"塞西尔",导致群情激愤。2015年8月1日,加州《奥克兰论坛报》在头版刊登了两篇文章,其中一篇《猎狮者被猎》介绍猎狮事件的一些细节,另一篇《津巴布韦要求美国引渡偷猎嫌疑犯》(下称《引渡》)则是讨论付费猎杀巨兽的市场经济和网上对偷猎嫌疑犯的"义愤"。这两个问题都已经超出了帕尔默事件,比事件本身更值得公众讨论。

义愤是社会舆论的温度计,但是,舆论的义愤有自激作用,可能变成失控的激情。对公众义愤，媒体负有双重责任，一个是让它发出声音，另一个则是将它引向对基本公共问题的理性思考。

民众激情沸腾的时候，让他们冷静下来，听一听反方的意见，并不是一件容易的事情。《引渡》指出，对帕尔默事件几乎一边倒的义愤是一种"公众惩罚"（public punishment），这种惩罚形式"在两个世纪前就已经结束了，然而，随着脸书、推特和其他社交媒体的兴起，在网络上被公开羞辱的人数正在快速攀升"。这对维护公民应有的权利并非一件好事。

斯坦福大学教授帕奥罗·派里基（Paolo Parigi）就帕尔默事件说，"突然间出现了一个与你有相同感受的群体，像帕尔默这样的个人就变成了一个抽象概念和一个物体"。在美国，就算是杀人犯也会有家人或邻居替他说几句好话，但是，义愤风暴中，却"很难找到愿意为帕尔默说话的人，就连帕尔默聘用的律师……也因为网民的狂轰滥炸而辞职不干了"。派里基称这种舆论为"聚合热点"（aggregation points）。

"聚合热点"中的舆论很容易冲动，许多网民甚至不分青红皂白，对其他名叫"沃尔特·帕尔默"的人士也大加嘲笑，甚至发出死亡威胁。美国1990年代的NBA球员沃尔特·斯科特·帕尔默（Walter Scott Palmer）一个星期就在他的推特上收到了大约15个扬言要揍他的威胁。

许多网民对付费猎杀巨兽（又称"运动狩猎"）的经济运作缺乏了解，也不感兴趣，他们特别容易只是从"反对残忍"的道德角度去看待这个问题。哈佛大学教授迈克尔·桑德尔（Michael Sandel）在《金钱不能买什么》一书中从两个方面讨论了这个问题。一方面是市场逻辑，从1990年代开始，一些野生动物保护组织和政府部门主张运用市场的力量来保护濒危动物，并取得了一定的成效。另一方面，"如果没有道德逻辑，市场逻辑则是不完全的。如果我们不能恰当评价买卖射杀（动物）

权利的道德问题，那么我们就无法确定这种权利是否应当拿来买卖"。

从经济逻辑来看，市场运作似乎是一种不错的解决方式，"它使一些人获益，但却没有使任何人亏损。农场主赚了钱，捕猎者有机会去大胆地捕杀危险动物（寻找刺激），而且濒危物种又重新从灭绝的边缘回到了正常状态。谁还会抱怨呢？"

但是如果谁认为，在道德原则上，用金钱在寻找刺激与杀害野生动物之间进行交易是不正当的，那么，他就可能一面对这种做法有利于保护野生动物表示同意，一面仍然坚持自己的道德观点。他更趋向于哪一方面，可能"取决于市场是否真的能够实现它所承诺的利益"。市场合理性是一种实用的理由，而正确看待野生动物则是一种道德的考量，这二者之间的权衡不存在非此即彼的简单选择。

以现在的情况来看，没有"运动狩猎"的市场收入，保护野生动物的公共事业事实上无法得到维持。一位名叫杰夫·斯坦利（Jeff Stanley）的运动狩猎者说，"我很同情（帕尔默），这个家伙为动物保护投进了几十万美元……如果动物保护区没有来自狩猎的收入，那些动物不出一个月就会被杀个精光"。获得批准猎杀一头狮子的价格在5万美元以上，"猎杀狮子是很花钱的，但保护狮子也是很花钱的。……钱就是从巨兽狩猎者那里来的，没有人会花5万至7.5万美元（去保护区）拍照留念，津巴布韦的所有公园都是靠狩猎的钱来维持的"。

帕尔默射杀狮王，如果是一个过错，问题不在于他是否"残忍"，而在于他是否得到官方许可去猎杀狮子。法庭不难对此作出事实裁决，但却无法对运动狩猎的道德地位作出决定，因此，关于运动狩猎的公共争论还会继续下去。同样，帕尔默事件终将成为过去，随着事件退出公共视线，网上的义愤也会自然冷却。然而，一定还会不断出现其他的舆论"聚合热点"，也难免还会发生新的"公众惩罚"（中国的"人肉搜索"也是类似于此的公众惩罚）。因此，对公众惩罚与公民权利关系问题的重视和讨论也一样还会持续下去。

4. 发怒与残忍

在我们今天的社会里似乎有许多人喜欢把"很生气""不高兴""愤怒"挂在嘴上，好像有了这样的情绪，就可以耍蛮、不讲理、动粗，甚至对他人施以暴力。像这样的事情，许多人会归咎于一时的情绪失控，让人做出不理智的事情，或有了不理智的想法，好像只要理智在与情绪的对抗中占了上风，就一定可以防止坏事和避免灾难的发生。

这样考虑问题，经常忽视的，或者故意回避的是暴力行为和愤怒情绪之间的一个关键因素，那就是残忍。残忍是一种暗藏的作恶动机，残忍并不需要表现为情绪失控。人完全可以在十分冷静、冷酷、处心积虑的状态下作恶。它会装扮成"愤怒"——生气发怒、义愤填膺、忍无可忍，等等——以获得"爆发"的合理性，并掩盖它原来的邪恶动机和罪恶性质。

残忍会对他人造成痛苦或伤害而自己得到快乐和满足。无论是作为欲望、意向还是行为，残忍都是一种恶。残忍的行为被称为"虐待"。有严重残忍倾向者便是人们所说的"虐待狂"。虐待行为对他人施加的痛苦和伤害都必定会涉及暴力，经常用"报仇""惩罚"来做借口，使残酷的暴力显得合理。但是，残忍并不一定需要暴力，如果一个快要淹死的人乞求帮助，另一个人明明可以对他无风险地提供帮助，却在一旁幸灾乐祸地看着，这种袖手旁观虽然不暴力，但也是残忍的。

但绝大多数的残忍都会涉及暴力，而且是过度的、不必要的暴力。1世纪的哲学家塞涅卡（Lucius Annaeus Seneca）在他的《论发怒》里用许多真人真事的例子谈到了发怒与残忍的联系。

有一次，在与奥古斯都(罗马帝国的第一位皇帝)一起的一个宴会上，贵族费迪乌斯·普里奥 (Vedilus Pollio) 因为一个佣人打破了一个水晶杯，"下令抓住他，并要以不寻常的方式处死他，即把他扔到池塘里喂鱼。……这个佣人拼命挣扎，终于逃出了鱼塘，并逃回奥古斯都那里，请求他准许他以其他方式去死，而不要以这种喂鱼的方式去死"。

奥古斯都被眼前的景象惊呆了，他放了这个佣人，而且还命令把所有的水晶杯都当普里奥的面打碎，倒进池塘里。塞涅卡写道，"奥古斯都用这种办法去责骂朋友是正确的，他把他的权力发挥得很好。(他对普里奥说)，'你在宴会上下令逮捕一个人并用一种新奇的惩罚方式将他撕成碎片，是不是？你的茶杯被打碎了，所以必须要把这个人肠子也掏出来，是不是？你如此取悦自己以致你竟然在奥古斯都的官邸里敢随意处死人，是不是？'" 塞涅卡还语带讽刺地说，奥古斯都能这么教训普里奥，是因为他的权力比普里奥大。他可以制止普里奥把仆人丢进池塘喂鱼，但改变不了普里奥的"那种发怒，即凶狠、奇特、血腥、无法治愈"。(《论发怒》第三卷，40)

还有一件关于奥古斯都的孙子盖乌斯·恺撒 (Gaius Caesar) 的事情，据塞涅卡说，"由于他固执己见，错误地将人斩首，所以在罗马人心中的印象很差"。有一次，一个士兵的伙伴没有跟他一起回来，盖乌斯说一定是他杀了这个伙伴。这个士兵请盖乌斯调查此事，盖乌斯很生气地拒绝了，命令将这个士兵推出城墙外斩首。正当这个士兵伸出脖子准备就刑时，突然那个误认为是被他杀死了的伙伴回来了。负责执行斩首任务的百人队队长命令下属将剑包起来，自己把这个士兵带回去见盖乌斯，请求免除他的死罪。

这两个士兵紧紧地拥抱在一起，一大群人陪伴着他们，军营里响起了欢呼声，以为蒙冤的士兵可以得救了。可是盖乌斯"却愤怒地走上法庭，命令处死这两个士兵，理由是，一个是没有杀人的士兵，一个是没有被杀的士兵。那个为这两个士兵辩护的（百人队队长）也要被处死……这三个人最后都被斩首了。" 塞涅卡对此写道，"这三个人都是清白的。可见，有时坏脾气在设计发怒托词时是多么地精致啊！盖乌斯发怒地（对这三个人）说：'你是我下令一定要处死的人，因为你已定罪了；你呢，因为你是造成你伙伴被判死的罪魁祸首，所以一定要斩首；而你呢，因为你不服从上司的命令去杀人，所以也一定要处死。'他在发怒中发明了三个借口，可这三个借口却一点根据都没有"。(《论发怒》第一卷，18）

今天，很少有人把《论发怒》当作一部罗马暴政时期的政治谏言来阅读，大多数读者并不了解，或者并不在意它的政治和思想背景，而是按照自己的需要和理解来阅读它，把它当作一般而言的"戒怒"或"制怒"道德教谕来阅读。这也是情有可原的，但这会忽视塞涅卡对残忍的谴责。

"戒怒"当然不是塞涅卡那里才有的，但可以有不同的阐述角度。我们所熟悉的戒怒，许多是从个人修行或健康的角度出发的，例如，《类修要诀》这样的戒怒歌："君不见，大怒冲天贯斗牛，擎拳嚼齿怒双眸。兵戈水火亦不畏，暗伤性命君知否？又不见，楚霸王、周公瑾，匹马乌江空自刎，只因一气殒天年，空使英雄千载忿！劝时人须戒性，纵使闹中还静。假若一怒不忘躯，亦至血衰生百病。耳欲聋又伤眼，谁知怒气伤肝胆。血气方刚宜慎之，莫待临危悔时晚。"

与这样的"戒怒"相比，塞涅卡的戒怒包含一种特殊的道德意义，那就是特别强调发怒与作恶的关系。在普里奥要拿仆人喂鱼这件事情上，关键不在于因为打碎了一只水晶杯而发怒，更在于他的残忍。正如塞涅卡所说的,"凶狠、奇特、血腥、无法治愈"。所有的暴君之所以是暴君,并不只是因为脾气暴躁、易怒或者情绪特别容易冲动,而是因为他们的残忍。发怒只不过是残忍的表象,而"发怒"或"生气"则经常是被用来掩饰残忍和邪恶的一种手段。因此,残忍是与发怒有关的一个关键问题,也是我们在提防发怒情绪时不能不知的。

5. 尖酸嘲讽的价值误判

2017年2月23日国内一网站有题为《美国警察答错小学数学题 中国网友:听过鸡兔同笼吗》的报道,说的是美国一位10岁小女孩数学题不会做,向警察求助。警察十分耐心地帮忙答题,然后答错了。这篇报道引用网友反应,全都是"震惊"和"嘲笑":"一个美国警察竟然连小学数学的四则运算都不会做?!中国网友表示震惊","这位美国公务员,你听说过鸡兔同笼吗?"这样的嘲讽虽不能说是刻薄,但也够尖酸的了。

嘲笑的"笑"里包含着给予对象的负面评价。在心理学里,这被称作嘲笑的"优越感"(superiority)和"蔑视"(disparagement)因素。岳晓东在《幽默心理学》一书中指出,"优越/蔑视论起源于古希腊和罗马的古典修辞学理论,主要包括那些基于怨恨、敌视、攻击、蔑视、优越的幽默理论。古希腊哲学家柏拉图认为,相对于满足的笑而言,嘲笑才是笑的主要形态。因此,笑的意义主要在于否定、鄙夷,或幸灾乐祸。从这一意义上说,笑是邪恶的。亚里士多德认为笑的刺激因素可以是对丑的模仿,而笑带给我们的是一种快感。英国哲学家霍布斯(Thomas Hobbes)认为,笑是'一种突然的荣耀感,产生于我们与别人的弱点或先前的自我的比较'"。

嘲笑那位帮助小女孩解数学题的警察可以让一些人感受到自己在

知识上的优越感,这种优越感在一般读者中是有传染性的。这种传染是一种不知不觉的人云亦云,连带包含着它原来的价值判断。其实,这则消息早两天前就在美国报道了,而美国网友对此的价值判断反应与中国网友则完全不同,他们不是对警察做错了数学题感到震惊,也不因此嘲笑他,而是给予他热情的点赞。

事情是这样的:美国俄亥俄州马里恩市(Marion)一个名叫丽娜·德雷珀(Lena Draper)的小女孩,周末做数学作业时遇到困难,通过"脸书"向当地警察局发出信息。马里恩市警官格鲁伯(B. J. Gruber)并不知道女孩要求的是怎样的帮助,但他还是马上答应帮助她。丽娜说,"我做家庭作业遇到困难了,能帮忙吗?"格鲁伯警官问,"什么事?"他没想到,女孩遇到的是功课上的问题。这位警官后来告诉记者,他当时希望作业涉及的是历史内容。但是,女孩问的是一个数学作业问题。格鲁伯警官还是认真回答了她的问题。

格鲁伯警官对记者说,"我回答问题的时候很有信心,但第二个问题好像没答对"。事实上,很多人通过"脸书"指出了格鲁伯警官在回答第二个问题时出现的错误。但是,马里恩市警察局认为,格鲁伯警官表现出色。

丽娜的母亲莫莉·德雷珀(Molly Draper)说,她是看到了女儿和警官的"脸书"通话才相信这是真的。她在"脸书"上感谢警官的帮助,"谢谢你们,俄亥俄州马里恩市警察局,你们真诚地建设社群关系"。警察局在"脸书"上回复说,"很高兴能给她一些帮助,下次再有数学问题,可用我们的'救命'专线"。"脸书"上格鲁伯警官和女孩德雷珀的对话马上赢得几千个点赞。

格鲁伯警官受到警察局和网友的点赞,是因为他做了一件他警察工作义务之外的事,尽管并不完美。在美国,警察是一项高危职业,格鲁伯警官每天从事危险工作，没有人会去表扬他，因为那是他的"分内之事"或"义务"。他受表扬，是因为他做了一件警察完全可以不去做的事情。

分内之事（obligation）在英语里原来是"捆绑"和"约束"的意思，而义务最初则是"债务"的意思，都是指必须去做的事情。

分内之事因人而异，例如，拥有政府职位者比普通老百姓有更多应该承担的分内之事，成人与儿童的分内之事也是不同的。在正派社会里，人们无须表扬做了分内之事的人，因为这样的表扬不但不能督促分内之事，反而会降低对分内之事的要求和标准。

义务的观念是社会道德秩序的基石。义务是一种必须付诸行动的道德承诺，没有行动的义务是完全没有意义的。古罗马哲学家西塞罗在《论义务》(*On Duty*) 里说，义务有四个要素：第一是人之为人的意识（做人就该这样）；第二是人的位置意识（在家庭里，工作中，社群或国家里）；第三是一个人的个人品格；第四是一个人对自己的道德要求。

尽义务与做一件事是否完美并没有关系。例如，中国人的"孝道"是一种子女的义务，只要真诚，尽心尽力就好，不必与人攀比，奢华铺张。贫苦人家的子女孝敬父母，物质上的奉献在富贵人家看来也许不值一提。但是，如果有人因此对贫困人家子女的孝道说三道四、指指点点，甚至嗤之以鼻，那么，羞耻的不是贫困人家的子女，而是他们自己。警察对社会的义务既是打击犯罪、保境安民，也是在民众需要时提供帮助。格鲁伯警官在一个小女孩做数学题需要帮助的时候愿意出手相助，这是在尽比一般警官更大的义务，虽然还不完美，但已经尽心尽力。为此，他应该得到的是点赞，而不是嘲笑。

第三部分

困顿的世界，难测的人心

第十一章　逆境忧患与抑郁现实主义

哲学可以说是一种最古老的批判性思维，经常也是最彻底的。在思考上，哲学能体现最根本意义上的"批判"，那就是清醒、敏锐、深入、透彻。哲学对人的乐观和悲观迷思抱有恒久的兴趣，并视其为人生的重大问题。批判性思维更重视的则是过分乐观和过分悲观对人的理性思维的误导，可以与哲学家对人生的苦乐和价值问题的思考相互比照，收到相得益彰的效果。

加缪说，对人的境况，绝望的是懦夫，希望的是傻子。美国作家米侬·麦罗琳（Mignon McLaughlin）说，"春、夏、秋季让我们充满希望，唯独冬季提醒我们人的境况"。不智慧的人类，不完美的世界，在这样的境况里，我们该如何生活？世道晦暗，人性残缺，人何以安身立命？这两位作家笔下流露的都是一种对人的境况（human condition）的忧患感。

忧患感（忧患意识）可以有两个不同的意思，一个是对突发不利情况的担忧，善于察觉生活中的危机，预见坏事的发生，也就是孟子说的，生于忧患，死于安乐；另一个是对悲苦、灾祸、死亡、贫困、挫折、人间不幸、世道艰难、世态炎凉等等有敏锐的感受，是一种饱经忧患、备尝艰辛、悲天悯人的心境或气质。

忧患的情感或心境包含着特定的认知,"忧思"既是"忧",也是"思"。忧患主要不是指一时性的忧愁情绪,或对某事的不安或担心,而是指一种比较固定的思维习惯和性格特征。在大多数情况下,忧患者遇到事情几乎总是会从不利处着想,负面考虑多于正面考虑。忧思者大多是多虑、沉稳、谨慎、多思和内向的。

长期以来,人们一直是在乐观(主义)和悲观(主义)的对立概念关系中理解忧患思虑,忧思被推向悲观那一头。但是,从1970年代末以来,心理学为我们提供了一个可以打破这种乐观—悲观两分对立的新概念,那就是"抑郁现实主义"(depressive realism)。它让我们能够更好地了解生存逆境中的忧患感,也让我们对抑郁有了一个新的透视视角。我们可以由此来理解和描述忧患意识或忧思的一些重要特性,也可以避免把"忧虑"想当然或简单地当成精神病学的"忧郁症"或"抑郁障碍"。

1. 作为逆境认知策略的忧思

抑郁现实主义是一种逆境思维,它的基本要义是,在一个世态炎凉、人心叵测的世界里,若要安身立命,那就必须现实,不能有非分之想,否则便是自讨苦吃。抑郁现实主义是作为"乐观幻觉"或"乐观偏误"的对比概念而提出来的。是什么让"抑郁"跟"现实主义"发生联系的呢?那是因为"抑郁"与"真实"(现实)的接近程度。

其实,"抑郁"与"真实"比较接近,这并不是现代人的发现。公元1世纪罗马哲学家塞内加(Seneca)有一句模仿斯多葛主义的高论,"幸运令人向往,厄运令人惊奇"。也就是说,如果未来包含着令人出其不意的事情,那么它们大多是在厄运中出现的坏事。好事成真的机会永远赶不上坏事临头,所以人应该时刻对坏事有所准备,不能对好事有太高的期待。这还是就一般的情况而言的,在恶劣的环境里,就更加如此了。

抑郁或忧思使人在不容乐观的环境里,遇到事情先从不利的、有困难的方面去考虑,而不是飘飘然地自以为能力很强,没有办不成的事情。抑郁并不一定是因为天生性格多疑、胆小怕事、缺乏决断;抑郁经常是因为有多次失败的经验,因此变得谨慎小心,不敢大意。因此,抑郁其实是一种经验性的忧思多虑,它会使人对事物的判断比一味乐观更接近真实。忧思也好,多虑也罢,都是一个对待问题和处理问题的态度,需要防止过分,并保持适度。它应该成为积极行动的准备,而不是妨碍积极行动。不然的话,忧思多虑的认知作用会适得其反,也就变成了瞎操心和瞎担心,甚至变成习惯性的悲观颓唐。

乐观偏误又称"不现实乐观主义"(unrealistic optimism)或"比较性乐观主义"。它让人错误地以为,在碰到坏事的时候,自己不会像其他人那样受害或倒霉。乐观偏误在私人或公共生活中相当普遍,是一种鸵鸟政策的自我欺骗。例如,吸烟的人知道吸烟与肺癌的关系,但认为,得肺癌的不会是他自己。有的人明明知道股市并不是按市场规律在操作,许多人都在赔钱,但却认为自己能在这样的股市里捞到一笔。在这样的情况下,拒绝乐观幻觉的抑郁现实主义对现状的估计虽然也会有偏误,但会比较接近真实。历史学家布尔斯廷(Daniel J. Boorstin)说,"我们深受其害的首先是我们自己的幻觉,而不是我们的恶习或软弱。我们听从的不是真实,而是我们用来代替真实的幻觉"。正因为普通人很容易把幻觉当成真实,抑郁现实主义的纠偏作用和价值才受到重视。

弗洛伊德认为,幻觉对绝大多数人未必是一件坏事,"幻觉对我们有吸引力,因为它省却了我们的痛苦,让我们可以快乐。因此,就算幻觉有时候与现实有一些矛盾,会因此而被现实粉碎,我们还是应该接受幻觉"。乐观幻觉可以有积极的心理作用,如增强自信、自尊,激励进取心。但是,我们并不因为乐观偏误有某些积极作用,就把它可能包含的不真实不当作一种偏误。同样,我们也不能因为抑郁现实主义有接近真实的推理作用,就不把它也当作一种偏误。

抑郁现实主义的纠偏作用来自它的现实思考,而不是抑郁本身。抑郁是因为现实思考让人看到了太多的阴暗和丑恶,隐蔽的和暴露的,因而有了一种疲惫和无力感。承认自我的软弱和无助本身就是一种现实主义的人生态度。抑郁现实主义的"抑郁"是轻微的,就像心理学家们所说,快乐的人也会抑郁。抑郁现实主义的"抑郁"是勤于思考的结果,是一种思考者的抑郁。这与中度到重度抑郁患者有思考障碍是完全不同的,后者的特征是极度的不自信,觉得做什么都是错的,对未来生活中的一切充满焦虑,丧失信心。这样的抑郁者不想和人沟通,不想做事情,对往日喜欢的一切都没有热情。直接的物质和感官刺激也许能让他们得到短暂的愉悦,但他们记忆力严重减退,无法集中思想和考虑复杂的问题。他们会因为幻觉而有厌世的想法,以为离开人世就能一了百了,或者能让别人感到快乐或过得更好。这样的抑郁者,他们的认知也就无关乎什么现实不现实了。他们因幻觉而造成的焦虑、沮丧、绝望已经不属于忧患意识的范围。

心理治疗医师和作家科林·费尔什姆(Colin Feltham)在《我们不让自己走出黑暗》(*Keeping Ourselves in the Dark*)一书中有专门一章讨论抑郁现实主义,他认为,许多人害怕从美好的错觉世界跌入他们不想看见的现实世界,这个现实世界让他们感到无所适从,"冷漠、懒惰、郁郁寡欢、无创意或回应、惊慌、孤立、失败、无创意亦不能回应、看不到前景"。抑郁现实主义能够帮助人们应对这样的现实。费尔什姆在一次关于抑郁现实主义的访谈中指出，"轻微抑郁的人——心境恶劣者（dysthymic）——也被称为'吃一堑，长一智'的人"。抑郁现实主义以怀疑的态度看待人的存在，关切的主要问题是"死亡、无意义、世界对于苦难的冷漠、社会的荒诞、生活中的错觉和谎言，以及我们对这些绝望的应对方式：否认、逃避、抑郁、自杀、反出生主义（antinatalism），等等"。

抑郁现实主义虽然是一个新概念，但它关切的忧思主题却非常古老，从古希腊悲剧家索福克勒斯到现代的卡夫卡、哈代、萨特、加缪和法国文坛的人气作家米歇尔·韦勒贝克（Michel Houellebecq，以孤独、虚无、荒诞、讽刺闻名），在宗教、文学、哲学中的例子数不胜数。可以说，所有反乌托邦文学大家，H. G. 威尔斯、赫胥黎、奥威尔，都是富有忧患意识的抑郁现实主义代表人物。

抑郁现实主义很容易被误会成悲观主义，其实二者之间有着重要的区别。在认知上，抑郁现实主义是一种防卫性的悲观主义（defensive pessimism）。抑郁现实主义使人降低对成功概率的估计，在论证的过程中，它趋向于挑选负面的事实信息，或对事实做负面的解释。这样的估计有可能是一种"负面偏误"（negative bias），其价值仅限于对过度乐观或冒进失误的纠偏作用。

忧患意识与悲观主义的最大区别在于行动，包括行动的动机和能力。悲观主义会使人在颓废、失望和沮丧心情下变得冷淡麻木、浑浑噩噩，也成为行动上的失败主义者和无为主义者（做与不做都一样）。忧患意识则会激励行动，它有判断，有目标，所以才更多地考虑实现目标的难度。悲观主义因前景黯淡而放弃努力，但忧患意识则会因预见不利和困难而先做准备或加倍努力。例如，在工作市场不景气的情况下，悲观主义者也许会心灰意冷、意气消沉、萎靡消极、自暴自弃，但是有忧思意识的人会早早有所思想准备。他不会因为工作难找而放弃寻找的努力，不会放弃每一个面试的机会。

就行动方式而言，忧思也是有别于乐观幻想的。例如，乐观幻想的求职者会因为过分良好的自我感觉和前景预感，对工作挑挑拣拣，但忧思者则会更珍惜每一个机会。他会未雨绸缪，在面试之前更仔细地考虑面试的种种细节（材料准备、应答策略、衣着仪表、谈吐方式），以争取最大的成功可能。他不会以所谓的"必胜决心"去应试，而是会做好不成功的心理准备。往最坏处着眼，往最好处努力，这就是忧患意识者常抱的"但问耕耘，莫问收获"心态。

2. 快乐与真实

抑郁现实主义对我们每一个人提出了一个重要的问题，那就是，快乐和真实哪个比较重要。每个人对这个问题都可以做出自己的回答，没有人能替别人回答这个问题。即使对重度抑郁症患者，快乐和幸福也不是一个多余的问题。重度抑郁症也是可以治疗的，荷兰有一项研究表明，大多数患有精神疾病的人至少在有的时候也是"快乐"的。

忧思者往往是一些看起来不快乐，或者不容易快乐起来的人，他们内向、多虑、多疑、孤独，遇事顾虑重重，看待事物的方式比较黯淡、保守。正因为如此，他们一般比较诚实和正直、不愿意说假话，也不愿意欺骗自己。这样的人大多讨厌虚伪，鄙视官场或社会中的随波逐流和附膻逐腥，不屑于做那些歌功颂德、趋炎附势的事情。他们对社会中普遍存在的失德和堕落痛心疾首，无情鞭挞，因此经常被世人视为特立独行、难以相处，甚至愤世嫉俗、自讨苦吃的"怪人"。

真实与快乐就像是鱼与熊掌，难以兼得。挪威－加拿大哲学家赫尔曼·汤勒森（Herman Tønnessen）说，人必须在真实与快乐中二选其一。乐观主义是一种快乐的生活观，任何乐观主义都难免有错觉或幻觉的不真实成分，乐观主义的不真实使它显得肤浅和虚幻。一味乐观的箴言励志空洞浮泛，经常被嘲笑为"心灵鸡汤"。统治权力所制造和宣传的"幸福感"类似于此。赫胥黎的《美丽新世界》里每个人可以定量享受的"舒脉"，就是这种乐观主义的迷幻剂。在乐观迷幻的社会里，抑郁症患者成为给幸福生活抹黑，让幸福社会没面子的"异类"。他们遭到权力的仇恨、社会的嫌弃和排斥。不少神志健全的异见人士也因此被当作"抑郁病人"，强行关进精神病院里去。

确实有一些真正的抑郁症患者，他们为忧伤和焦虑所困，对从前很喜欢做的事失去兴趣或乐趣，觉得自己不中用，内疚自责，不能集中精神也丧失了决断能力，他们反复想着死亡或自杀，试图自杀或有自杀计划。家人和社会应该对他们予以关怀，对他们精神健康的恢复应该有现实的而不是过高的期待，不然会造成不应有的伤害。任何人都不应该违背对精神病患者的人道治疗伦理，为了一己私利，拿他们来做宣传。但是，这样的事情却不幸发生在我们的社会里。有报道说，2009年11月26日下午，四川资阳市精神病医院举行了一次歌咏比赛。医护人员和精神病人同台演唱，"由于病人不能在卡拉OK乐曲伴奏下演唱，因此一律清唱。但是令人吃惊的是他们的歌声整齐、嘹亮、悦耳、动听。他们豪情满怀，饱含深情"。这是骗子医生的政治投机呢？还是精神治疗的乐观主义幻觉？

弗洛伊德是一位精神治疗大师，他对精神治疗有期待，也有信心。但他并不是一位像资阳市精神病医院医生那样的乐观主义者。他所设想的精神治疗，其现实目标不是让患者兴高采烈地快乐起来，变得豪情满怀，而是为了帮助他们摆脱歇斯底里的悲苦，不要过度不快乐，只要恢复到常人的不快乐程度就好。许多称职的、有同情心的心理治疗师也是这么劝导病人的，抑郁来自人类进化本身，人无须因为自己的抑郁而觉得可悲、可耻、自卑或有负罪感。对自己，包括对自己的精神和心理软弱彻底诚实，接受真实，这才是克服心理疾病的最好办法。

其实，对于每个神志清醒的人（包括轻度抑郁者）来说，真实或快乐未必完全是他理性选择的结果，他的心境、气质、城府、性格往往替他做了这个选择。当然，一个人的性格特征在很大程度上是在具体的社会环境里，由特定的经验或遭遇所形成的。忧思者不是不相信或不喜欢快乐，而是认为，快乐是一种偶然的、一时的感受，再多这样的快乐，也未必就能累积为人的幸福。在他们看来，歌舞升平、莺歌燕舞的"幸福生活"不过是海市蜃楼。统治者往往会刻意制造这种幸福生活的幻觉，引诱和鼓励人们生活在这样的盛世幻觉中，因为这符合他们的利益。对这样的盛世，抑郁现实主义者无意作什么"盛世危言"，因为那个被称为"盛世"的，在他眼里，本就是一个乐观幻觉。

心理学家和心理治疗师一般认为，对于任何快乐或幸福来说，某种程度的幻觉都是必不可少的。但是，如果快乐或幸福需要幻觉，那么真实也就会被牺牲掉。对那些很在意真实的人们（其中包括抑郁现实主义的忧思者）看来，依赖于幻觉的快乐并没有什么真正的价值。柏拉图认为真实高于诗歌，就是因为他更在意真实。

然而，倘若一个人相信存在着某种绝对的真实（真理），相信他自己就是真理斗士，少了他别人就不知道如何寻找真实，那也是一种错觉或幻觉。凡是人，多少有一些错觉或幻觉，但对错觉或幻觉的自觉程度却甚为悬殊。抑郁现实主义比乐观幻觉更接近于真实，但它自己并不就是真实。抑郁现实主义也不可能知道什么就是真实，它只是一种把寻找真实看得比真实更为重要的现实主义。正如费尔什姆所说，"我们不能肯定抑郁现实主义就是真实，它也许是倒数第二的真实（the penultimate truth）"。忧患意识并不能自动去除它自己可能包含的错觉或偏误。忧思者之间也会有谁对自己更为诚实的问题。自以为是的忧思者没意识到自己也会有错觉，这是一种自我欺骗。相比之下，有自知之明的忧思者则会对自己的偏误有自觉认识，是忧思者当中比较诚实的一类。

3. 孤独的忧思者

乐观主义在任何社会里都是受欢迎的，因为乐观能让一般人快乐起来。乐观主义的励志和鼓舞也是每个社会都需要的。这种励志和鼓舞在美国和中国都被称为"心灵鸡汤"。乐观主义看到的是正面的人生，因此经常会忽视人性中存在的荒诞、阴暗、软弱。乐观主义对人的情感脆弱、认知扭曲和心灵幽暗也缺乏应有的重视。因此，乐观主义会显得浅薄。著名英国犹太小说家霍华德·雅各布森（Howard Jacobson）说，"我写的每一本书都是末日幻想（apocalyptic），我还从来没有遇到过一个有智识的乐观主义者"。

在抑郁现实主义者看来，乐观主义的心灵鸡汤在社会里之所以如此供不应求，恰恰表明这个世界是多么不容乐观，多么缺乏幸福。对渴求心灵鸡汤的芸芸大众，抑郁现实主义的影响力永远不可能与乐观主义相比，明智的忧思者永远不会奢求拥有抗衡乐观幻觉的力量。这也是他们对励志说教的作用多有疑虑、忧心忡忡的原因。

忧思者是孤独的，他们不可能像乐观主义者那样拥有众多的粉丝、拥趸。不管他们多么一片苦心，多么为社会或世界的前景担忧，他们的忧思都只会吓跑那些他们想要劝诫的"快乐人群"。他们搅扰了快乐人群的乐观幻觉和安稳，一定会招致众人的厌烦、憎恶和仇恨。不少被嘲笑和鄙称为"公知"的人就是这样的忧思者。

其实，渴求心灵鸡汤的芸芸大众并不可能单靠乐观幻觉生活，他们对世态炎凉、人心叵测、世道险恶不会没有经验和体会。正是因为他们需要平息自己内心的不安、焦虑、害怕，他们才越加需要心灵鸡汤的抚慰。古代的民间智慧中就已经有了许多包含忧思的经验之谈。在童蒙书《增广贤文》中有许多这样的例子："相识满天下，知心能几人""逢人却说三分话，未可全抛一片心""画虎画皮难画骨，知人知面不知心""山中有直树，世上无直人""年年防饥，夜夜防盗""有茶有酒多兄弟，急难何曾见一人""人善被人欺，马善被人骑""人情似纸张张薄，世事如棋局局新"。

快乐人群实际上生活在一种自我欺骗的矛盾状态中，他们在同一时间有着两种相互矛盾的想法——世界美好，世道险恶。这两种同时存在的矛盾观念让他们处于焦虑、不安、不能释怀的紧张状态。为了平息这种焦虑和不安，他们必须加倍地乐观，甚至去拥抱一种没有现实感的乐观幻觉。乐观幻觉本身就是因为过度寻求快乐而放弃真实的。抑郁现实主义则相反，它看到的是越来越多无法令人乐观的问题，其中当然也会有不实的部分。

在快乐人群看来，抑郁现实主义看待世界的方式是消极悲观，一片昏暗的——上帝不存在、政治制度失灵、社会道德崩塌、爱情维系于金钱、友谊变质为利用关系、教育无效、启蒙失灵。人在这样的世界里还怎么生存下去？但是，抑郁现实主义对现实有所忧虑（可能过于严重），并不会因此罹患抑郁症，而是保持一种旁观者的清醒，虽然悲观，但并不至于颓废或厌世。例如，许多存在主义哲学家和作家是对这个世界持警惕和怀疑态度的忧思者，他们看到人类生存境况的荒诞，但同时却比任何人都更坚持自由和本真的价值。

忧思者对现实的看法比较接近真实，这是一般化的假说，不同的忧思方式接近真实的方式是不同的。忧思的价值也许并不在于它究竟有多接近真实，而是在于，它虽不能找到那个可以确定无疑的"真实"，但却把追寻真实作为一件有意义的事情。

追寻真实，这也使得抑郁现实主义与犬儒主义区别开来。在犬儒主义那里，既然人无法确定什么是真实，那么追寻真实也就没有意义，这就导致了彻底的虚无主义。抑郁现实主义不接受这种虚无主义。

虽然抑郁现实主义会把现实看得很糟糕，但不像犬儒主义那样全然绝望，它还总是对转变的可能不死心，即便它怀疑这种转变的可能，也没有到完全绝望的程度。抑郁现实主义者追求真实，但从不放弃一种智识上的怀疑主义，包括怀疑他自己。这是一种挑战，考验他是否真的能够接受一种不包含（或尽量少包含）幻觉的生存意识。人总是会需要有某种提供安慰或幸福感幻觉的东西——宗教、信仰、政治理念、群体归属、民族身份等等。去除这些东西里面的幻觉就像要在沉思冥想时去除杂念一样，虽然可以一点一点地逼近，但很难进入一个全无杂念的纯净境界。沉思冥想的境界是一种孤独的体验，越是纯净，越是不可能传递给别人，更不要说是让别人也复制他的体验了。抑郁现实主义的忧思者或许也是一样，就像你不能在人群里沉思冥想一样，你无法在一个组织或群体里与众人一起忧思。

抑郁现实主义只能是一种独思的方式，一种个人化的生活态度。一个人趋向于抑郁现实主义，经常是因为有了某种饱受挫折和不顺的经验，身处道德不明、善恶难辨的环境，或者像犹太人或真正的佛教徒那样，对自己的生存处境和人的命运有一种深刻的悲苦意识。但是，并不是所有拥有这类经验或身处相似环境的人都一定会接受抑郁现实主义。是不是接受这样一种生活态度在很大程度上还是取决于一个人的性格或气质，而这种性格和气质则又与他的智识有关。但是，并不能反过来说抑郁现实主义者就一定都有智识。智识是勤于思考、善于思考的结果，而不会自动来自人的某种性格或气质。我们应该以勤于思考和善于思考来要求抑郁现实主义，只有这样，它的忧患意识和忧思才能变得更加成熟，也更加现实。

4. 不顺心和挫折感

人都有不顺心或觉得诸事不顺的时候，但不一定都会严重到有挫折感的程度，不顺心是一时的感受，而挫折感则可能固化为一种心理定式。从幼年起，孩子们便有不顺心的事情，但一直要到长大成人，懂事了，才会有挫折感。与孩子那种不顺心的挫折不同，成人的挫折感经常不是一时的情绪或心情，而是一种扭曲的心态和无奈的心境。

现在有不少人称自己是草民、蚁民、韭菜，背后就有成人的挫折感在作祟。几千年来，普通民众的政治身份都很低贱，他们的名字叫：黎民、庶民、臣民、草民、贱民、刁民、暴民。但是，被人或自己叫作蚁民，甚至"韭菜"却是很罕见的。

"蚁民"的含义是复杂而矛盾的，有自嘲又有愤怒，有犬儒也有反抗，有退缩忍让又有愤世嫉俗，但更多的是无可奈何、无助无力，透着疲惫和厌倦的挫折感。

那么什么是挫折感呢？挫折感又是如何影响人们看待自己和他的生活世界的呢？挫折感（frustration）又叫沮丧。英国作家阿兰·德波顿（Alain De Botton）在《哲学的慰藉》（*The Consolations of Philosophy*，2000）一书里说，挫折感是人的一种常见的对不顺心事情的情绪反应，挫折感伴随着愤怒、震惊、不公正感和焦虑。德波顿认为,"哲学的任务就是教会我们在愿望碰到现实的顽固之壁时,以最软的方式着陆",与挫折感伴生的种种负面情绪都是应该克服的。

愤怒是一种疯狂,"生活不可能十全十美,我们必须顺应之",如果不抱太大的希望,也就不会那么愤怒。

震惊是因为缺乏思想的防备,"应该对生命都不意外,我们的思想应该事先准备迎接所有的问题,我们应该考虑的不是惯常发生的事,而是有可能发生的事"。

不公正感是于事无补的。一个屡屡遭受挫折的好人会觉得"好有好报、恶有恶报"这种话根本就是骗人的谎言,"当一个人行为正确而仍然遭遇祸事,就惑然不解,无法把这件事纳入公正的框架中。世界看来很荒唐。于是这个人就会在两种可能中徘徊:或觉得自己终归还是坏人,所以才受到惩罚;或觉得自己实在不坏,因此一定是对公正的管理发生了灾难性的失误,自己是它的牺牲品"。对不公正抱怨不如对公正死了心来得彻底。

焦虑也是无用的,焦虑是"一种对于情况不能确定的焦躁不安的状态,我们希望情况好转又担心它恶化。最典型的后果是使人不能享受本应是快乐的事情"。再不济的蚁民还是照样找到自己的快乐:打麻将、吃饭、做爱、玩手机。

虽然蚁民不是哲学家,也未必对哲学有兴趣,但德波顿所说的哲学软着陆思维却也贯穿在他们对自己处境的思考之中。他们遭受的挫折不是一时一事的不顺心,而是在人生中要实现个人意志或目标遇到了难以克服的阻力。挫折可以是一种短暂或短期的情绪(不顺心),也可以是一种根深蒂固的心态或心境(挫折感)。把自己看成是蚁民、韭菜不是一时的情绪,而是一种固化了的心态和心境。

本-泽维在《微妙的情绪》一书里从另外一个角度讨论了与挫折感伴生的愤怒和怨恨：愤怒是一种有进攻性的情绪，愤怒是一种对不公正的抱怨，它本身就暗含着一种信念，坚持认为这个世界应该公正，不公正一定是有人在使坏，愤怒的对象就是这个坏人。

相比之下，挫折感则没有进攻性，它经常是一种自我憎恨、自我鄙视和自我厌恶，是一种随遇而安、逆来顺受的心态，本-泽维因此称它为"自我挫折感"（self-frustration），许多人因为饱受挫折说自己"命苦""就是这个命""一辈子倒霉""投错了人世，下辈子要好好投胎"，怪来怪去都是怪自己。蚁民符合这种心态。

他们自己内心的这种想法可能强有力地扼杀他们怀疑的意志和求变的意向，他们会认为，既然经过许多努力仍然没法摆脱自己的生存困境，一次又一次的失败无非是在证明，自己的低下地位一定是有道理的，尽管他们不知道那道理到底是什么。他们在社会中遭遇种种不公正的对待，而注意到这一事实的又只有既低下又无能的他们自己，那简直不可思议。于是他们抑制自己的怀疑而随大流，看不起自己，因为他们不能想象还有另外看待自己的方式，还能对自己有什么不同的期望，还能知道什么至今还不知道的可能。

本-泽维写道："愤怒与挫折感的一个区别在于，愤怒一般针对的是伤害我们的他人……挫折感针对的经常是自己，不针对他人或根本不针对任何人。"挫折感经常来自一个人天生的或后来的处境，以前出生在所谓的"右派""反革命"家庭，如今出生在非常贫困的家庭，要愤怒都找不着对象。出身在这样的家庭就等于陷入一个很难改变的困境，不管你多么努力，一次次争取上学、招工、找对象，都会不断失败，累积而成的是刻骨铭心的人生挫折感，甚至都无法转化为对任何成功者的愤怒或妒忌。

5. 可以承受挫折，但不可习惯挫折

罗马历史学家普鲁塔克在《论嫉妒与仇恨》(On Envy and Hate) 一文中说，嫉妒是跟差不多的人比较，落了下风的一种心情。一个人的朋友、同事、邻居过得比他好，能够享受到他想要而得不到的东西，他这才会嫉妒他。但他不会去嫉妒亚历山大大帝。同样，你很可能嫉妒你的朋友和同事，但你不会去嫉妒比尔·盖茨或马云。普鲁塔克说，对差距太悬殊的人，虽然不会有嫉妒，但会有仇恨，"没有人嫉妒亚历山大大帝，但仇恨他的人却很多"。这也似乎说明，为什么许多人对暴富的人群虽然不嫉妒，但充满了仇恨。"仇富"心理就是这么来的。但是，蚁民却不一定在仇富人群之列，他们的挫折感是自我指向的——不仅自己看不起自己，自认低下，而且能自得其乐。他们是对自己挫折感承受度最高的群体。

美国心理学家莱斯特·克鲁 (Lester D. Crow) 和艾丽丝·克鲁 (Alice Crow) 在《普通心理学纲要》(An Outline of General Psychology) 一书里把对挫折感的承受度称为"挫折容忍度" (frustration tolerance)，指的是"承受挫折感而没有情绪波动 (emotionally disorganized) 的程度"。他们指出，不同的人面对同样的挫折会有不同的反应，与两个主要因素有关。

第一是为自己设定的目标。目标越低，对失败的感觉越麻木，也就越能承受挫折。鲁迅笔下的祥林嫂就是一个例子，她疯掉了，疯掉是对挫折感最好的保护。越是普遍贫困的生活状况下，人们对挫折感的承受度越高，因为谁都不能设置太高的目标。反倒是富裕起来的社会里，看成功人士住豪宅、开宝马，自己拼死拼活也成功不起来，这就会有很强的挫折感。

第二是当事人的性格，一般而言，乐观的人比悲观者更能承受挫

折。但是，如果是盲目乐观，那么这种承受力只是一种自我欺骗，并不见得有实质的积极意义。电视剧《贫嘴张大民的幸福生活》(1998)里的张大民是个头脑简单的乐天派，他好不容易在大杂院里一棵树的周围搭建了一个简陋的小屋，完成了从挫折向"幸福人生"的转型。观众感到的却是小人物的辛酸和无奈。

可以说，自称蚁民而又能自得其乐的是一些人生目标设定较低，性格比较无忧无虑的，承受挫折能力较强的人。但是，他们毕竟和时有不顺心的孩子不一样，他们不得不面对的是成人的问题，工作、住房、健康医疗、生活保障、食品和环境的安全、子女的教育和前途，他们在这些问题上所遭遇的是成人的挫折感。承受挫折和吃苦耐劳一样，本是一种优秀的能力，人承受挫折是为了摆脱挫折的困境，但如果只能滞留在这个困境中，那就是不能接受的挫折了。

挫折感是一种复杂的情绪，可以包含失望、绝望、无奈，也可以包含愤怒、不平、怨恨、仇恨。本－泽维强调的是挫折感与前一类情绪的联系：挫折感所针对的是失败者自己，是非攻击性的；但是，也有社会心理学家强调挫折感与后一类情绪的联系：挫折感针对的是失败者眼里的外因限制或阻碍：他人、境遇、环境、制度等原因，因此挫折感是攻击性的。理查德·格里格和菲利普·津巴多在《心理学与生活》一书中指出，"挫折在人们获取目标受到妨碍的情境下出现，而出现挫折后人们比平时更可能表现出攻击行为。这种挫折和攻击行为之间的关联已经获得了较多的实验支持"。

挫折感包含攻击性，这被称为"挫折－攻击假设"(frustration-aggression hypothesis)，它在孩子身上就有所体现。研究者发现，孩子们想得到一件东西，或做一件事受到阻碍和挫折时，他们一般并不会怪自己，而是会怪不让他们实现愿望的大人。他们因此就会跟家长"闹脾气""不听话""任性",这是孩子们的进攻性行为。但是,如果他们生活在有暴力压制的家庭,他们便不敢把不满表现出来,他们不是没有进攻性本能,而是已经学会了压制这种本能。

格里格和津巴多指出,还有心理实验发现,"孩子想玩更好玩的玩具的愿望遇到挫折时,他们就会对以前的玩具表现出攻击性,直到他们最后能有机会玩更好玩的玩具。研究者们利用这种关联来解释个人和社会层面的攻击行为"。心理学家拉尔夫·卡特拉罗(Ralph Catalano)等人在《失业对暴力的最终影响模式》(A Model of the Net Effect of Job Loss on Violence)一文中提供了这样一个真实的事例。

一个被解雇的员工杀死了解雇他的老板,而且他的同事也参与了。这些能被认为是由挫折(也就是说求生的目标遭到挫折)所导致的攻击行为吗?为了解答这个问题,一组研究者调查了旧金山的失业率和这个城市"危险人口"占有率之间的关系,这样的分析可以推广到整个国家。什么样的失业率可能会导致最高暴力水平?研究者发现暴力随着失业的增长而增长,但仅仅是在一定范围内。当失业率太高的时候,暴力又开始下降。为什么会这样呢?研究者指出,人们对于失业的过度恐慌限制了由挫折所导致的暴力倾向。

格里格和津巴多认为,这个研究结果能让我们看到,挫折感与攻击性行为之间有联系,但并不是挫折感越强或越广泛,攻击性行为就越厉害或越广泛的简单正比关系。"随着失业率上升,由个人挫折引发的攻击行为也会达到一定的水平,但是,当人们认识到攻击行为的表现可能会使他们的工作不保时,暴力就受到了限制。在你日常生活经历中,你可能会辨认出自身的这种力量:在很多种情境中,你可能会感到非常的沮丧,你想表示出攻击行为。但是你也知道,攻击行为的表现将会对你的长期利益产生不良影响。"

挫折感里经常会包含朴素的正义和是非判断（正确不正确是另外一回事），失业的工人必定是觉得自己受到了工厂或其他不公正的待遇，才会有暴力的反抗行为。如果他们没有这样的是非判断，不觉得自己受到不公正的待遇，那么他们便不能理直气壮地发泄愤怒。即便是在相同的失业处境里，有的工人会比别的工人更感到愤怒，也就更可能有攻击性的行为。受到同样冤屈的人们，有的人会比其他人更愤愤不平，这是因为他们有更强的是非感。不管怎样，受冤屈的人都会有挫折感，都会沮丧，他们不作声，无反抗，没有不满的表示，是因为权衡之下知道，有表示比没表示会对今后的利益产生更多不良影响。

因此，我们看到的蚁民自我嘲讽、逃避现实、唾面自干，也许只是一个表象，并不等于他们就真的对自己的生存状态麻木无知、无怨无悔，更不要说是蠢笨傻乐了。蚁民的自嘲，不管多么消极，都已经包含了一种对自身困窘处境的清醒意识，而这种意识来自他们的人生挫折和失败。他们当中有的一定会比其他人更不甘心自己是蚁民，也对自己的处境有更多的想法。哪怕是那些看上去没有想法的人，他们也不得不面对成人的问题，他们遭遇成人的挫折感。只是因为他们对自己的境况感到疲惫和无力改变，才不得不默默忍受，而不是因为他们真的愿意在这种境遇中终老一生。人承受挫折是为了摆脱困境，寻找出路，如果只能困坐愁城终老，那就是不可也不应承受的了。

6. 我这一代人的挫折和习惯

一代人有一代人的习惯。我这一代算是 50 后的人（包括最后几年的 40 后和早几年的 60 后）。这个经历了"文革"时代的人群有一些共同的、可预见的行为特征，那些反映在思维和行为特征上的共性"习惯"。例如，他们中大多数人一辈子饱受挫折，对权力特别敏感——如果处于底层或无权状态，大多谨小慎微、胆小怕事；如果处于权贵地位，则又崇拜权力、以权壮胆，以致胆大妄为。他们对敌意的斗争和对立也很敏感，善于斗心眼，用阴谋论来看待不同的意见。

在人际关系上，他们需要朋友抱团取暖，他们热衷于各种同学会，但却又难以彼此推心置腹、敞开心胸。他们经历过的那个斗争时代在他们之间留下了太多彼此伤害、误会和猜忌的嫌隙。他们曾经在一个利出一孔的制度中，为了争夺极为有限的机会，不择手段地相互竞争，互相妒忌，互相幸灾乐祸。如今有的成功，有的落魄，他们之间难以建立起真正的信任和真诚的情感联系。

人的习惯是由经历和经验养成的，从心理学的角度来看，习惯是由于先前某些不断重复的经验而养成的思维、意愿和感觉定式。习惯行为经常是非知觉和自动的，经常不由自主。旧习惯很难打破，因为习惯性行为方式会被印刻在人脑的神经通路（neural pathways）之中。改变旧习惯不是没有可能，但需要有不断重复的别种经验来形成新的习惯。

习惯是一种思想性格，包含着常见的自我欺骗动机。习惯塑造性格，而性格则又会被接受为自然而固定不变的东西。无论是好习惯还是坏习惯，固定不变地看待习惯都是一种错觉。许多人不愿意或不能决断改变自己的坏习惯，他们能找出一大堆的理由和借口，就好像自己是受害者一样。改变习惯是一件很困难的事情，富兰克林（Benjamin Franklin）说，"防止坏习惯要比改掉坏习惯容易"。改变坏习惯必须代之以好习惯，对上了年纪的人，这更加困难。美国作家米侬·麦罗琳说，最不快乐的人最害怕改变。"文革"一代人由于害怕改变或积习难改，他们中有的人想方设法为自己的习惯和形成环境辩护，使之合理化、正当化。这是一种非常不幸的认知失调。

习惯的养成有三个部分，提示（或触发）、行为、奖赏（好处）。例如，低声下气的服从或顺从是一种行为，引发这一行为的是对权力的恐惧。衙门、当官的便是触发因素。触发与行为之间之所以有一种自动的关系，是因为不止一次有被权力伤害的自身或他人经验。可以想象，如果权力不但不造成伤害，而且总是亲善友爱，那么也就不可能形成这种见到权力就膝盖发软的习惯。

我这一代人命运多舛，对权力习惯于服软顺从，这样至少可以息事宁人，不吃眼前亏。这个"好处"起到了巩固习惯的作用。"好处"也可以说是习惯的"目标"，习惯初始都会有一个合理的目标（如避免伤害），但是，习惯养成后过一段时间，随着行为越来越自动化和条件反射化，这个目标也就不再重要，例如，有的人就算在无须以顺从来避免伤害的时候，也会有高度顺从的"正确"表现意识。

种种"文革"时代的习惯——宁左勿右、效忠紧跟、相互戒备、防友如敌、领袖崇拜——都是在特定环境里形成的，都有其合理的目标——在剧烈的政治动荡和不确定变化中求自保和求安全。在诸多习惯中，能产生根本影响的习惯被称为"基本习惯"（keystone habits）。许多"文革"时代的过来人都不知不觉带有盲目服从、不辨是非、唯唯诺诺的习惯，影响了他们的集体性格：沉默、谄媚、只讲实惠不讲原则、只有利益没有是非、相互恶斗、唯命是从。

"文革"时代的人远比后来的人更容易接受和保留那时的习惯，对他们来说，那时习惯的回潮轻而易举，几乎没有阻力。相比之下，后来的人群的类似习惯则需要用其他的方法加以培养。这一不同可以从美国心理学家所做的一个实验得到说明。许多美国人有看电影吃爆米花的习惯，这是从小养成的。电影院的等候厅里都有卖爆米花的，飘逸着爆米花的香味。这便是习惯性行为的触因。心理学家把参与实验者分成两组，第一组是有看电影吃爆米花习惯的，第二组是没有这一习惯的。同样给这两组人分发变味了的爆米花，结果发现，第一组的人虽然不喜欢变味了的爆米花，但因为有这个习惯，不吃不行，结果还是吃了，吃成了一种条件反射的自动习惯行为。第二组的人不同，他们尝到陈爆米花难吃的味道，便不再吃了。对两组人来说，陈爆米花都已经使得吃的行为与其目标（享受）不相符合，但是，第一组人因为积习难改，欲罢不能，而第二组则更倾向于从目标着眼，并以此为自己的行为导向。

除少数人之外，"文革"时代的人未必喜欢自己那时的习惯，尤其是当他们为这样的习惯感到羞耻、无奈、憋屈的时候。但就像因为旧习惯而吃变了味的爆米花一样，尽管不喜欢，但毕竟已经落下这样的习惯，再说也没有养成新习惯代替旧习惯的机会。他们的习惯是在挫折的环境中养成的，普鲁塔克说，"由公共行为养成的道德习惯进入人们的私人生活，要比个人缺陷和失德败坏整个城邦生活来得快速"。也就是说，对于培养好的公民习惯，好的公共生活能发挥很大的作用。今天，我们期待这样的公共生活，而在同时也把改变的希望寄托在较少或不受旧的挫折感和不良习惯之困的下一代身上。

第十二章　心灵鸡汤与乐观幻觉

批判性思维关注人的乐观幻觉对认知的影响，乐观幻觉的影响常被称为"心灵鸡汤"。与抑郁现实主义一样，心灵鸡汤的乐观主义也是一种逆境思维，一个是在逆境中悲观，另一个是在逆境中乐观，两者正好相反。"心灵鸡汤"在中国一开始就听起来有些调侃、揶揄的意味。从话语形式上来说，心灵鸡汤指的是那些起励志和鼓舞作用的格言、警句、精炼说法或感人小故事或轶事；又是一种形似充满知识与感情的话语，它的温暖和正能量安抚人的心灵。心灵鸡汤以修辞代替说理，诉诸情绪和感情，而非理性和逻辑。从心理特征来说，心灵鸡汤是一种期待和预测美好未来的"积极幻觉"（或"积极错觉"，positive illusions）。积极幻觉是指，当一个人在不确定或不佳处境中觉得茫然或沮丧时，用自我期许的理想来夸大对未来的可控性和不现实的乐观，获得信心和安慰，维护自己的自尊和希望。"积极幻觉"的概念是由心理学家谢利·泰勒（Shelley Taylor）等人于 1988 年提出的，在此之前，研究者已经关注对未来期待的夸张和夸大现象，将此视为一种偏误（bias）或错误（error）。用幻觉来代替偏误和错误的说法，是因为偏误或错误可能是一种由失误或其他一时性忽略所导致的短期错误或歪曲，而幻觉意味着一种更一般、更长久的偏向和失误。幻觉可以理解为一种特殊的反应方式或定型思维。

1. 心灵鸡汤的"波丽安娜原则"

心灵鸡汤是一种夸张和夸大的预测心理（psychology of prediction），是一种"非现实乐观"（unrealistic optimism）的心态和思维习惯，这与在具体事情上的非现实乐观又有所不同。人在预测自己行为和计划结果时，会犯非现实乐观的错误，但不一定就会定型为一种心态和思维习惯。例如，研究者发现，至少是在考试过程中，许多学生预估自己的考分都高于实际考分。读 MBA 的第二年，学生预估自己的工作机会、工资和多快能得到第一份正式工作也会超过实际情况。这些只能算是乐观偏误和错误，与心灵鸡汤的乐观幻觉不同。心灵鸡汤经常是一种没有根据的，情绪冲动的，甚至是浪漫情调的过度乐观，与波丽安娜原则（Pollyanna principle）相似。波丽安娜原则又称波丽安娜行为（Pollyannaism），是由美国心理学家玛格丽特·马特林（Margaret Matlin）和大卫·斯唐（David Stang）于 1978 年根据美国小说家爱莲娜·霍奇曼·波特（Eleanor H. Porter）的《少女波丽安娜》（Pollyanna）小说原型所提出。

小说里的波丽安娜是一个不幸的小女孩，因为失去双亲，被送到西部的亲戚处寄养。她从小没了母亲，父亲临终前嘱咐她要怀抱希望，好好生活，并教了她一个"快乐游戏"。那就是，不管碰到什么糟心的事情，先想想它好的一面。父亲一死，波丽安娜立即就有了一个玩"快乐游戏"的机会。她想，父亲死了，去天堂与母亲相见了，死得真好，于是她心里充满了快乐，不再觉得悲伤。波丽安娜不管在什么困境中都能见到积极、光明和美好的一面，是一个充满乐观思想，并且以乐观想法感染着身边其他人的女孩。她能够不考虑现实环境对实现愿望的任何限制，不管有没有理由，始终用内心的力量化解生活中的种种困厄和不幸遭遇。她不仅自己这么看待事物，而且还把这种看待事物的方式当作一种人生智慧传授给他人。这也正是心灵鸡汤的主要特征。

万方中在《我为什么憎恶心灵鸡汤》一文中谈到一则关于电视名人、教授于丹的轶事，活脱脱是中国版的波丽安娜。

一个大学生问于丹："我和我女朋友，我们毕业留在北京，我们俩真没什么钱。我买不起房子，就租一个房子住着，我们的朋友挺多，老叫我们出去吃饭，后来我们就不好意思去了，老吃人家的饭，我俩没钱请人家吃饭。我在北京的薪水很低，在北京我真是一无所有，你说我现在该如何是好？"

于丹答："第一，你有多少同学想要留京没有留下，可是你留下了，你在北京有了一份正式的工作。第二，你有了一个能与你相濡以沫的女朋友。第三，那么多人请你吃饭，说明你人缘挺好，有着一堆朋友，你拥有这么多，凭什么说你一无所有呢？"

大学生："哎，你这么一说，我突然间还觉得自己挺高兴的。"说完，于丹似乎对她的回答挺满意，露出会心一笑。

对此，万方中评论道，"我们如果不加以思考，便会像这位大学生一样，满心欢喜地全盘接受于丹的答案，因为她的答案看起来似乎有理有据。但如果你仔细思考，便会发现问题所在：大学生阐述自己的问题，诸如买不起房、没钱请人吃饭、薪水低，实际上问的是物质上的一无所有，他寻求的是怎样解决这个问题。而于丹巧妙地绕过了他这个问题，采取诡辩的方式答别人的问题，答的全部都是精神上的东西。这个大学生没有得到他想得到的答案，居然还觉得她回答得很好，这说明，当一个人情绪失落之时，往往更容易被人牵着鼻子走，而忘记了自己最初要的东西"。

心灵鸡汤是一种"说服",有一种特殊的说服效果,那就是劝解、开导或宽解——把难以接受或不能接受的事情转化为可以接受,甚至值得欢迎。一般的宽解可以是一种实用性的"言语行为"(speech act),就像问候、寒暄、道喜、安慰等其他话语行为一样,经常有口无心,不能以真实去要求它的言语内容。真实不真实,言语功能是一样的。但是,心灵鸡汤不仅仅是言语行为的宽解(或自我宽解),它还是一种面对社会性焦虑的自助策略(Self-Help Strategies for Social Anxiety),要起到的是减轻焦虑和压力的心理治疗作用,而制造幻觉并不可能有长期和真实的治疗效果。

心灵鸡汤的开导和宽解经常借助反常态思维或逆向思维,给人一种"大智"的感觉。加拿大畅销书作者丹妮尔·拉波特(Danielle LaPorte)也是一位著名的励志演说家和博客作者,2012年她的博客被福布斯评选为100个最受欢迎的博客之一,她也被称为"逆向自助导师"(a contrarian self-help guru)。这是她的一则人生建言:"你死不了。这是火热的真理。就算你破产,你还是OK。就算你事与愿违,失去爱人、流落街头,你还是OK。就算你荒腔走调、竞争失败、心灰意冷、被开除解雇……你也死不了。不信你就去问问经历过这种事情的人。"这话听起来挺牛气,其实是个诡辩,你能问到的当然都是还没有被折磨死的活人,你能到哪里去问死人呢?像这样的鸡汤建言,充其量不过是善意的谎言,但却能特别有人气。

2. 不可靠的乐观幻觉

"心灵鸡汤"在中国听起来像是本土说法,其实是舶来品,是从英语的 Chicken Soup for the Soul 来的,在美国,心灵鸡汤是个正面的,至少是不坏的说法。一个以此为名的网站介绍说,"心灵鸡汤是当今世界最受欢迎,最被赏识的故事书系列。20年前,创始者们编纂了一本励志和鼓励人的故事,一下子成为畅销书。在这之后,我们出版了250种不同的心灵鸡汤书,有40种语言,仅在美国的销售就达一亿册"。今天,心灵鸡汤的销售商不仅经营励志读物,还销售狗粮和音像故事或电影,经营口号是"改变世界,从每一个故事开始"。

心灵鸡汤丛书的成功经历本身就可以当作一个励志故事。美国的第一本心灵鸡汤书是由杰克·坎菲尔德(Jack Canfield)和马克·汉森(Mark V. Hansen)编纂的,两人都以"励志演讲人"(motivational speakers)为业。励志演讲在美国是个相对不错的正规职业,2013年的平均年薪约为9万美元。坎菲尔德他们把从听众那里收集来的一些真人真事的感人故事(有的就是听众自己的故事)编成了一本书。他们在纽约向一家家出版社投稿,都没有成功,最后被佛罗里达州一家专门出版自助书的HCI出版社出版,据说第一年就卖出800万册,名利双收。心灵鸡汤成功故事的励志教谕可以是"有志者事竟成"或者"天下无难事,只怕有心人"。

人们需要这样的励志教谕,哪怕坎菲尔德他们的成功只是因为运气好,人们也愿意相信那是可复制的经验。心理学称此为"乐观幻觉"(optimistic illusion)。买彩票的人只看到个别发了财的幸运儿,一次次碰运气,一次次失败,但能前赴后继、乐此不疲,同样是因为受到这种"乐观幻觉"的驱使。

心灵鸡汤的乐观精神大多是通过故事和轶事来传递的,几乎从来不运用分析思辨论述。它有很强的情绪感染力,但不能提供论证支持。故事或轶事所起的是一种"类比"的提示作用,在认知上是有缺陷的。哈佛大学心理学教授斯蒂芬·平克(Steven Pinker)指出,"认知心理学告诉我们,人得不到帮助的头脑很容易被谬误和幻觉支配,因为它依赖于记忆和生动的轶事故事"。平克所说的幻觉中也包括乐观幻觉。心理学家梅拉妮·格林（Melanie C. Green）在"叙述转移理论"（narrative transportation theory）中提出，"熟悉的情境有助于产生叙事转移，对角色的认同也有助于转移产生"。心灵鸡汤故事都有读者熟悉的情境，很容易就能让他们发生"叙述转移"，进入故事的情景。这是一种移情作用，真实不真实无关紧要，也是乐观的心灵鸡汤故事很容易造成的一种幻觉。

乐观幻觉是一种对现实有错误判断的不真实想法，因此是一种自我欺骗。但是，这种幻觉或错觉有时候是有用的，甚至是必须的，因此被称为"必要的谎言"（vital lies）。奥地利心理学家和作家奥托·兰克（Otto Rank）在《真实与现实》（*Truth and Reality*）一书里说，"与真实为伴，人活不了。要想活下去，就需要有幻觉。……有效的自我欺骗过程，假装相信又不断犯错，这不是一种精神病理学机制，而是现实的本质"。心灵鸡汤也并不是毫无用处的，因为它确实可能有一些营养成分，激励人们不消沉、不懒惰、不自甘堕落、不自暴自弃。这也是为什么在美国，即便"美国梦"对许多人来说已经不再是现实的梦想，心灵鸡汤丛书还颇有市场的原因。

心灵鸡汤的"文学性"和"哲理"都是它的吸引力所在，它长于文学表现方式，有修辞和审美感染力。不过在它那里，动情和抒情经常没有节度，因而流于滥情。过度诉诸情感和情绪的手段降低了接受者的思考和判决能力。心灵鸡汤的感染力经常不是来自它的思想营养，而是来自它富有变化的表述和呈现方式（有不同的"稀释"效果）。同一个意思总会有别的"变体"表述，如"与其抨击丑恶，不如发现美好"（变体：发挥正能量）；"留一片空白，随时浓墨重彩"（变体："一张白纸，还画最新最美的图画"）；"不要羡慕别人，你的劣势可能是你最大的优势"（变体：变坏事为好事）；"倔强的人走得最远，因为他们什么都不怕,只怕到不了终点"(变体:"路在脚下,从零开始");"有些状态,一生中大概就一次,不如把它发挥到极致"(变体:人生能有几回搏)。

人为自己制造或保留一些希望的幻觉(或将这种幻觉感染别人)如果不损害他人,这种乐观幻觉本来无可厚非。但是,如果将此变成一种思维定式,并用来诱使或引导他人逆来顺受、听天由命、安贫乐贱、接受不公正的命运摆布,甚至自动承担别人的过失责任,导致是非不分、黑白不明,那就会成为一种有道德过错的行为。例如,面对重度雾霾,有人说,"天昏地暗一座北京城,能做的就是尽量不出门,不去跟它较劲。关上门窗,尽量不让雾霾进到家里;打开空气净化器,尽量不让雾霾进到肺里;如果这都没用了,就只有凭自己的精神防护,不让雾霾进到心里"。

用主观臆想来重新解释生活中的坏事或灾祸,在精神疾病心理治疗中称为"认知行为主义"(cognitive behaviorism),那就是,通过认知重建,让病人增强信心,对那些引起他们焦虑和不安的事情,建立起自己能加以控制的信念。这已经不是一汤勺一汤勺地给病人喂饲鸡汤,而是教他们如何为自己制作鸡汤。

对于精神疾病患者,这或许是一种可行的治疗方法。但是,如果用同样的方式来对神志健康、头脑正常的人进行诱导或教化,那就有愚民和不当洗脑之嫌。社会不应该成为放大版的精神病诊疗室。在诊疗过程中,幻觉可能有利于病人恢复精神健康,但在社会适应的过程中,幻觉则可能让正常人罹患心灵疾病。

3. 心灵鸡汤的情感与认知

对心灵鸡汤利弊的评估,不能脱离具体的社会环境,尤其是,在特定的权力和责任关系中,让老百姓接受"认知行为主义"的心灵鸡汤治疗对谁有利,对谁不利。心灵鸡汤之所以被诟病,并不是因为它本身不健康。说实在的,在当众多种类的"精神食品"(宣传、教育、指导、熏陶)中,心灵鸡汤即使算不上是百分之百的健康食品,至少还不是有害或有毒的。人们诟病心灵鸡汤,不是因为它本身,而是因为它容易让人在不容乐观的现实中对真实产生乐观误觉,并在不知不觉中对"乐观幻觉"上瘾。

心灵鸡汤经常被误以为就是励志,这是不对的。许多励志的作品很有智慧,也得到大众喜爱,但并不是软性、温柔、肤浅、自以为是的东西,它发人深思,却不以真理自居,甚至告诉人们,问题没有答案。在它那里,励志与其说是意图,不如说是一种可能的效果(副产品)。鲍勃·迪伦(Bob Dylan)的《飘零在风中》(*Blowing in the Wind*)就是一个例子:

> 一个人要经历多长的旅途
> 才能成为真正的男人
> 鸽子要飞跃几重大海
> 才能在沙滩上安眠
> 要多少炮火
> 才能换来和平
> 那答案,我的朋友,飘零在风中
> 答案随风飘逝
> 山峰要屹立多久
> 才是沧海桑田
> 人们要等待多久

才能得到自由
一个人要几度回首
才能视而不见
那答案，我的朋友，在风中飘零
答案随风而逝

一个人要仰望多少次
才能见苍穹
一个人要多么善听
才能听见他人的呐喊
多少生命要陨落
才知道那已故的众生
答案，我的朋友，在风中飘零
答案随风而逝

心灵鸡汤的制作者很多都有良好的动机，励志往往是他们的意图。但是，他们的言说方式却在制造一个假象：好像他们参悟了人世间的真理，有了指导别人的资格和能力。他们也许并不知道，自己温馨、柔美的词句由于太言之凿凿而成为虚妄不实的"善意谎言"，有一首题为《你站在哪里，世界就在哪里》的诗是这样的：

任何一丝一缕的美好都是捕捉不到的
她只能从你的心底滋长蔓延开来

一切美好的梦都在安静的熟睡之中

她的绚烂在每一片绽放着的花瓣儿之上

已不必再三追问从哪里来到哪里去
因你已知晓没有什么高过一刻一刻心的流动

一切明亮终将都会被点燃
包括一切晨明、春天和心中蕴藏的甜与美

世界多么安详而美好
从此再也没有大过延续的事件了

像这样的诗句如果只是诗人自己的感受或领悟,那自然没有问题,可以将之视为"诗的破格"(poetic license)——诗歌不按常理说话。但是,如果把它当作具有普遍意义的人生指导,那就有可能是一种有悖常理的误导。心灵鸡汤的诗句、警句、箴言、小故事可以成为一些人的安抚读物,也能为他们带来虚假不实的快乐。对于寻求快乐的人,快乐可以成为它自身的目的。这不是非理性,而是一种"意志主导的理性"(will-centered rationality),美国哲学家迈克·马丁(Mike W. Martin)在《自我欺骗与道德》(*Self-Deception and Morality*)一书里对此解释道,"意志主导的理性是信念和行为的标准:一种信念只要最符合信念者的需要和价值观就是理性的;一种行为只要比其他任何行为更能有效达成行为者的目标……就是理性的"。说到底,谁愿意为了真实老是跟自己过不去,老是非把自己弄得不快乐不可呢?因此,意志主导的理性是一般人在日常生活中普遍奉行的。

与意志主导的理性对立的是"证据主导的理性"(evidence-centered

rationality），"它把所有的逃避证据……都视为非理性。按照证据主导的理性，理性的人按照所能获得的最佳证据来形成信念，然后，规范自己与信念相一致的行为、情感和态度。理性之人而且还采用最有效的方式去达成目标，设计行动方式也应该是按照最佳证据所建立的信念"。证据主导理性的目标和行为都是反对自我欺骗，"自我欺骗是不折不扣的非理性，因为它造成了人们逃避证据或者无视清楚的真实"。

然而，这样的理性要求也许太严格，不可能在日常生活中被一般人接受或实行，而且，自我欺骗也确实并不都负有道德罪过。人在生存逆境中，需要有一些不能用一般道德标准来评判的生存手段或策略，包括自欺、说谎、阳奉阴违、心口不一、假面扮相等等。美国社会学家詹姆斯·斯科特在《弱者的武器》（Weapons of the Weak: Everyday Forms of Peasant Resistance）一书里对此有详细的讨论。英国伦敦大学伯贝克学院（Birkbeck College）哲学教授汉姆林（David W. Hamlyn）在《自我欺骗》（Self-Deception）一文中指出，"自我欺骗有时候可以成为正确的做法，是有道理的。它可能是对一个人生死攸关大事的唯一可行方式"。他认为，真实并不是一种在任何情况下都最为重要的价值。如果一味执着于真实或刻意回避自欺，那就可能对维系重要人际关系（如爱和同情）的自发情感造成伤害。一个身患绝症的人不愿意承认行将离开这个世界，因为他割舍不了对家人的爱和家人对他的爱。在浪漫的爱情、家人亲情，甚至亲密朋友的友谊中也都多多少少有自欺的因素。

4. 心灵鸡汤的心智迷障

温馨、亲密、偏爱的私人情感包含自欺因素，这种情感一旦进入公共领域就非常容易在政治和社会的权力或利益关系中被操纵和利用，成为不正当的控制手段。在这种情况下，自我欺骗就成为一种"衍生性的罪过"(derivative wrong)，使别的严重罪过（强制服从、欺骗性宣传、洗脑、胁迫感恩等等）成为可能。

心灵鸡汤可以诱使人去热爱不值得热爱的人，信任不值得信任的人；也能用它的道德和励志教诲把制度的罪恶转嫁到制度受害者的头上，让他乖乖接受自己的命运。美国蓄奴时代对黑人的道德教诲中就有许多劝导忠心、感恩、本分做人的心灵鸡汤：只要你心中欢喜，世界就充满快乐。宗教也是他们的心灵鸡汤。

宗教或逆来顺受的人生哲学可以起到愚民作用，心灵鸡汤的快乐教育同样能够起到这种作用。心灵鸡汤的快乐教育无须教士或儒者，是大众化的快乐教育。它运用的经常是一种通俗、简单的口号式警句格言表述："机遇只给有准备的人""只要你光明，世界就不阴暗""生活可以是甜的，也可以是苦的，但绝不是无味的，我可能成功，也可能失败，但我决不气馁""世界上最富有的人，是跌倒最多的人。世界上最勇敢的人，是每次跌倒都能爬起来的人！"

这类警句格言有三个显见作用：指引人生目标和达到目标的方式、激励行动、解释行动的合理性——全都集中在个人的努力和素质上。警句格言是在没有语境的情形下强调个人自身努力的，在存在严重制度性不平等、歧视对待、贫富悬殊、身份固化、财富和机会资源分配严重不公的社会环境里，没有语境的心灵鸡汤实际上起到了为不公正秩序漂白、美化和推卸责任的作用。这是励志警句格言容易被忽视的隐秘作用。你落入贫困，是因为你没有抓住机遇；你觉得世道不公，是因为你心理阴暗；你觉得生活充满了苦涩和憋屈，是因为你自己气馁；你不富有，是因为你跌倒的次数还不够多；你碌碌无为，是因为你自己消极倦怠；你蜗居地下室，是因为你自己不够优秀。

毋庸讳言，心灵鸡汤的消费者往往是一些文化程度不高，自己没有自信或主见的人，他们因为对自己或现实缺乏足够的认识，所以才彷徨地求助于他们以为比自己聪明和智慧的他人。他们也是最会满足，最容易找到良好自我感觉和幸福感的人。因此，心灵鸡汤的提供者也许更应该问问自己，我真的能对他们的生存困境感同身受吗？我真的是在为他们提供有用的建言吗？我有没有在欺骗他们？从古到今，在现实的逆境面前，无知让人勇往直前，知识使人犹豫不前，幻灭使人一蹶不振。任何人都有可能在生活的某一时刻感到沮丧、失望，甚至意气消沉。不接受心灵鸡汤，难的也许不是洞察心灵鸡汤希望中存在的幻觉或错觉，而是如何在幻觉或错觉之外寻找和保持更加清醒的信心和希望。

挪威-加拿大哲学家赫尔曼·汤勒森说，人必须在真实与快乐之间二选其一。不真实的快乐是一种自我欺骗，但是，真实也并不需要成为一种自动的不快乐。我们更无须因为不愿自欺而把自己弄得不快乐。应该看到，心灵鸡汤提供的是一种未必真实的快乐生活观，对于不愿意或不知道如何选择真实的人们来说，是一种方便的选择，但是，这不是一种好的选择。

5. 批评者就是敌对势力吗

越是自我感觉良好的人，就越是难以接受别人的批评。良好的自我感觉会扭曲一个人或群体与他者的关系，阻碍与外部世界的良性互动。

无论是个人还是群体，被人批评都是一件不爽的事情。他们会觉得被人揭了短，把不想让世人看见的东西故意暴露出来。他们如果觉得被人打了脸，丢了脸面，自然会归咎于批评的"不良动机"，将之视为"恶意攻击"或"敌意"。

其实，批评的动机和意图都不重要，重要的是批评是否合理和真实。只要是揭露真相的批评就是好的批评，再令人不爽也是值得考虑和欢迎的。然而，现实情况是，人们对于那些试图让他们看到真相的人或意见最常见的反应是，要么忽视，要么敌视。忽视是不拿批评当一回事，再怎么说也是白说。敌视是太拿批评当一回事，一点点都容不得往眼里揉沙子。

由于众所周知的原因（姑且用一句老套话），大多数人就算见到不良现象，也是不批评的。他们对不良现象保持沉默，洁身自好，不愿意被推入"敌对势力"。正因为众人总是在自觉地把不好听的话咽到肚子里去，所以那些打破沉默，偏偏要把话说出来的人才特别让人不爽，特别遭人白眼。他们遭痛恨，不仅是因为他们说了一些众人心里都明白却又都不敢说出来的话，而且更因为他们的公共行为本身就是在提醒别人的自私、胆怯和懦弱。人们憎恨批评者，是因为批评者也挑战了他们认为理所应当的沉默。

美国社会学家伊维塔·泽鲁巴维尔（Eviatar Zerubavel）在《房间里的大象》一书里指出，人们保持沉默，成为沉默的同谋，"保护的不只是个人的颜面，也保护整个集体的颜面，因此打破沉默的人通常被认为不仅仅是不得体，事实上，他们经常被伙伴们公开指认为叛徒"。在那些高度警惕敌对势力的人士眼里，"敌人"是内外有别的。"敌对势力"不仅是指来自外部的批评，而且也是指内部提出的批评，内部的批评者会被视为配合外部敌人的"内奸"。外部敌人干的是污蔑、唱衰和抹黑；而内部敌人干的则是家丑外扬和泄密。

日本有一张传统的"三不猴"图：三个猴子一个捂着眼睛，一个捂着耳朵，一个捂着嘴巴——它们不看、不听、不说。虽然不说是沉默的直接起因，但最后一定要有不看和不听的积极配合。因此，沉默的合谋不仅是不说者的串通，而且也是不看、不听者共同加入的集体合作。

任何一个沉默的合谋都可能被某个潜在的发声者打破，在美国，有人画了一幅描绘尼克松水门事件的讽刺画，给这"三不猴"图添加了一只猴子。这第四只猴子手拿电话，正在和美国头牌新闻调查记者、专栏作家杰克·安德森（Jack Northman Anderson）通话。泽鲁巴维尔说，"这张漫画恰切地描摹出这样一股会暗中破坏沉默合谋的社会力量，告诫我们，尽管拒绝面对某些事物的需要非常强烈，但会被同样强烈的揭露真相的愿望所抵消"。

和沉默一样，打破沉默也需要众人的合作。要结束沉默的合谋，不需要等到沉默合作者一个不剩统统消失，只要不沉默的人足够多就可以了。

2017年12月6日，美国《时代周刊》2017年度人物揭晓，这项殊荣被授予那些敢于"打破沉默"，揭露性骚扰和性虐待的女性。就在前一个星期，美国NBC电视台"Today"早晨节目王牌主持人麦特·劳尔（Matt Lauer）被女同事指控有"不当性行为"，NBC接获投诉后将劳尔解雇。令许多人觉得诧异的是，对劳尔性骚扰的公开指控是头一次，但是，这位在NBC供职长达20年的大牌主持人喜欢"追女人"的癖好却是圈内人都知道的，为什么直到今天才"东窗事发"呢？

这主要是因为名人、要人的性骚扰行为在美国正成为公众关心的热点问题，以前被认为只是男人的风流小事现在被视为严重的错误，甚至犯罪行为。沉默可以是一种善意的谎言，也可以是一种犯罪共谋。先前对劳尔"追女人"保持沉默的人也许是给他面子。现在她们不再沉默，是因为对事情的错误性质有了新的认识，所以行为也就发生了改变。

人们在不同的事情上保持沉默,造成的伤害后果是不同的,沉默者和当事人的感受也会完全不同。在托尔斯泰的小说《伊万·伊里奇之死》里,伊万·伊里奇快要死了,"最折磨他的是欺骗,是谎言。不知为什么,他周围的人都同样认为,他只不过是病了,不会死的。所以,他只需保持安静,接受治疗,然后好事就会发生了。但他知道,照他们说的去做,不会有什么结果,到头来是受更痛苦的罪,然后死掉。这种欺骗折磨着伊万·伊里奇——他们不愿意承认他们和他都知道的事情,而是要对他的病情说谎,并且希望和强迫他参与这个谎言"。

沉默和欺骗的共谋有它的社会作用,那就是在坏事发生时,让人们仍然可以保持一团和气,避免出现令人难以应对的尴尬和窘迫。有时这无伤大雅,有时则会带来严重的后果。但是,看似无害的共同沉默与犯罪的恶性共谋却是有着相同的社会心理机制:出于某种大家心照不宣的原因,对有些事情避而不谈或视而不见,这样的默契是一种集体性的自我欺骗。

这种沉默在职业人士中尤其常见——他们都是有涵养和"拎得清"的人,知道什么该说,什么不该说,不像没文化的人那样大嘴巴。美国医生的毒瘾问题就是职业人士一直用沉默掩盖着的一个公开秘密。麻醉师威廉·法莱(William Farley)是"医生戒毒计划"的负责人,他自己以前就有药瘾,长达十年之久。他不仅饮酒上瘾,而且还离不开一种叫"带尔眠"(Dalmane)的抗焦虑药,要是三小时不用这个药品,手就颤抖不停,打静脉针的时候把病人都吓坏了。他的药瘾非常明显:穿着邋遢,脾气暴躁,眼睛又红又肿。但是,法莱说,他有一个保护,那就是,"我的医生同事们都一致对此缄口不言。他们知道我一定是出了毛病，但就是没有人愿意捅破这层窗户纸"。医生之间忌讳谈论与药瘾有关的事情。

忌讳其实是一种社会性欺骗，忌讳在我们的日常生活里划出一个个可能令人糟心、令人不快，或者置人于险境的禁忌圈子，忌讳的圈子有大有小，包纳的人员也多有不同。打破忌讳的往往是"不懂事"的圈外人。《皇帝的新衣》里唯一说实话的就是那个不懂事的孩子。

圈内人加入沉默的共谋与自身利益有关。美国心理学家丹尼尔·古尔曼在《必要的谎言，简明的真相》一书里讲述了一件他亲身经历的事情。他一位刑事律师朋友告诉他，警官们在法庭上说谎是常有的事，尤其是在涉及毒品案件的时候。这位朋友就算知道警官在说谎，但因为那样便于他办案，也就眼开眼闭，默认了事。

古尔曼问他，那么法官知道吗？朋友说，法官也许会怀疑警官没说实话，但是，法官和警官是熟人，抬头不见低头见。法官与被告人只是在法庭上才相见，所以做出相信警官的样子，办案就少些麻烦。古尔曼问，那么好人是否会被冤枉呢？他朋友说，有可能吧。古尔曼认为，如果法官和刑事律师对警官证词的真伪保持沉默，造成冤案，那么他们就是共犯。

不透明的权力经常靠强制沉默来维持，而集体沉默则无一例外都是在默认强制权力的合理性。上司对下属的性骚扰和性侵犯是一种凭借权力的犯罪行为，对此，越来越多的美国人有了明确的认识。在这种情况下，越来越多的受害者有了公开控告的勇气。她们一旦先打破沉默，集体沉默也就变得难以维持，也让对性侵犯的"不哑忍"和"零容忍"渐渐成为今天公共生活的新规范。

第十三章　上当受骗的环境力量：
　　　　　批判性思维与人文教育

　　本书第六章的"社会心理的四种受骗机制"和"情境力量与上当受骗"两节中已经介绍和讨论了社会和制度环境以及个人境遇对人的思维和判断可能产生的影响作用。这种情况在我们的生活里，几乎每天都在发生。本章提供几个具体的事例，并对它们做一些批判性思维的讨论。重视环境的力量并不是环境决定论，相反，是把批判性思维作为一种可以打破环境限制的教育和启蒙力量。

　　批判性思维的训练是人文教育和公民启蒙的重要组成部分。人文教育课程为批判性思考提供了基本的观念（如人的自由意志和自主性，善恶和对错，人存在的意义、价值和目标）、议题（如人性、理性、幸福、怀疑、犬儒等等）以及古今思想大师们对这些问题的思考。例如，在人文教育课上阅读伏尔泰的《老实人》，其中就有对极端乐观主义和悲观主义的思考，也就是本书第十一、十二章包含的一些问题。

　　伏尔泰用《老实人》来嘲笑和批评心灵鸡汤的乐观主义。他也曾批评英国诗人亚历山大·蒲柏（Alexander Pope）的"神义论"，蒲柏称，"存在的，就是正确的"（Whatever is, is right）。用今天的话来说就是，坏事其实不是坏事，而是你所不能理解的好事，一切都是最好的安排。倘若你遭遇了不幸，不要难过，你要相信，冥冥之中定有合理的安排，从"大局"来看，不管你有什么不幸，一定是最好的安排。蒲柏是个严重的驼背，伏尔泰曾经挖苦地写道，"我亲爱的蒲柏，我可怜的驼背，谁告诉你上帝必须把你造成一个驼背？"

《老实人》一书的主人公是一位老实人，他的老师邦葛罗斯（Pangloss）是神义论的坚定拥护者，但他却莫名其妙地经历了几乎一切可以想象的倒霉事。尽管如此，他自始至终保持了他的乐观幻觉。老实人的另一位老师马丁（Martin）则是一个彻底的悲观主义者（不同于逆境忧患）。邦葛罗斯和马丁之间的分歧不是简单的乐观对悲观，而是"决定论"与"偶然论"的分歧。那就是，人生到底是"冥冥之中，皆有定数"（决定论），还是"一切皆为偶然"（非决定论）。这两种都是绝对理性主义的人生态度，都是推理出来的命中注定。用批判性思维可以发现，它们看起来互相对立，其实都同样以为，人类可以本能地掌握一个基本原则，随后依据这个原则推导出其余的所有知识。

批判性思维在看待社会环境的条件力量时，采取的不是简单的决定论或偶然论的立场，而是在现实环境中坚持人的自由和自主意识，人可以通过自己的思考和行动来改变环境，或者至少是改变自己在环境中纯粹被动的命运。批判性思维训练的是一种行动的思想，思想和行动都是为了提升人的自由，增强人的自由意识，这正是人文教育的根本目标。

"人文"在不同的历史时期有不同的含义。人文的理念始于文艺复兴，当时是要确定人在宇宙中的位置，它是向后看的，要重新燃起对古希腊和罗马思想的热情。它注重"尊严"（dignitas）的观念，注重人与上帝的关系。它"把人当人来研究"，不是满足于污秽现状的人，而是向往高尚和崇高的人，也就是有天使般美好灵魂的人。人类在"存在之梯"（又称"上帝之梯"）上没有固定的梯阶，在宇宙中没有确定不变的位置，可以向下堕落成野兽，也可以向上攀升，获得"神性的更高本质"，成为伟大的奇迹。启蒙运动的人文主义把人放在自然之中，而不是上帝与人的关系中来看待，是向前看的人文主义。它申明人的理性是至高无上的，后来受到了浪漫主义的批评，后者强调，人类的情感是至高无上的。

今天，文艺复兴、启蒙运动和浪漫主义的人文理念已经混合起来，其中，文艺复兴的"存在之梯"（天使/魔鬼）在世俗人文主义中已经只是一个方便喻说（如"人性中的善良天使"），而不再具有实质意义。在世俗人文主义那里，人不是一种无知和堕落的生物，不是没有外力的督促规范就不能判断善恶、正误、美丑的迷途羔羊。人能够自我塑造也能够自我优化，但人需要启蒙，不只是理智的启蒙，而且也是心智和情感的启蒙。批判性思维就是这种启蒙中的一项。

世俗人文主义的根本信念是，人的意义不是来自神启或自然，而是由人自己创造的。人类自己就是意义的本源，因此自由意志也是最高的权威。人类创造意义依靠的是自己不断在经验和实践中验证和修正的理性思维能力，这就是自由人的批判性思维的能力。尽管人文主义在过去几百年里经历了多种变化，但始终包含着它的拉丁词源（humanitas）可以追溯到古希腊的两个意思，一个是"善行"（φιλανθρωπία, philanthropy），另一个是"教育"（παιδεία, paideia）。善必须通过教育才能实现，而教育则是一项以善为目标的事业。人文教育以"善的教育"为根本，批判性思维也是一样，丢弃了善的目标，批判会成为一种恶意攻击和吹毛求疵；而如果缺少了教育的手段，那么善念便永远只能是极少数圣贤的特权。

今天，批判性思维训练已经是一种可以惠及每一个人的人文教育，只要他自己愿意接受，都可能在他身上实现。这种训练不只是技能性的，而且更是人文的，是为了增进对人以及人之为人的意义的认知。它能帮助人更好地了解自己的人性弱点和潜能，即人性不仅有不好的一面，也有好的一面。焕发人的理性和善念，消除人的愚蠢、偏见、仇恨、暴力，这是人文教育和批判性思维学习的共同目标。这样的教育和学习能帮助我们了解个人和社会的目标，并完善和提高生活的质量。

批判性思维的社会价值在于它对社会弊病和不良社会环境对人们认知和道德的普遍负面影响保持高度的警觉，因此，它是公民个人素质和正义感的教育，也是所有文化批评和社会批评所需要的。不良的社会环境会导致社会中人大面积的思考和判断能力衰退，道德沦丧和人性崩塌，许多事情都会因此超越了"是人就不能这么蠢""是人就不能去做"的底线。例如，蒜农不吃自己种的大蒜、种木耳的不吃自己种的木耳、种稻子的不吃自己种的大米，但是，这样的大蒜、木耳、大米还是照样在生产出来。这样的异地互害是如此地频繁，以致人们开始的震惊和愤怒很快就被绝望和麻木所代替。批判性思维有责任提醒他们，人不能这样活着。这是批判性思维的人文主义责任心：在任何情况下都不要忘记人之为人意味着什么，人为什么而活、人存在的意义为何。

批判性思维要提升人的自觉和自主意识，它实践的是一种积极意义的"批判"，不只是怀疑和否定，而且更是有所倡导和坚持。它具有人文主义的两个基本特征。第一，它希望把理性的探索方式推广到生活的一切领域，包括所有未经检验的宗教、哲学、伦理，以及经济、社会、政治事务。第二，它相信，人类共同道德准则的判断应该协助这样的探索。批判所持的价值观就是人文教育的价值观,包括自由、平等、创造性、理智、自我选择、自律、自尊、高尚的动机、善良意志、积极的世界观、健康、享受欢乐的能力以及审美欣赏能力。人不能孤立地生活,需要与他人一起生活,只有在人类共同道德准则的指引下,人才能与他人有一种和平、合作的共同生活,并一起实现他们的做人理想。没有人文价值坚持的批判性思维是不可想象的,也是毫无"批判"意义可言的。

1. 制造"熟悉"所图为何

对于探索和认识极端环境下的人性,现代社会心理学实验成果中最脍炙人口的就是斯坦利·米尔格拉姆的《对权威的服从:一次逼近人性真相的心理学实验》和菲利普·津巴多的《路西法效应:好人是如何变成恶魔的》(都有中译本)。津巴多在给《对权威的服从》一书所写的序言中指出,"米尔格拉姆在服从权威研究中,首次引入了可控的实验室环境",其指导思想是"社会心理学应该在实验室的限制和控制环境中,研究那些在真实世界中有重要意义的现象"。米尔格拉姆所关注的真实世界现象就是"德国人轻易地服从纳粹的权威,对犹太人进行种族歧视,最后在大屠杀中实施了希特勒的'最终解决'命令"。津巴多解释说,"我对情境力量进行的研究(斯坦福监狱实验),从几个方面对米尔格拉姆实验进行了补充。……他的实验研究了权威对个体的直接权力、我的实验研究范畴则是机构对其权力范围内所有人的间接权力。我的实验展示的是体系的力量,体系创造并维护一个情境,对个人行为进行控制和统治"。米尔格拉姆和津巴多的社会心理学实验都揭示了这样一个事实,那就是,对民众的情绪和心理操控都需要有特定的制度环境,需要在较长时间里维持和反复操作才能使他们的意识发生变化。

但是，还有的心理学研究发现，在意识转变之外，思想操控也能在极短的时间里发生在人的下意识中，它比意识操控更隐蔽，也更难防备。"潜意识宣传"（subliminal advertising）就是其中的一种。

潜意识宣传经常发生在一瞬间或极短的时间里，由于它与人们司空见惯的那种连篇累牍、不断重复、咄咄逼人的宣传不同，它经常是被忽视的，也不引起人们的反感。它的特点是高度隐蔽，在不知不觉中发生影响作用。它的"短"不是短标语的那种短，像"就是好，就是好"这样的短标语再短，也是通过意识在起作用的。潜意识宣传不同，它在人无意识的情况下偷偷进入人的大脑。Subliminal（潜意识）一词中的 limen 在拉丁语里是门槛的意思，Subliminal 是在门槛底下的意思。在潜意识里产生影响，并不需要特别奇异的技巧。例如，你上下班的时候天天走过一个标语牌或宣传栏，或者打开报纸看到五颜六色的商品广告，你并没有去读上面的文字，你甚至没有注意到它们的存在。虽然你对它视而不见，但就在不知不觉之中，它已经在你头脑中悄悄地产生影响。在这个过程中起作用的是社会心理学研究所说的"熟悉定律"（familiarity principle）。

社会心理学研究发现，一个人对环境越是熟悉，对于周围事物越是熟悉，那些事物在他眼前出现的次数越多，他就越不会排斥，越容易对其产生偏好和喜爱。所以，宣传或广告只要铺天盖地、不断重复地扑面而来，就总能产生某种影响的力量，否则也就不会有这么大的投入了。对宣传和广告来说，重要的不是它的信息是否合乎或违背逻辑或常识，而是饱和式地占领公共空间。在心理学里，这被称为单纯曝光效应（Mere Exposure Effect），也就是说，一个事物仅仅是因为司空见惯就足以消除人们对之思考的动力和兴趣，而不思考和无兴趣本身就是一种接受和不拒绝。这就已经是一种起作用的影响效果了。对于宣传来说，这是重大的利好消息。只要让你听熟了，听惯了，不管你是否赞同，你都已经在默默接受它在你潜意识里散布的影响。

"熟悉"不仅让人失去思考的动力和兴趣，而且还有一种"定心效应"（sense of assurance），让人有安心和安全的感觉，引发亲近和亲切的情绪。因此，再有害的事物，人们也会因为熟悉而逐渐丧失对它应有的警惕。相比起陌生的、有不确定性的事物来，熟悉的事物成为情绪和感觉上更好的选择。这也就是我们常见的厌生不厌熟现象。有论者认为，哈姆雷特之所以不自杀，不是因为怕死，而是因为不知道死后会遭遇怎样的折磨。不确定的事物令人害怕和厌恶，这是人的本能情绪。许多人持保守的人生态度，抱着好死不如赖活的心情苟且偷生，在王子，在庶人，都差不多。

波兰裔美国社会心理学家罗伯特·扎荣茨（Robert Zajonc）于 20 世纪 70 年代末 80 年代初把情绪引入认知科学。他所进行的一系列实验显示，人们所做的选择经常是基于熟悉的程度，或者只是因为熟悉，单纯是由于"见过"（exposure），就下意识地接受了。他在一个屏幕上以极快的速度闪过一些图形，看的人根本不可能有时间去辨认。然后，他给受测试者们一组图形，让他们辨认哪些是见过的，哪些是没有见过的，他们无法辨认。但是，当他要求他们在这些图形中挑选一些的时候，他们挑选的正是在屏幕上闪现过的那些图形。尽管他们自己并不有意识地知道，但他们大脑的某一部分肯定处理过这些信息。

更有意思的是，当他们被问到为何做这些选择时，他们给出了各种各样的"合理"解释，有的说某图形有特别优美的对称，有的说某图形看起来像是一张笑脸。但这些都不可能是真正的理由，因为不同的人对其他完全不同的图形也做了相似的解释。哲学家叔本华早就发现，人受两种力量支配：欲望和理智，欲望就像是一个有眼睛的瘫子，理智就像是一个身强力壮的盲人，欲望骑在理智宽阔、结实的背上，指挥理智前进的方向。也就是说，理智提供的解释只是事后解释，但看上去却像是事前发生的原因。扎荣茨实验中，那些受测试者提供的解释也都可以说是事先原因的事后理由。叔本华指出了意愿在选择中的第一性作用，但现代心理学更清楚地解释了什么是影响意愿的心理因素（虽然可能并不是唯一的因素），那就是情绪。熟悉（一种刺激）能引发愉快和安心的情绪，这种情绪让人对潜意识中熟悉的东西做出了选择。心理学家们认为，人类在进化过程中形成了偏爱熟悉的情绪基因。选择熟悉的，也就是避免陌生或不确定的事物，熟悉的东西引发有安全感的快乐，不熟悉的引发害怕和恐惧。这样的情绪本能有助于人类的生存，所以被保存在了人类的基因之中。

人是喜欢熟悉、讨厌陌生的动物，因此自然而然就会排斥"外乡人"。排斥陌生的基因遗传本来并没有什么好或不好，但如果不加体察，会在选择上成为一种本能或习惯的定势，加强保守的趋向或趋同随众的本能。人的趋同随众（羊群效应）也是人类进化过程中植入人的基因里的（至少有的进化心理学家认为是这样）。人类的祖先不像我们今天这样强调独立和创新，他们也没有必要这样。相反，碰到需要解决的问题，照别人的做法去做，是比较可靠的办法，不会因为求新而失败，那样会受到旁人的嘲笑或奚落。创新是一件有风险的事情，成功了，别人不过是佩服你，但不成功，别人就会把你当成傻子。这种趋同随众在现代群众理论里被视为一种有害的群众心理，因为这种心理很容易被统治者用作操控群众的工具，如果对它没有充分的警惕，就很容易像德国纳粹时期的民众那样，成为善恶不分、盲目服从的作恶帮凶。

扎荣茨的社会心理实验还揭示了一个非常重要的事实，那就是，以非意识或潜意识方式进入人的大脑的东西，经常会以感觉（和情绪）的形式出现在意识中，并影响人的行为。例如，在人的情绪与潜意识记忆之间有着复杂的关系，如果情绪好，那么在好情绪时发生的潜意识记忆在被潜意识唤醒时会是愉快的。但是，如果潜意识记忆是在情绪中立（无可感情绪）状况下发生的，那么，潜意识的回忆也会呈现为愉快的记忆。扎荣茨实验的受测试者在潜意识"看到"一些图形时，并不需要有好情绪或好心情，但还是会有好的印象（有愉快的潜意识回忆）。与上面两种情况不同的是，如果潜意识记忆发生时有坏的情绪或心情，潜意识记忆就会以负面的记号记录在人的大脑里。在这之后，如果再次遇到潜意识记忆中的事物，就会有一种难以解释的反感和厌恶。一种本能的情绪和感觉告诉感知者要避免这个事物，虽然他本人并不知道如何解释自己的感觉。

这样的发现可以用来解释为什么"文革"时代的过来人当中，有的人仍然对当时的歌曲能轻松地欣赏，而有的人则对之充满了厌恶。除了当年的积极分子之外，许多人也许是在没有受特别情绪影响的状态下听过这些歌曲的，这样的音乐保持在他们的潜意识记忆中，今天被唤醒，给他们一种因为熟悉而亲切的感觉，这就是怀旧的感觉（感动），潜意识的记忆以怀念或思旧情绪的方式显现出来。怀旧的情绪并不是对过去事物的理性认知，它缺乏明确的智识或价值判断，只是一种迷迷糊糊的感觉，只是觉得好听或不好听而已。

但是，有的人当年是在痛苦情绪下听这些歌曲的，他们的潜意识记忆给他们带来的就是完全不同的感觉，他们不会仅仅因为声音的悦耳就把那当作令他们快乐的音乐。一个人如果遭受过折磨，又熟悉折磨者的声音，那么，不管那声音多么悦耳，在他听来都是可怕的折磨。那些以轻松心情欣赏"文革"时代歌曲的人们所没意识到的是，他们对那个时代的记忆正在这样的怡然自得情绪中被正常化甚至美化了，而这正是那些歌曲可以起到的宣传效果。美妙的音乐让人联想美妙的时代，这是一种欺骗性的幻觉。它是在单纯曝光效应的作用下，在潜移默化中让人飘飘然地上当受骗的。

2. "面谈"的威力

面对面的交谈可以形成一个能劝说和说服对谈者的小环境，这个小环境所产生的究竟是怎样一种影响力量呢？传媒学家米勒（Gerald R. Miller）和斯蒂夫（James B. Stiff）的《欺骗的交际》（*Deceptive Communication*）一书里提到这样一个心理认知实验。对同一个人做了两次访谈，第一次访谈中，受访者说的是谎言，在第二次访谈中他说的是真话。这两个访谈都录制成影像。评判们有的看了录像，有的听了录音，有的只是阅读录音记录的文字。评判反应结果让实验者们感到吃惊。只阅读文字记录的评判测谎的程度最高，看录像的评判测谎能力最差，不如只听录音或只读文字记录的。也就是说，面对面交谈中的谎话比文字中的谎话难以识破。

从这个实验可以得出的结论是，说话时的面部表情和语音语调，尤其是面部表情，有掩饰说谎的作用。这与我们的日常生活经验是一致的。人们在急切想要说服别人的时候，经常觉得写信或邮件会作用不大，而电话里也说不清或不够给力，所以会要求"见个面"来谈。做学生思想工作的辅导员更是会有这种体会，要说的东西明明都有书面材料，却偏偏要"面对面"做思想工作。

这是因为，"面谈"的力量就是不一样，人们一般会有错误的印象，以为面对面交谈才是真诚可信的。心理学家齐亚德·麦勒（Ziyad Marar）

在《欺骗》(*Deception*) 一书里指出，"人们不喜欢骗子和说谎者，在交谈中，在相信对方之前，会一直在他的真诚外表下探测可能的动机"。传授交际策略者会告诉我们，要说服对方，重要的一点就是看着对方的眼睛，展露你的真诚，面带微笑，显示你的善意。如果是为了达到某种目的而勉力这么做，那么，这些都可能只是面部的表演，其实并不真诚。

有的心理学家认为，面部表情是很难假装的。研究情绪和面部表情的先驱，美国心理学家保罗·艾克曼 (Paul Ekman) 在研究中发现，人在微笑时面部（特别是眼睛周围）有43处肌肉同时收缩。如果收缩得不对，假笑立刻被人看出来，一看就像个骗子。

但是，也正因为如此，成功演示的假笑便更具有欺骗性了。环境对人说谎的能力有很大的训练作用，与几十年前相比，现在有能力说谎做到脸不红心不跳的人肯定要多得多，对这些人来说，说谎时演示真诚表情根本就不是一个问题。有研究发现，人只要在对别人说谎之前，先让自己相信自己是真诚的，就可以成功地欺骗他人。让自己相信，那就需要自我欺骗。

如果说面部表情可以伪装，那么语音语调也是如此。在这之外，赌咒发誓也经常当作语助手段，用来加强真诚的语气。我们经常会在说服性交谈中听到这样的誓语，"对天发誓"，文化程度低的人还会发出"天打五雷轰""全家死光光""断子绝孙"这样的毒誓。

这类誓语都是为了消除对方的疑虑或疑心。口语里赌咒发誓的语助手段有时能打动对方。但是，倘若记录成文字，反而显得虚假。文字阅读比口头交际有更多思考的时间。读到这样的赌咒发誓，一般人都会想，如果你平时一直是说真话，为什么这时候要如此强调自己没说谎呢？再说，赌咒发誓不过是说说而已，对话语的真实性起不了什么担保作用。这样一来，赌咒发誓的作用正好适得其反。

在这个世界上，能随时随地成功伪装面部表情和语音语调的人虽然有，但毕竟不多。因此，许多重要的选人过程——考试、应聘人员、竞选都会包括"面谈"这一项，方式方法自然会有所不同。例如，在美国竞选公职，上至总统，下至学区委员，都需要竞选人员与公众见面。他们在电视上的讲话类似于说谎测试中对受访者的录像。传统的市民会议（town hall meeting）会直接回答普通民众的提问，更类似与他们面对面交谈。

政治人物的电视讲话或市民会议问答，说服对象都是选民，说服效应也都具有两面性。一方面，他们的面部表情、语音语调（包括身体语言的仪态、气质、动作）如果是真实的，那确实可以帮助选民更好、更真实地了解他们。但是，另一方面，如果他们只是在努力表现真诚（常常经过专业人士的指导和训练以及自己的练习），而实际并非如此，那么，他们的真诚表演虽然加强了对民众的说服力，但其成功却只是因为有效地增加了民众对他们进行测谎的难度。这样的成功只会让公共政治变得更虚伪，最终也只会使民众对这种政治失去信任和信心。

3. 传销者受害者的组织依恋

2017年8月10日有一篇《被解救后的传销者：多数选择回家，有的仍对传销充满幻想》的报道说，在天津静海区传销人员教育转化基地，记者发现，多数被教育转化后的传销人员表示想回家。但也有人说自己"感觉挺好"，"觉得在'组织'里每天都在突破自己，身边有一群积极向上的人，让自己从内向变得开朗，每天打打牌，做做游戏，也有吃的，虽然没有在外面吃得好，但基本的东西都有"。很明显，传销组织所形成的环境力量对一些人看待自己境遇的方式以及由此所做的决定产生了影响。

像这样"感觉挺好"的人，能让他们乐不思蜀、不愿离开的，是他们感觉到的"组织温暖"。他们感谢组织，依恋组织，对组织难以割舍。

组织是对个人"思想改造"最有效，也是不可缺少的人为环境。因此，美国的反邪教洗脑研究的两个侧重点都与组织有关。第一是邪教招募成员的组织手段，邪教用这些手段来改变人的正常思维和想法，把他们吸纳到组织中来。第二是邪教留住成员的方法，当人们误入邪教后，防止他们动摇，彻底改变他们的思想，让他们永远留在组织内，充当组织忠贞不贰的成员。

在美国，麻省理工学院教授埃德加·沙因（Edgar H. Schein）的《强制性劝说》（Coercive Persuasion）是一部讨论"思想改造"的权威著作。沙因认为，与人的其他思维训练或社会化过程不同，思想改造有四个重要的特点。

第一是批评和自我批评，就是将被改造之人放置于别人的猛烈攻击（批评、批判、批斗、斗争）之下，以此动摇并瓦解他的自主意识，从而取得逼迫他顺从的效果。

第二是把他放置到某个或数个施加压力的"同伴群体"（peer group）中，用同伴的力量来影响他，这类同伴群体包括同行组织、同工作单位、同校、同系的熟人和同事等等。

第三，必须在这类人际组织关系中给他造成极大的精神压力，如歧视、鄙视、排斥、羞辱、疏远、视为落后、贬为异类等等，只有这样，他才会产生不顾一切要与他人保持一致的强烈愿望。

第四，对他造成压力的人际关系不仅是与他有关的同伴群体，还要包括他周围的整个社会，以对他形成整体环境的合围，巩固思想改造的成果。

用这四种方法进行的个人或群体思想改造是相当成功的。一旦形成思想习惯,即使在没有明显外部压力的情况下,其成果也能令人满意地得到维持。

美国著名心理学家、斯坦福大学教授津巴多在《心智控制:心理现实还是只空谈而已》(Mind Control: Psychological Reality or Mindless Rhetoric)一文中把心智控制视为个人选择和行动的自由遭到破坏的过程。一个人由于自由意志和主体性(autonomy)被破坏,他的察觉、动机、感情、认知都会遭到扭曲,因而受困或受控于病态的罪感、恐惧、仿效和奴性从众情绪。在这个过程中,起决定作用的是组织及其领导者的魅力和权威。在这样的组织里,高压手段、肉体和精神折磨、非理性的害怕、威胁和利诱都是常用的操控手段。

人在这样的环境中会产生一种"保护性愚蠢",养成一种在组织里寻求庇护的癖性和依赖心理。组织保护给孤独无助的个人一种虚假的安全感,为此他可以心甘情愿地接受谎言、容忍虚伪、参与欺骗。许多传销者不是完全不知道自己传销行为的性质,也并没有完全失去是非的判断。但是,他们的心理和情感需要压倒了任何还可能残存的理性和是非判断。他们决定留在传销组织内只是他们向"保护性愚蠢"心态屈服的行为表现。一方面,即使不加入传销组织,在其他组织环境中,这些人也是最容易被操纵和控制的;另一方面,许多不会加入传销组织的人,在其他组织环境中,也难保不会有类似传销组织内的那种依赖癖性和保护性愚蠢。这种变化莫测但又相当普遍的趋向一直会与我们同在,威胁着我们的理智。我们必须时刻加以提防。

奥威尔的《1984》中有许多对组织操控的描述,在现实生活中实际发生的操控有许多并不像《1984》中那么明显、激烈和暴力,而是以相当平常，似乎无害，甚至有益于个人或社会的方式悄悄进行。亚利桑那州立大学教授罗伯特·恰尔迪尼（Robert Cialdini）在《影响：劝说的心理学》（*Influence: The Psychology of Persuasion*）一书中指出，改变人的思想可以不动用特殊的手段和方法，只要巧妙利用某些现有的社会伦理观念就可以使人在思想上就范。例如，人们所说的忠、孝、义气、感恩都可以发挥效能，它可以潜移默化地使人在政治心理上依赖恩主，因无法人格独立而在奴性中越陷越深。

对组织的留恋是一种感恩化的心理依赖。马克·吐温说："感恩是一种债务，就像被讹诈一样，交付越多，就越向你勒索。"谁一旦被这样的软绳索套住，便只好永生永世地感恩图报了。外来的心灵操控利用的不过是人们常见的心理弱点和心智缺陷。每个人对此有所警觉，在相当程度上可以帮助自己抵御这样的操控或心理诱导，保持思想和人格的独立，大大减少上当受害的危险。

4. 受贿和行贿的恶质环境

官员腐败显示了严重的道德秩序崩塌，而反腐败最重要的意义在于重建崩塌了的道德秩序。道德秩序的好坏是对官员操守有直接影响的制度环境力量。2015 年 3 月，一篇《对"反腐并不会影响经济发展"的科学解析》的文章提出，反腐对中国发展两个方面的意义，第一，反腐能使市场自由竞争取代腐败活动成为资源配置的主要方式，有利于促进经济长期稳定的发展。第二，反腐也有利于社会公正、公平和政治稳定，有利于提高老百姓的幸福指数。这两个方面的意义也就是包括中国在内的现代世界反对腐败的两个主要理由。

"腐败"首先是一个价值判断概念，而不是单纯的事实陈述概念。这使得批评腐败，提出遏制或反对哪些具体的腐败的方案经常成为有争议的问题。今天，人们具有普遍共识的"腐败"主要是指政府官员为了私人利益滥用公共权力——贪污、索贿受贿、裙带利益输送和人事安插等等。

对腐败的社会理论研究裹足不前，主要有两个原因：一、定义腐败的分歧；二、对腐败与经济增长之间的关系有不同的认识。前者受文化相对论和决定论的影响，后者则与单纯从功利来看待腐败有关。

有的社会和文化传统讲究人情、关系、面子，使得"送礼"和"行贿"、"贿赂开道"和"表示感谢"之间的区别变得十分模糊。这也使得西方学者在研究发展中国家的腐败现象时因为害怕政治不正确而显得过度谨慎。瑞典经济学家、诺贝尔经济学奖获得者贡纳尔·默达尔（Gunnar Myrdal）指出，西方学者"对（非西方国家）腐败的研究有太多的禁忌"，他们害怕被人指责为"指手画脚"，因此自觉地实行"研究的外交"（diplomacy in research）克制。波兰裔英国社会学家斯坦尼斯拉夫·安德列斯基（Stanislav Andreski）也指出，"大多数欧洲知识分子对（非西方国家）腐败保持沉默，是一种逆向种族主义，阻碍了有关腐败现象知识的传播"。逆向种族主义指的是，西方国家不能容忍的腐败，放在非西方国家就成了传统习惯或文化特色。这看上去很宽容，其实是一种居高临下的双重标准和文化相对论。

以文化或传统相对论看待腐败，会抽掉反对腐败的道义内容，把腐败当作一件仅仅只是与经济发展有关的事情。只要对国家经济发展有益，不妨利用腐败的"润滑剂"作用。腐败可以帮助企业绕开政府行政干预和官僚主义关卡，降低成本，有利于经济增长。这就是所谓的"有效腐败论"。与"有效腐败论"看似对立，其实同样功利的是"有害腐败论"，它认为腐败是经济发展的"掠夺之手"。腐败的非法性和隐秘性带来严重的市场扭曲，使生产活动的回报低于寻租的回报，导致社会资源被配置到寻租活动中，而不被用于生产活动。

新加坡政治学家拉贾拉特南（S. Rajaratnam）曾将"腐败有益"怒斥为"窃盗统治"（Kleptocracy），他强调，腐败不仅对经济发展弊大于利，而且对国民道德绝对有害。拉贾拉特南与李光耀同为人民行动党的创始人之一，后成为新加坡的部长和副总理。他说，"那些有善意但却被误导了的学者们说，腐败对于亚洲和非洲快速发展是实用和有效的发展工具，这是怪异荒诞的。以前，西方人试图用鸦片来压服亚洲……现在，西方知识分子为之辩解的窃盗统治是一种新的鸦片，它让亚洲永远处在落后和堕落的状态。欢迎这些学者对腐败见解的……只有亚洲的那些盗贼们"。

窃盗统治是一种政治腐败的形式。它指在国家政府中，某些统治者或统治阶级利用政治权力，增加自己的私人财富、扩张政治权力、侵犯人民的财产与权利。腐败，尤其是自上而下的腐败，破坏一个国家的道德准则，两千多年前，《淮南子》就曾说过："上多故则下多诈，上多事则下多态，上烦扰则下不定，上多求则下交争。"越是高位者的贪婪腐败，越是会造成大范围的政治混浊、法度溃毁，"上好取而无量，下贪狼而无让，民贫苦而忿争，事力劳而无功，智诈萌兴，盗贼滋彰，上下相怨，号令不行"（《主术训》）。腐败使人们贪婪无度，"风流俗败，嗜欲多，礼义废，君臣相欺，父子相疑，怨尤充胸，思心尽亡"（《本经训》）。放纵欲望、不讲礼义、无视法制、互相猜忌和鄙视，整个社会充满了戾气。

美国上诉法院法官、法学家努南（John T. Noonan, Jr.）在《贿赂》（Bribes）一书中说，"贿赂是一件普世认为可耻的事情，世界上没有一个国家的法典里不把贿赂当作一种罪行。有的法律，如禁止赌博，人们不遵守但不会对此有特别的羞耻感。(反)贿赂不是这样的法律。没有任何一个国家里，受贿者是公开受贿的，也没有行贿者把行贿的事公之于世"。

受贿和行贿都是以其他名目进行的，而且总是见不得人地偷偷进行。这说明，受贿和行贿是这个世界上所有人都觉羞耻的一桩"罪过"。正如努南所指出的，羞耻和伪善是因为有悖于普遍道德，"羞耻心也许是文化的产物，但是，对贿赂的羞耻如此强烈，如此普遍，说明贿赂不只是无礼和非法而已。我们虽然不能全凭羞耻来断定贿赂的性质，但可以从羞耻看到它的道德缺失"。

5. "酒桌文化"背后的从众心理

有一篇《跟山东人喝酒真累？那是不了解山东人的酒桌文化》(下称《酒桌文化》)的文章介绍山东饭局上喝酒时的敬酒和劝酒"规矩"。8到10个人的酒桌有4位"陪酒"，戏称"主陪敬酒靠权威，副陪敬酒靠暴力，三陪敬酒靠脸蛋，四陪敬酒靠耍赖"。这是仪式化的喝酒，也是组织化的喝酒，对酒客形成了不得不喝，不得不猛喝的强大环境压力：大家都按规矩这么来，你也得这么来。

据说这种规矩"最早可以上溯到春秋战国时期，定规矩的人是管仲。对于如何入座，如何上菜，酒杯的摆放位置，晚辈如何给长辈倒酒等等，都有详细的说明"。因为这种规矩源远流长，成为风俗惯例，所以被当作了"文化"。

任何被视为"文化"的事物都具有某种隐性的强制力。倘若你不按"文化"的规矩办事，那就是"不懂事""没规矩""上不了台面""没水准"，因此活该惹人耻笑、遭人白眼、被排挤和受冷落。这是一种非常令人难堪和惧怕的处境，会让人因为孤独而惴惴不安，心生恐惧。

孤独和被排斥是恐惧的一个最主要的原因。孤独意味着无能为力、孤立无援和丧失个体价值。孤独还会引起羞愧和负罪的感觉。因此，避免孤独便成为人的一个最大需要。心理学早就发现，人在无法逃避孤独的过程中甚至会神志失常，结果是疯狂甚至自杀。

人有不同的逃避孤独的方法，其中之一便是纵欲。用酒精或毒品来自我导入恍惚状态是一种常见的纵欲方式。正如心理学家艾里希·弗洛姆 (Erich Fromm) 所说，"在短暂的极度兴奋中，世界消失了，与世隔绝的感觉也随之消失"。弗洛姆指出，"如果是集体纵欲，那么参与者还会体验到一组人共命运的感受，从而加强逃避孤独的效果"。

与他人一切尽情作乐的酒宴滥饮是一种常见的集体放纵形式。这种集体纵欲不像一个人躲在房间里酗酒或吸毒，它不会引起内心的羞愧和罪感。相反，这种集体行为会被视为正当的，正确的，是"一种文化"，一种能耐或美德。

集体纵欲经常很讲究"规矩"，所以有很强的仪式感。仪式感让纵欲行为审美化，因此而正当化。滥饮变得像是在举行某种不凡的文化仪式，而不再是普通的集体纵欲。《酒桌文化》一文介绍说，"一场酒宴的成功与否，取决于请客方对大家情绪的调动，山东人信奉喝倒才算喝好，如果一场酒局下来，没有一个倒下的，或者没有一个喝吐的，或者没有一个喝得胡言乱语、满嘴跑火车的……那这场酒局基本就失败了"。以这样的标准来衡量一场酒宴的成功与否，正好说明它是一种无节度的纵欲。

酒桌文化的强迫性集体纵欲与个人自导纵欲不同，你要是批评一群人的酒桌文化是陋习，那就是自找没趣，肯定会被他们瞧不起。他们会理直气壮地斥责或嘲笑你文化无知。在他们看来，就算酗酒滥饮不是什么好事，或者简直就是活受罪的事情，只要做得"考究"或者"有讲头"，那就值得去做。不但不必有羞愧或错误的感觉，而且还应该有弘扬民族文化传统的光荣感。用《酒桌文化》的说法，"山东人在饭桌上的规矩传承的是齐鲁文化和儒家文化的礼仪，是中国饮食文化的一部分"。

其实，这不过是典型的盲目从众心理罢了，其最大的诱惑就是用热闹消除孤独感。酒桌上图的就是热闹，热闹是治疗孤独感的速效药。当然，热闹并非都是有害的，只要有节度，可以有效地舒缓和调节心情。但是，纵欲的热闹是会有副作用的，在一时的纵欲以后，一个人的孤独感却会加剧，所以不得不更经常更热闹地重复放纵行为。

集体中放纵比个人自导放纵能更让人觉得心安理得，克服孤独感也更为有效。与同一组人的行为、思维和选择倾向保持一致，以此达到与其他人"融为一体"，能给人一种的安全感和满足感。这跟民族主义或部落主义的群众亢奋和群体骚动甚为相似，历史上和现实中都有不少例子。

在投入某种集体放纵行为的时候，大多数人并未意识到自己内心对孤独感的恐惧，也没意识到自己的行为是一种盲目从众。他们生活在一种幻觉中，以为自己是在按照个人的意愿行事，他们会觉得自己是具有个性的人，是经过大脑的思考形成自己的看法。他们会认为自己的观点之所以与许多人一致，纯粹是因为巧合，而这种巧合更证明他们的观点是正确的。

既羞于对自己承认没有个性，又害怕落单和孤独；既在意个体的自我，又不能不用别人的眼光来看待自己。这样的矛盾和纠结使得囿于从众困境的人生活在一种巨婴享受的安全感中，无法在人格上成熟起来，更无法在思考能力上长大成人。

6. 互联网时代的信息流串和回音室效应

网上有一篇《暴民是怎样毁掉互联网的》的文章，是从 2016 年 8 月 18 日美国《时代》周刊刊登的"How Trolls Are Ruining the Internet"翻译来的，该文描绘和分析了美国互联网上的网络暴力（trolling）行为。动词的 troll 是一个俚语，原指钓鱼船后面拖的线，引鱼上钩，现指在网络上发布冒犯别人的言论，故意挑衅，激怒对方，引发互相谩骂，以此取乐。做这种事情的人被称为 trolls（寻衅谩骂者）。文章作者对网络暴力深感忧虑，认为寻衅谩骂现象污染了互联网，使之变为充满敌意和戾气的泥淖。网络暴力虽然不是肢体暴力，但对被害者的伤害有过之而无不及。译者特意指出，"反思中文互联网，尽管与西方有着不同的语境，但网络暴力的蔓延同样窒息着互联网上信息流通、理性讨论的空间"。也就是说，互联网对使用不同文字的网民都会有某些相同的环境影响。

然而，有人寻衅滋事，聚众对抗，无论谩骂还是肢体冲突，都不是互联网时代才有的事情，社会学和心理学家们在对群众行为和群氓心态的研究中对此有许多关注和讨论。互联网时代的寻衅滋事，聚众对抗也成为传媒学者们研究的课题，其自身特点中，最明显的就是它只是涉及语言暴力而非肢体暴力。而且，网络暴力经常以"蒙面作恶"而不是显露真人的方式来进行，加上"网络松绑效应"，因此更加肆无忌惮。网络具有匿名、隐蔽、无权威、非实时等特性，这些因素剥离了人类社会传统的和一般情况下的习俗规范。这种现象正突破网络的界限，从手机渗入日常生活的方方面面，因此对社会道德的败坏作用也远远超过传统社会中的聚众闹事、斗殴对抗。

网络上的"聚众闹事"与实体社会中不同，它不是人群的聚集，而是声音的汇集，其发生和过程便是传媒学所说的"信息流瀑"（或"信息流串"，information cascade），指的是这样一种群众行为：当人们不管自己究竟有什么想法，看见别人怎么，就有样学样。所学之样可以是直接模仿，也可以是凭猜测或推断别人的意思，然后亦步亦趋。这并不是群众社会的新现象，但便捷、快速的网络社交大大加剧了这种"流瀑"的冲击范围和力度。

互联网时代的信息流瀑既是一种随众行为，又是一种选群行为，参与其中的个体并不流传和重复所有的信息，而只是流传和重复与他意气相投的信息。早在19世纪，法国社会心理学家塔尔德（Jean Gabriel Tarde）就指出，人类社会行为存在着普遍的重复性，模仿是一切相似性的根源。模仿是组织最普遍的行为方式之一，一些组织把模仿作为重要的生存方式与发展手段，如小圈子的学会、排外性的工会、黑帮组织。在这样的组织中，一个人特别容易放弃自己的信息和想法，而跟随别人散播的信息，这便是非理性的"羊群（herd）行为"。

互联网上的羊群行为也是非理性的，它受到情绪和激情的强烈感染，由于人类有羊群行为的天生弱点，"信息流瀑"只能遏制，而不可能完全消除。遏制的条件是认识它的一些基本特征，主要包括这样三个。第一，它随时都可能发生，防不胜防，尤其是当新闻或群体事件发生的时候。因此，我们需要随时对之保持警觉，更不要一有风吹草动，就忘乎所以，卷入其中。第二，社交媒介传播的信息可能是讹误的，不正确的，"信息流瀑"成为以讹传讹的渠道。第三，它的信息是很脆弱的，一般人只要动动脑子，其实并不难戳破。一旦没人传它，它也就自然会寿终正寝。

"信息流瀑"是同声相求、志同道合小圈子内的话语操作，有一种被称为"回音室"（echoing chamber）的效应。这也是一个新的老问题。

早在有互联网之前，观点对立的人群也是听不进不同意见的，也有在"同人""同志""战友"之间不断强化一己偏见的毛病。这其实是一种非常狭隘的小群体"部落化"。在网络时代，这种同声相应、自我归类的"回音室"更容易形成与其他"回音室"对抗的社交圈。在巨量的网上便利信息中，他们只选择自己想看到的东西，想听到的声音，在做出回应的时候，经过回音壁的作用又反馈回来，不断激化、强化同一观点，将之推向极端。这是造成网络上不同意见之间越来越两极对立、互相仇恨、难以妥协、难以弥合的一个重要原因。

第十四章　迷信、偏见和愚昧：
　　　　批判性思维与启蒙和人性

　　批判性思维是以它反对什么，要改变什么来定义的，它是一种反对并致力于改变迷信、偏见和愚昧的思维方式，这是它"批判"的意涵。就此而言，它继承的是18世纪启蒙理性的理想。它相信，人可以依靠自由个体的理性和思考，通过正确的方法，去把握真实和真相。这是一些关于具体事物的真实和小真相，不是宏大真理。

　　批判性思维的启蒙是探索性的，它以怀疑精神、科学方法和批判理性为其特征。怀疑精神不是否定一切可靠知识可能性的消极或虚无主义的怀疑主义，而是一种积极的、有选择的怀疑主义。它意味着假说、理论、或信仰的可靠性取决于它们的根据、证明和支持它们的理由。这样的知识验证是为了排除怀疑，而不是确定真理，这种排疑的方法就是科学的方法。理性是指，我们应该尽可能客观地检验对我们有意义的想法、观念和判断，如果它不能通过理性的检验，我们就应该拒绝它，或是悬置决定，而不是因为它与某种独断权威有关系，就贸然接受它。

　　批判性思维反对利用独断的权威去混淆事物的真实意义或确立不

可靠的"真理"。纵观人类历史,制度化的权威想要做的一直就是这个。为此,教会和国家一向在不遗余力地确定、阐释并推行某种正统思想,批判性思维因此成为它们的障碍。批判性思维的出发点就是,诉诸权威(政治的或习惯的)是不合理的,因为它用因循守旧的信念代替了理智上可靠的认识。建立正统观念抑制了人们从事新的发现,阻碍人们从事新的探索。把过去的固定不变的信念传给下一代,妨碍人们大胆地提出新的思想。这甚至也损害了他们忠实捍卫和以为是最值得珍视的信念,使之最终变得陈旧。只要迷信因崇拜而延续、偏见为习惯所包裹、愚昧被当作信仰或信念,虚假、欺骗、伪善就会一直存在。批判性思维是为终结这种状况而存在的。

批判性思维把迷信、偏见和愚昧视为人性的一部分,而不只是由外力强加于本来自由的人类——虽然这种外力确实存在,也试图利用这些人性的弱点。批判性思维对人性的理解是人文主义的,也就是,承认人性有弱点,但也看到人性有克服自身弱点的潜能。它继承了启蒙的传统,不是像天启人性论那样把人视为低于天使,高于禽兽,因为犯下了不顺从的原罪而从天父恩典中坠落的亚当子孙,而是一种自然的存在。人是可以通过理性科学去认知的,其中最重要的就是心理学和人类学。

启蒙思想不满足于把心理学变成一门科学,而是要把它变成人的科学中的一门战略性学科。这种战略地位不仅在于它为启蒙哲人对宗教的批判提供了坚实的"科学"基础,还在于它辐射到广义的人的科学,辐射到教育、美学和政治思想。苏格兰启蒙哲学家杜加尔·斯图尔特(Dugald Stewart, 1753—1828)因此说,"普通心理学是人类知识的圆心,思想家们从这里出发,迈向人类知识的圆周"。心理学的战略地位使得它能够为启蒙运动的人学思想(人文主义)提供一个经验的基础。

本书里许多关于人性的讨论就是以心理学的研究成果来支持的。

人类学研究的成果也为心理学的普遍人性结论提供了验证。人性是相同的，改变人性，使人性显示文化差异的是不同的社会环境。人性是共通的，因此，不同国家和社会中的人们可以通过设有共同标准的批判性思维来相互沟通，而不是以文化相对论或文明冲突论的借口来互相对抗。

彼得·盖伊在《启蒙时代》一书里总结了启蒙的普遍人性观念，他写道，"大自然决定了人的发展和基本行为模式具有一定的一致性。极端的环境决定论者……认为有什么样的教育就能塑造出什么样的人，但也承认每一个人生来具备相同的潜能。在这个问题上，休谟有一段名言：'人们普遍承认，各国各代人类的行动有很大的一律性，而且人性的原则和作用始终如一。同样的动机总是产生出同样的行为'。'野心、贪心、自爱、虚荣、友谊、慷慨、公益精神'，这些情感'混合的程度虽有不同，却是遍布于社会中的，从世界开辟以来就是，而且现在依然是我们所见到的人类一切行为和企图的源泉'。实际上，'人类在一切时间和地方都是十分相似的，所以历史在这个特殊方面并不能告诉我们什么新奇的事情'"。

批判性思维认为，人类共同人性的一个重要特征就是没有固定不变的人性，在这个世界里，没有任何一个地方的人是注定只能永远受制于迷信、偏见和愚昧的。人就是人要怎么做和会怎么做，包括他的本能、认识、情感和决心。一方面，人是被动的，也就是说，人体验到他所遇到或经验到的一切；另一方面，人有自己的想法、行动和决心，有理智的行动能力可以改变环境的影响，虽然不一定能立刻改变环境本身。即使在被控制环境中，人的理智也能受到磨炼和提升。更重要的是，人在理智活动中会创造出积极的伦理价值标准。伦理价值

(或善)就是能够改善人性和能力,能够产生有用结果的东西。相反,不道德(或恶)则是起到败坏作用的东西。

批判性思维所坚持的真实和真相是认知价值,也是伦理价值,真实和真相不仅在认知上优于虚假和歪曲,在伦理上也是如此。它不仅能够比较有效地解决人的认知问题,而且能使求真同时也成为一种至善。我们赋予批判性思维以个人和社会伦理的意义,是因为我们相信,这样的思维能够对人的教育和成长产生有益的结果。这也是为什么必须尽力阻止和改变迷信、偏见、愚昧的继续存在。这样一种认知和伦理所产生的将会是积极引导我们构造更好未来的可能。

1. 人应该主动选择糊涂吗

有一篇《为什么说我们应当主动选择脆弱》的文章说到人性的脆弱,"脆弱"指的是,我们在面对生活的风险和不确定,或者在需要投入情感或有所行动时,感觉到一种优柔寡断和彷徨无力。这是一种情绪状态。人们往往是在一瞬间感到脆弱,然后立刻转化为由脆弱唤起的自我防御。人会本能地掩饰自己的脆弱,因为脆弱被视为一种软弱,不掩饰脆弱就意味着自曝其短。而且,在这个世界上,一般认为,只有弱者才软弱,而强者则可以选择不软弱,因此不会有脆弱感。

既然如此,人为什么要主动选择脆弱呢?这是出于一种对"脆弱"的不同认识,那就是,脆弱是人类共有的,无分强弱。人活着,本身就是一种脆弱,主动选择脆弱,展现人性柔软的一面,可以帮助我们在与他人的交往中不是一味掩饰虚弱,逞强装酷,而是坦诚相见,建立互信和积极互动交往的关系。

不假装,而是以真面目示人,这是一种真诚的态度和善待他人的生活方式。这并不适用于任何社会,而只适用于真诚不会吃亏或基本上不会吃亏的社会。否则乐观主义地提倡"主动选择脆弱",只能是不合时宜的心灵鸡汤。

今天,对许多人来说,与其主动选择脆弱,还不如主动选择"傻"和"糊涂"——"装傻"和"难得糊涂"。选择脆弱意味着不战而怯,而选择装傻则是为了以守为攻、以弱制强。

当然,也有人会主动选择"聪明",不过这种刻意选择的"聪明"经常会聪明反被聪明误,结果反而成为一种愚蠢,让人觉得其实很傻。老话说,大智若愚,大愚若智,智和愚的界限本来就不易确定。在一个人们普遍戴着面具生活的社会里,真假难辨,智愚的区分也就变得更加模糊不清。

社会生活的秩序及其稳定和可确定性在很大程度上依赖于一些伦理和认知基本范畴的廓清和共识,如善恶、忠奸、是非、智愚。人们经常对当今社会的是非不分表示愤怒和忧虑。其实,智和愚的暧昧不明也同样严重。在特定的社会环境里,智慧和愚蠢的区别不仅仅关乎认知能力,而且也关乎善恶、忠奸、是非的道德区分。认知和道德界限的混淆和颠倒经常是同时发生的。

屈原感叹"世溷浊而不清,蝉翼为重,千钧为轻;黄钟毁弃,瓦釜雷鸣;谗人高张,贤士无名"。他发出悲鸣,感怀的不仅是良才贤士的冷遇和离弃,更是世道的昏暗和道德的失明。不久前的历史也给我们许多这样的教训,傻事被当作是聪明的创造(如亩产万斤粮),真正的人才被冷落,甚至遭受迫害(如命运多舛的"右派分子")。经常是是非、善恶的不明在先,然后才有智慧和愚蠢的错乱如影相随。

智慧与愚蠢的区别经常被误认为就是知识和无知的区别。其实,智慧与愚蠢的区别更接近于明白与糊涂的区别,而不是知识与无知。明白与糊涂的区别不在于有没有知识,而在于是不是明事理。没有知识只是无知，无知可以通过获取知识来改变。但是，即使有知识，也会不明事理，积累再多的专门知识，也还是无法改变一个人的糊涂或愚蠢。

只重知识积累但忽视明辨事理的教育会把学生教傻。伟大的法国作家蒙田早就说过，"这个世界的许多弊病之所以产生……是因为我们的教育一直羞于承认人的无知，是因为我们被要求去接受我们无法否认的那些东西"。他所说的"人的无知"是指人永远不可能把握真理，而学校教育却偏偏把某些东西当作绝对的真理灌输给学生，要求他们接受。这样的教育能对学生产生双重致残的效应——它不但把学生普遍弄傻，而且同时还在不断训练他们那种自以为是的"聪明"，结果使他们连简单和常识的事情都弄不明白了。

这样的教育也生产出许多虽不真傻，但却主动选择糊涂的人们。一般而言，他们是人群中智商较高的那一部分。主动选择糊涂与主动选择脆弱不同，一个人主动选择脆弱是因为他真的脆弱，但主动选择糊涂却并不是因为真的糊涂。主动选择糊涂是经过审时度势考量后的装糊涂，是一种趋利避害的行为选择。装糊涂与装傻一样，需要相当高的智商和悟性，必须随时明白什么时候，什么情况下千万不能让别人，尤其是"上头"看出自己的明白和不糊涂。这种"难得糊涂"因此而被视为一种人生智慧和修炼境界。难得糊涂是一种认知的智愚颠倒，因它与教育失误和社会道德是非不明的关联而特别值得我们深思。

2. 冲动的慈善使人容易受骗

2016年11月30日有一篇《深扒"罗一笑"事主P2P"小铜人"：有5000个公号推广矩阵，曾被指合同欺诈》的文章说，网上一篇《罗一笑，不要乱跑，你给我站住！》的文章其实是一个骗局。一位名叫罗尔的作家说他 5 岁小女儿罗一笑得了白血病，但家里付不起医疗费。许多人的朋友圈里都转罗尔的文章，也有许多善心人士参与捐款。结果有人曝光，"罗尔作家其实或许有三套房，女儿的医疗费自付事实上还不到 4 万，这样还要筹吃瓜群众的钱？另外幕后还有一家 P2P 公司做推手净割韭菜"。

这样的事情并不是第一次发生，为什么还是有这么多人上当受骗呢？也许罗尔利用了善心人士的同情心，欺骗了他们。但是，也应该问一下：受骗者那里是不是也有容易被骗的原因呢？如果说受骗者做出了蠢事，那么影响他们的又是怎样的认知和情感因素呢？

善心人士有同情心，这是应该肯定的。善心人士上当受骗，不是因为他们有善心，而是因为他们的善心只是凭一时的情感来决定行为（捐款），这有可能是一种捷径思维的决定。捷径思维指的是一种不可靠、不周全的思考方式，它虽然有时候是必须的，也是有效的，但会引起认知偏误（cognitive biases），得出错误的结论，并导致错误的行为（该不该批评这个行为是另外一回事）。

大多数的善心人士为罗一笑小朋友捐款，是因为作家罗尔的文章，这篇文章读上去情真语切，"要是你不乖乖回家，就算你是天使，就算你跑进天堂，有一天我们在天堂见了面，爸爸也不理你！"像这样"动情"的词句很容易产生"打动"读者情感的修辞效果。修辞能产生说动（persuade）人去行动的效果。修辞讲究的只是"有效"，而不是"可靠"或"实情"。这是修辞与论证（logic）和辩论（dialectic）有所区别之处。

修辞与论证和辩论同为说服他人的三种方式，但强调的着重点不同。论证强调"正确"（validity），辩论强调"合理"（reasonableness），修辞强调"说动"。论证说理当作正确的，辩论说理未必视为合理。例如，"鲁迅是伟大的思想家，因为他书里的思想很深刻"。在形式逻辑中这是正确的，但在辩论中，这是一个有非形式逻辑谬误的断言（巡回论证）。修辞不必遵守形式的或非形式的逻辑，即便是逻辑谬误的修辞，只要符合受众的认知心理习惯和认知偏误，也照样能够说动他们。这就是谬论和歪理照样有人接受的原因。

人们在被修辞"说动"的时候，经常会误以为那是逻辑和理性的"说服"（convince），这是捷径思维的误导作用所致。在人们认识捷思之前，一般认为，人是理性的动物，人应该能用分析、逻辑的思维来考虑和解决问题，不能够这么思考的人是不理性的。特沃斯基和卡内曼提出，人有两套思维系统，一种是分析和逻辑的批判性思维，另一种是直觉和经验的捷径思维。捷思是依据有限的知识在短时间内迅速地找到解决问题的方案。捷思凭借的是经验的方式，如先例、常识、直觉等等。捷思基于经验，有时它也可能是基于错误的经验。

在诸多的捷思-偏误中，有一种叫"情感捷思"（affect heuristic），那就是凭一时的情绪或情感作出决定，采取行动。"路怒"就是一个典型的例子，捷思把路上发生的事情迅速理解为"敌意"和"冒犯"。本来是一件很平常的事情，却用别人的"恶意动机"去看待它，自以为找到了事情发生的原因（归因），因此是一种被称为"归因偏误"（attribution bias）的错误。同情、厌恶、害怕、嫉妒等等情感也都可能让人作出冲动的错误决定。

在许多情况下，情绪性的决定是难免的，也只能如此。为女孩罗一笑捐款的人不可能把罗家的真实经济情况打听得清清楚楚才做捐款的决定。慈善捐款行为经常是一时冲动的行为，因此有不少人捐了款，事后因为了解了情况，想想又后悔的。为罗一笑的捐款就是这样。

许多人都是从朋友圈里得知关于罗一笑的事，而朋友圈很可能让我们有两种容易上当受骗的捷思-偏误。第一种叫"随众"（conformity bias)。我们经常误以为许多人相信的事一定是真的,许多人做的事一定是对的。因此才会人云亦云,人行我随。这种偏误在朋友、熟人、同事之间尤为突出。

另一种让我们容易上当受骗的是"相似性捷思"(similarity heuristic)。我们偏向于相信自己熟悉的人和事,以为熟悉的就是靠得住的。人对陌生人有天生的戒备,但却容易上熟人的当。用老乡、同事、同学、熟人的连带关系套近乎,往往是欺骗和拖人下水的第一步。这种认熟不认生会严重影响我们对事物的判断,是容易被骗的重要原因。人们偏信朋友圈里的信息,潜意识地把朋友当成信息真实性的担保人。搞策反、拉拢、说服、团结工作,经常利用的就是同乡、同学、私交这样的熟人关系。我们到熟人开的餐馆吃饭,觉得亲切可靠,结果成了"宰熟"的对象。在我们上当受骗的时候,经常有不止一种捷思－偏误在起作用。这会让我们更加防不胜防。然而,我们若不想上当受骗,真正要防备的并不是别人,而是我们自己的情绪和情感。

因此,即使是做好事,也需要对做好事的情感动机有理性的认识,"同情"就是一个例子。有一篇《我们不停捐款,难道是为了让他生到儿子为止?》的文章说,央视新闻2016年7月5日发了一条微博《父母双盲6岁女孩成了"小大人"》,配了9张双盲夫妻6岁女儿何欣洁买菜、扫地、做饭、照顾弟弟等图,基本囊括一切家务。这么不幸的家庭,这么懂事的小女孩,自然而然打动了许多人的同情心。但是,后来发现,这条报道里6岁小姑娘的双盲父母在2008年曾经接受过公众捐款,当时他们就有了一个女儿(后来说是让人领养了)。于是不少网友对此感到困惑,"可是既然已经有两个女儿了,大女儿还因为养不起被其他家庭领养,为什么还要生第二个第三个?"

这虽然不过是一则今天媒体上司空见惯的时事八卦,但却也让我们看到了一个有意思的问题——人类情绪的不稳定性。人并不是纯理智的动物,而是无时无刻不受情绪的影响,变化不定的情绪影响我们的判断,也影响我们的行为。如果人们只是读到双盲父母和 6 岁"小大人"的微博,那么他们有可能因为同情,而愿意向这对双盲夫妻伸出援手。但是,当他们知道这对夫妻不断在生孩子时,他们的同情消失了,而且还发出了"捐款难道是为了让他生到儿子为止"的怨言,当然也就不会再援助了。

从纯理智的角度来看,一对盲人夫妻生活本来就困难,孩子越多越困难,也就越应该获得人们的同情和援助。为什么偏偏不是这样呢?原因之一可能是,捐助者把捐助这件事个人化了,觉得自己受骗了,所以不管盲人夫妻是不是真的有困难,反正不捐了。

人与其行为对象的关系不是纯客观的,而是一种感觉上的关系。英国心理学家泰勒(Gabriele Taylor)在《骄傲、羞耻和罪感》(Pride, Shame and Guilt, 1985)一书里提到过这样一个例子。一位给艺术家当裸体模特的女子突然为自己裸体感到羞耻,因为她察觉到艺术家不再是把她当一个模特,而是当一个女人看待了。从纯理智的角度来看,有人也许会对女模特说,管那个艺术家怎么看你,你就当你的模特好了。但女模特事实上是做不到的,因为她的情绪是真实的。艺术家先前是以有距离的、非个人的眼光来看她,一旦这种眼光失去了距离感而变得个人化,两个人之间的关系就变化了。正是这种个人化了的关系使得模特起了羞耻心。

同情不能不是一种个人化的人际关系。人们平时所说的"同情"是个相当含混的说法,它可能是"恻隐"(compassion),也可能是"怜悯"(pity),这二者都与亚当·斯密在《道德情操论》中所说的"同情"

(sympathy，也称empathy"同理心")不同。以色列心理学家本－泽维在《微妙的情绪》一书里对恻隐和怜悯作了辨析。他指出，恻隐与同情一样，需要有同理心，也就是感情上的认同；但怜悯不是如此，怜悯一个人可以是"可怜"他，含义不是尊重，而是鄙视。

在许多人对那对盲人夫妇的同情中，恐怕混杂着恻隐与怜悯（可怜），不少人"同情"，也许只是出于可怜，而不是真的认同他们对自己生活方式的选择。同情很容易被不同情所压倒，不仅不同情，而且更是责备和鄙视。因为这种同情里的"怜悯"，用本－泽维的话来说，本来就包含一种居高临下的"自我满足感"。他对此写道，"怜悯一般包含一种满足的感觉，来自把我们自己的处境与他人作比较。怜悯能够更让我们感觉到自己的幸运，并因此而满足。……因为别人不如我们自己"。

这样的"同情"事实上是在割裂而不是融合与社会中他人的关系，因此不是斯密在《道德情操论》中所说的那种"同情"。斯密把同情视为一种人际纽带，他认为，形成人际纽带的既不是"理智"（reason）也不是"情感"（sentiments），而是"想象"（imagination）。人只有通过积极想象，才能人同此心，心同此理。也就是说，同情必须包含理解，因为同情并不就是我对他人所表现出来的情绪的简单反应。

例如，我看见一个人愤怒，第一反应可能是害怕或讨厌，除非我知道他为何愤怒，我不会也跟着愤怒。我看见一个人在街上哭泣，也许会被触动或觉得不安，因为人总是碰到了伤心的事情才哭泣。但是，这种往往被称为"同情"（或"同理心"）的冲动是有限的。大多数人会匆匆加快脚步走过，而不是停下脚步相助。那个哭泣之人可能是想引起旁人的同情，乞丐经常会这么做。因此，斯密认为，我只有在知道这个人为什么哭泣的情况下，才会有真正的同情。因为只有这样，我才能知道我要是处在他的境地会有怎样的感受。也就是说，我的想象必须受我的理智所支配。

斯密说，"就算我们对一个人的喜怒哀乐有所同情，在我们知道原因之前，同情也是不完善的"。真正的"同情"（他也称"恻隐"）不是一时的感情冲动，而是基于理性思考的判断，"一个旁观者的恻隐必须完全基于这样的思考，如果我处在他那种不幸的境地，我会有什么感受"。从同情转变为不同情，甚至怨恨，是人情绪不稳定的一种表现，所幸的是，在其中起作用的是更多的信息和更多的思考。

3. 吉祥物、流年不利和确认偏误

我一个学生告诉我，他有一支"幸运笔"，他每次考试都用那支笔，每次都能考好。我还有一个做保险的邻居，他告诉我，他有一个幸运手机，带着它上班业绩就特别好。许多人不相信这种"吉祥物"，认为那是"迷信"，纯粹是心理作用，无稽之谈。

其实，吉祥物并非纯粹子虚乌有，而是有其真实的一面。你问相信吉祥物的人，他总能告诉你一些能证明吉祥物灵验的例证：哪几次考试考好了，哪几次生意做成了。他们并不是全然盲目地相信吉祥物，而是也在他们的经验范围里不断验证它的灵验性。问题是，他们总是选择有利于自己想法的"幸运"例证，而排除不利的例证（往往也因此而根本就记不得了），这就叫确认偏误（confirmation bias）。

几年前，我一位同事一连发生几件糟心事。先是在路边停车到取款机里取钱，因为停在了公交车站的范围内，吃了一张罚单。然后又在倒车时撞上了一辆停在马路当中的车子，警察说，虽然对方停车不当，但责任还是开动车子的人。她接着又在离自己学校不远的地方闯了红灯，明明是开熟的地方，鬼使神差般地就是没有停车。她对我说,今年真是流年不利,觉得自己这一年里都处于不吉利的状态。同样,这也是确证偏误,不过她看到的全是负面的"倒霉"例证。

2015—2016 年 NBA 赛季时,预赛时加州的金山勇士队 82 场胜 73 场,打破 NBA 的历史记录,我周围的勇士队球迷一片雀跃欢腾。这之后,勇士队又过关斩将,一路杀进东西部冠军决赛。球迷们更是确信勇士队有"连胜势头"(streak),锐不可当,必胜无疑。结果决赛时勇士队先以 3 : 1 领先,然后连输 3 场,未能获得冠军。体育比赛与考试、做生意毕竟不同。再好的运气、手气,只要关键时刻败一局,已有的确证结论就会被推翻,暴露出"一贯胜利,必定不败"推理的破绽来。

问题是,即便我们知道连打几场胜球不等于就有了"连胜势头",但是,几场球连胜下来,我们还是会看到"连胜势头",而这会就此影响我们观看每场比赛的方式。也就是说,在我们对胜球的推理思考过程中,确证偏误不只是一个"缺陷",而根本就是这种思考的特征。不管理智如何告诉我们这种推理方式不可靠,我们还是会用这种推理方式来看待眼前的每一场球:是在保持"连胜势头",或者不是。"势头思考"使得我们再也不能以平常心来欣赏每一场球赛的"游戏"本身。

球迷们大多数是普通民众,在知识精英眼里不过是"粗人"。但是,知识精英们自己也经常用确证偏误的推理方式在思考许多重要问题。例如,在过去三十年里,中国 GDP 年均增长率近 10%,于是就有专家推理说还能维持几十年。

确证偏误是人的认知偏误中的一种,是一种凭经验、常识、臆测,结果既不周全又不可靠的捷径思考。与其他认知偏误一样,确证偏误是人与生俱来的思考特征,如果不警觉,谁都难以避免。既然确证偏误老是让我们做出错误的决定,且不能准确判断事情的真正因果关系，那么，这种不利于适者生存的无用思考特征怎么会在人类的进化过程中被保留下来呢？

研究人类认知的学者雨果·梅西埃（Hugo Mercier）和丹·斯珀伯（Dan Sperber）提出了一种解释：确认偏误与人类的"论证"（argument）需要有关，但无关乎确定真实或寻找更好的选择。论证是一种交际性活动，其目的是说服别人，至于说服的内容是否真实或是否有更好的可能，则不重要。

这符合心理学对确证偏误的研究。心理学家们发现，人有很强的确证偏误倾向，只要有了一个看法，就会开始对它做有利的论证，排除不利的证据。在个人之间的论证中是如此，在观点不同的人群之间更是如此。于是便出现这样的情况，一个群体里，态度最坚定，最有原则的永远是那些确证偏误最严重的成员。越是这样的人，在群体里越能在论证中占上风，取得优势和支配权。

4. 观世音和大救星

2018年春节过完了，我妹妹家保洁的阿姨回来了。她很高兴地告诉我们，她进门4年没有怀孕的儿媳妇有喜了，我们都向她道贺。因为高兴，阿姨的话比平时多了一点，她告诉我们，是在不远处的定慧寺求福得来的福报。我问她求的是哪位菩萨，她说是观世音菩萨。我问她是不是只求了观世音菩萨，她说不，她也求了庙里所有的菩萨。我问她为什么求不相干的菩萨，她说，进了寺院就一定要求所有的菩萨，一个也不能少的。她也是求了所有菩萨的。我问她，既然所有的菩萨都求了，怎么知道帮上忙的是观世音菩萨，而不是其他哪位菩萨？她说她是怀着诚心专门去求观世音菩萨的。

阿姨是位忠厚老实的妇人，我没有再追问下去，只是想着她求的那位观世音菩萨。在大多数虔诚的中国信众心里,这位菩萨是有名字的。这使得这位菩萨大不同于西方人心目中的上帝。上帝是不能直呼其名的,摩西问上帝叫什么名字,上帝对他说,我的名字是无名。

哲学家告诉我们,在所有的信神宗教中,无论是一神教还是多神教,神体现最高价值,体现至善与至美。因此,神对一个人有什么特殊意义,往往取决于什么是他心目中的至善或至美。其实,一般老百姓在求神的时候并不会太在乎什么至善至美,神的法力比善或美重要得多。这位阿姨不过是为儿子向观世音菩萨求子,她向其他菩萨祈求的也不过是太太平平、阖家康乐。如此谦卑的要求代表了他们心目中全部的幸福生活,至善至美离他们艰难而平凡的生活实在是太遥远了。

然而,哲学家对宗教发展的解释却似乎能帮助我们理解为什么像观世音菩萨这样的"神"在普通中国人心中有着如此特殊的地位。

宗教是从以母亲为神的阶段发展到以父亲为神的阶段的。哲学家艾里希·弗洛姆(Erich Fromm)在《爱的艺术》(*The Art of Loving*)一书里指出,母爱是无条件的,母爱保护一切,帮助一切。母亲爱孩子,是因为那是她的孩子,不是因为孩子表现优秀或听话,也不是因为孩子能满足她自己的愿望和要求。父爱则不同,父爱基本上是有条件的。父亲规定原则和法律,父爱的程度决定于孩子服从他的程度,"父亲最喜欢那个与他本人最相像、最听话和最适合当他继承人的儿子"。

即使在只信奉父式主神的宗教里,人希望得到母爱的愿望仍然以某种形式保留下来。罗马万神庙里仍然有慈母的形象,犹太教母神的许多特征也还保留在一些神秘主义的流派里。天主教里有圣母院和圣母玛利亚。中国的民间信仰里似乎没有一位特别的父式主神,因此救苦救难的观世音菩萨便以慈母的形象成为许多人希望有求必应的主神。

成年人在有苦求之时也许首先想到的是神明或菩萨,但孩子在有求于人的时候，首先想到的则是父母。父母如何应对孩子的要求，答应或不答应孩子的哪些要求，则很可能成为潜移默化的成长教育。这是一种关于爱，而不只是关于如何要求帮助，向谁要求帮助的教育。

要求与乞求是不同的，我们是向爱我们的人，至少是有理由或应该爱我们的人要求帮助。母爱是无条件的，不管孩子做错了什么，在孩子有求于她的时候，她总是会给他爱护或帮助。这样的爱是毋庸置疑的。弗洛姆说，"通过努力换取的爱往往会使人生疑。人们会想：也许我并没有给那个应该爱我的人带来快乐，也许会节外生枝——总而言之，人们害怕这种爱会消失"。这样索取来的爱不仅显得不牢靠，而且难以带来幸福感，"靠努力换取的爱常常会使人痛苦地感到：我之所以被人爱，是因为我使对方快乐……我不是被人爱，而是被人需要而已"。

正是因为如此，我们所有的人，无论是孩子还是成年人，都牢牢地保留着对母爱的渴望。但是，只有母爱没有父爱会让一个人有失去自我要求和自我判断能力的危险，这是不利于孩子成长教育的。

正如无条件的母爱一样，有条件的父爱也有其积极的一面和消极的一面。父爱是有条件的，"我爱你，因为你符合我的要求，因为你履行你的职责，因为你像我"。父爱积极的一面是，它要求我们自己去争取，只有自己努力，才能得到。消极的是，父爱要求服从，违背父意是一桩罪孽，其后果是失去父爱的惩罚。爱的代价是屈服和顺从。

在许多人心目中，观世音菩萨是个女的，但其实他是男身女相，为什么中国民间把他化成了女子呢？对此，赵杏根教授在《中国百神全书：民间神灵源流》一书中解释说，"或是与男子相比较，女子更富有同情心，而观音大慈大悲，救苦救难，该是最富有同情心的神灵，也就是最集中地体现了女子富有同情心的美德，因此，人们认为，观音为女身，内在外在，就更为和谐统一"。他还解释说，"观音作为女性，信女们就会似乎觉得更亲近，什么苦难与烦恼，包括那些不能对男性诉说的苦难与烦恼，尽可对观音诉说，请求她为自己解脱。……观音在民间信仰中地位极尊，影响极大，很大程度上，是这些信女们在为她撑场面。若是观音作了男身，想来不会有这么风光吧"。在观世音身上集中体现了女神超越男神的特殊魅力。

一个人的成长最终是一个从有求于人到有求于己的过程。无论是相信一个能爱自己的母亲，还是一个能帮助自己的父亲，都是成熟之前的幼稚状态。这种幼稚状态虽然被许多成年人克服，但还是在求神拜佛这样的形式中保存了下来。还有许多成年人虽然不相信求神拜佛这种事情，但并不等于他们已经从这种幼稚的迷信状态中真的成长起来，他们只不过是用别的，看上去比较高级的祈求或崇拜代替了我妹妹家保洁阿姨的那种朴素的求神拜佛。纳粹统治德国的时期，许多受过良好教育的德国人还不是照样把国家和人民的幸福希望寄托在希特勒这位救世主身上？崇拜是人的一种自然情绪或情感，本来无所谓好坏或对错，但错误的崇拜对象却会给人带来灾祸而不是福祉。希特勒曾经是全民膜拜的神人和大救星，当然，他不是无条件爱护人民的母神，而是向人民索求无条件忠诚和服从的父神。

5. 丑陋行为和负面偏向

对于没有或缺乏文字或某方面知识的人们，大家经常会称之为"盲"：文盲、科（学）盲、法盲等等。盲是愚昧的意思，人只需要补充某方面的知识，不再愚昧了，也就不盲了。但是，有的"盲"却并不全是因为缺乏知识引起的，不能靠补充知识来改变。文明行为的盲就是这样,做出不文明的行为经常不是因为不知道自己的行为不文明,而是因为生活在特殊的环境中,大家都这么做,大家都明知故犯,结果反倒成为一种登堂入室的"文化"。对这种不文明的丑陋文化提出的严厉批评,也就成为人们所说的"国民性批判"。

媒体上经常可以见到对"丑陋行为"的报道,例如,南京明孝陵600多年历史的石象遭破坏,象鼻上被刻名涂鸦。这就会令人不禁想起柏杨先生的《丑陋的中国人》(1985)。当年柏杨所列国人的丑陋之处,脏、乱、吵、窝里斗、不认错、自我膨胀,今天在许多中国人身上依然如故。几十年后重提柏杨对丑陋中国人的鞭挞,有人会认为,这太负面,甚至是自虐。但是,正如丘吉尔所说,"批评让人不痛快,但却是必须的。批评就像是人身体上的疼痛,它引人关注不健康的状态"。对个人和群体,负面的批评都有其不可代替的价值。

痛陈中国人种种负面恶习,《丑陋的中国人》也许最为有名,但绝不是独此一份。以前有鲁迅,当代孙隆基的《中国文化的深层结构》(1985年左右成书)和易中天的《闲话中国人》(2000)也都是类似的著作。孙隆基批评中国人"铲平主义"与专制主义的相互配合,中国文化将"人"设计成一个以"心"为主导的动物,而又用别人的"心"去制约他的"心"。易中天批评中国人的"面子文化""人情观念""家本位""公私不分又内外有别""窝里斗与墙外香"。他们深挖细说丑陋,与柏杨怒斥"酱缸文化",批判程度不相上下。

从心理学的角度来看,人对负面特征的关注超过正面特征是正常的。这叫"负面偏向",也称"负面效能"(negative effect)。负面偏向是指,即使在同等强度的情况下,负面的事情(令人不愉快的感觉、情绪、想法、人际经验)对人的心理或思考的影响也要强过中性或正面的事物。

如果不予以警惕,负面倾向可能变成一种负面思维,一种偏执和偏见，其常见的表现是阴谋论，诛心的动机论，愤世嫉俗，如不分青红皂白地咒骂"臭公知""男人没有一个是好东西"，或者只相信"人不为己天诛地灭"，不承认自然界或人类当中可能有任何美好的情感。

2010年，科学家做了一项有名的大鼠实验。他们把一只大鼠关在一个很小的笼子里，再把笼子放进一个大得多的实验箱，然后让另一只大鼠在实验箱里自由走动。笼子里的大鼠发出痛苦的信号，自由的大鼠也因此显出焦躁不安的样子。大多数情况下，自由的大鼠会试着拯救被关的同伴，按照实验者的设计，外面的大鼠试了几次之后，通常都能成功地打开机关，把被关的大鼠放出来。研究人员重复实验，但这次是在大实验箱里放了巧克力。于是，自由的大鼠有两种选择：放出被关的同伴，或是自己独享巧克力。许多大鼠都会选择先放出同伴，再共享巧克力（不过也有自顾自的）。负面思维者全盘否认大鼠同情同伴的可能性，认为自由的大鼠放出同伴只是希望阻止烦人的求救信号，不是因为同情或者什么别的高尚理由。或许是这样吧。但是，这样的负面解释也经常用在人类的善行上，如果你为地震或洪水灾害捐款，那是因为你沽名钓誉，想出风头。

在一般情况下，人的负面倾向没有这么阴暗、偏执，但毕竟不是积极的思维方式。美国心理学家保罗·罗辛（Paul Rozin）和爱德华·罗伊兹曼（Edward Royzman）在《负面倾向、负面压倒和扩散传染》(Negative Bias, Negative Dominance, and Contagion) 一文中解释了人的负面倾向的四个要素：效力、强度变化、压倒力、分辨力。

负面效力是指，事物对人的情绪感觉和感受所产生的负面效力比正面效力更为强势。强度变化是指，坏事越想越坏，变化的快速和程度的提高都要超过好事越想越好。负面压倒力指的是，在正、负因素都有的情况下，负面印象压倒正面印象，而且，负面细节的总和（总体印象）要超过各细节的相加，因此有夸大的倾向。负面分辨力指的是，观察不同的负面事物要比正面事物更仔细、更深入、更具分析力。托尔斯泰说，"幸福的家庭是相似的，不幸的家庭各有各的不幸"，就负面分辨力高的一个例证。

而且，研究者还发现，人们所使用的日常语言中，负面词汇比正面词汇多，表达负面情绪的说法也比表达正面情绪的多。一方面，负面偏见，挖苦、嘲笑、漫骂的说法远比赞美、崇拜、颂扬的说法层出不穷、花样翻新。另一方面，由于接受者的负面偏向，他们对负面的言说也比正面的言说更感兴趣。好话不出门，坏话传千里，是再正常不过的事情，因为这符合人的自然心理倾向。鲁迅也好，柏杨也罢，都是在很大程度上沾了负面语言丰富的光，也瞧准了一般人的负面心理需求，因为连丑陋的人也都喜欢议论别人的丑陋。

对形成批评意见而言，人的负面心理倾向并不一定是坏事，甚至可以成为好事。例如，心理学研究发现，公众对政治人物或公共人物的负面印象比正面印象要强，负面印象也对公民选举有更大影响。这是因为，不诚实者即使偶尔做了诚实的事，也还是会被视为不诚实之人；而诚实的人只要他做了不诚实的事，就会被视为不诚实之人。因此，在民主选举的机制中，选民对诚实的要求实际上会高于避免不诚实的要求，这有利于警戒所有期待选民信任的候选人。

但是，也必须看到，负面偏向支配的批评毕竟是一种矫枉过正，只是破，而不是立。它会有一种自激效能，那就是越说越激愤，越说越尖酸刻薄，结果可能反而造成一些人的反感，让他们索性破罐破摔、我行我素。正面建树需要有比单纯负面批评更多的客观分析和理性思考，其中也包括警觉和克制批评者自己的负面偏向。

6. 性骚扰教育要避免归因谬误

对女性的性骚扰问题已经在中国社会中受到前所未有的关注，这是一个进步。在学校里对学生从小进行这方面的教育，可以积极影响他们进入社会后的公共行为，使之更符合良好的道德规范。这样的教育应该在什么是性骚扰，为什么要反对性骚扰这两个基本问题上有正确的认识。

2018年5月，黑龙江教育出版社的一本《高中生公共安全教育读本》在社交网站上引起争议。该读本针对的是女性对男性的"性骚扰"，认为，女性的以下几种行为有性骚扰男性嫌疑，"1. 女性在公共场所穿着暴露，乃至衣不遮体，对男性是首当其冲的性骚扰。2. 女性在男性面前说话粗放，或过分大方，说些令男性敏感的字眼……对男人的感官产生强烈的刺激。3. 女性举止不端，或搔首弄姿，或动作夸张，惹人眼球，容易使男性想入非非"。

这是从男性偏见来界定的"性骚扰"，它会造成对问题的认知误导。它把本来是性骚扰的受害一方（女性）变成性骚扰的始作俑者，而性骚扰的一方则成了受害者。有网友称，这"颠覆了对性骚扰的认知"。

什么是"穿着暴露""说话粗放""过分大方""搔首弄姿"？这样界定性骚扰，先已误导性地预设立场：是女方挑逗在先，男方才被诱使犯错。这是在猜测行为的原因，而不是对行为本身作界定，其结果是，性骚扰的实质问题本身被悄悄转移掉了。

这是一个归因谬误的例子（"归因谬误"参见本书第138页），其表现为，把应该归结为性骚扰者男方的"因"（缺乏自律、不尊重女性）归结成了被性骚扰者女方的"因"（作风不好，诱惑异性）。在这个过程中，性骚扰者男方的内因变成了被动的外因（女方的诱惑），被性骚扰者女方的外因变成了主动的内因（品性不端）。这种归因谬误几乎无一例外地发生在犯错或加害者那里，是一种推诿和借口。它本身就是一个有动因的行为，那就是逃脱自己该负的责任。这样的行为造成性骚扰受害者的双重伤害，被称为"指责受害人"（victim blaming）。这是一种非常有害的认知方式，在侵害行为或犯罪事件中，将过错部分或全部归咎于受害者，认为受到伤害一定是因为受害人本身有错。这在对欺凌、抢劫、强奸、性骚扰等行为的评判中经常出现。

我们对一个问题形成什么看法，其实也就是如何构造"现实"，不同的人出于不同的利益，会对同一件事情构造出不同的"现实"来。经常发生的"家暴"就是一个例子。2018年11月24日《法制日报》上有一篇《家暴事件围观者不能罔顾法律混淆是非》的文章评论明星演员蒋劲夫的家暴事件。蒋劲夫的日本籍女友中浦悠花在网上公布了自己的受伤照。这些照片显示，中浦悠花的脖子上有清晰的勒痕，身上瘀痕密布。这些照片显示了蒋劲夫的家暴。后来中浦悠花还自曝被蒋劲夫踢肚子踢到流产。

但是，蒋劲夫的好友发文称"家暴"事出有因，更曝光蒋劲夫和中浦悠花的交往内幕。称女方私生活混乱，这才引发"家暴"，还称女方检测报告显示其并未怀孕，且透露女方家族与"黑道"有染，蒋劲夫家人被威胁支付10亿日元。

双方的说辞其实都是在构造社会现实，一方的现实是"家暴"和"虐待"，另一方的现实是"惩罚"和"报仇"。于是，便有了这样一个问题，我们还能确定基本的"事实"吗？如果只是用"清官难断家务事"的陈腐观念来看待这件事情，那么也就会把这件事当作"公说公有理，婆说婆有理"的平常小事。

但是，人们今天非常重视发生在家庭里的暴力，尤其是那种"亲密恐怖主义"（intimate terrorism）的家暴，这是家暴中最严重的一种。蒋劲夫的暴力就属于这一类。这种暴力的内在动因是控制欲，使用暴力作为工具去控制对方。但是，施暴者在他自己的动机归因中，是不肯承认这一点的。

家暴应该是一件可以评判是非或对错的事情，家暴是对受害者一方的暴力伤害。施暴者如果不希望别人对他自己进行这种伤害，他就不应该对他人施以这种伤害。施暴的行为背后经常会有一个自我原谅、自我辩解的动机归因：我打她是因为她先做错了事情，我是打了她，但如果她不做那些事情，我根本不会打她。为家暴辩护的说辞里同时包含着两个归因谬误：一、强调外因，我打她是不得已，是反击，不是我性格暴戾。二、强调内因，她做出对不起我的事情，因为她是个荡妇，是个骗子，骗钱，骗怀孕，被打是活该。

经常有小偷自我辩解说，他本不是窃贼，而是因为别人没有看管好自己的财物，他这才"顺手牵羊"。谁叫被偷的人自己不当心！说不定那家伙本来就是故意设下圈套！这样的归因谬误看起来很可笑，很荒唐，但是，一旦涉及本人的自私利益，却又会变得非常"合理"和"正常"。这是一个我们需要避免的思想误区。

7. 民生灾祸和民众恐慌

民生灾祸经常会引发民众恐慌，民众恐慌经常是非理性的，因此被简单地当作民众愚蠢的表现，然而这是不对的。民众的恐慌是有原因的，即使是受过良好教育并不愚蠢的人有许多也会被卷入恐慌的漩涡。

恐慌是一种突然的恐惧感，它强烈地支配或阻碍理性和逻辑思维，压倒性的焦虑感和疯狂的激动使人惊慌失措、过度反应，与动物拼死一搏或拼命逃跑的反应是一样的。心理学家施密特（Leonard J. Schmidt）和华纳（Brooke Warner）在《恐慌》（*Panic: Origins, Insight, and Treatment*, 2002）一书里描绘了恐慌的严重性，称其为"一种可怕的、极度的情绪，超越了人们对任何可怕事情的想象能力""没有什么比一次爆发性的、令人崩溃的恐慌袭击对人更有害了"。恐慌可能发生在个体身上，也可能发生在大规模的群体中，群体中的恐慌有强烈的传染性，并在传染的过程中被放大，形成互激效应。

2016年波及全国24省市的问题疫苗事件、上海公安部门破获1.7万罐假冒名牌奶粉案、常州外国语学校严重污染的校址环境导致学生健康受损，一连串的民生灾祸很自然地造成了民众恐慌。到底什么是"恐慌"呢？民众的恐慌有怎样的心理和社会机制特征呢？什么才是对恐慌应有的长久之策呢？

（1）恐慌和道德恐慌

恐慌不只是一种个人的情绪或感觉，而是一种群体性的社会心理现象。在社会心理的研究领域里，恐慌指的是，人由于感知了真实的或想象的个人或群体危险，无法自控地害怕并急欲逃离危险。恐慌可归结为这样四个特征：第一，恐慌与其他群众现象一样，发生在较大的群体之中；第二，恐慌造成情不自禁地害怕和恐惧，起因是察觉到了某种危险或威胁；第三，恐慌经常是自发的，是一种非组织状态下的群众行为；第四，恐慌的反应行为有很大的不确定性。惊慌、错愕、慌乱、六神无主和不知所措，这些经常会造成非理性的过度反应。恐慌的行为后果也因此难以预测。

研究群体性的恐慌有相当的难度。第一，研究者很难事先知道何时何地会发生恐慌，并在第一时间及时观察恐慌。第二，即便研究者有这样的机会，也很难保持冷静客观的局外人和旁观者心态，很难置身事外地进行观察。这是因为，面临恐慌的局面，局外人和局中人的恐慌感受是不同的，恐慌的力量正在于让人无法置身事外，驱使人情不自禁地惊慌起来。

研究者们在恐慌中区分出一种特殊的恐慌，称其为"道德恐慌"(moral panic)。道德恐慌不只是出于人类的一般生物本能，而且与人类对"害""恶""邪"的道德直觉和判断有关。一切"不好""卑鄙""恶劣""下作"的事情都是"害"和"祸"。比起一般的害怕来说，造成道德恐慌的那种害怕更具有社会价值和规范的内涵，例如，问题疫苗和上海假冒名牌奶粉所造成的恐慌直接引发民众的道德质问，为什么像以前的毒奶粉、地沟油、苏丹红、甲醛鱿鱼、硫黄烤鸡、硫黄枸杞一样，害人性命的事情今天还在频频发生？是哪些原因产生和助长了这么恶劣的罪行？这样的社会到底出了什么问题，会有怎样的未来？因此，这样的恐慌不只是关于疫苗和奶粉，而且更是关于社会的整体生存状态、人心道德和群体未来。

"恐慌"既是一个描述性概念，也是一个判断性概念。具有上述描述性特征的现象和行为可以称为恐慌，但一些并非恐慌的现象和行为也会被称作或故意扭曲为"恐慌"。当民生灾祸发生时，受害者们发出质问和抗议，媒体有所调查和揭露、知识人士作出剖析和批评、舆论力量对之进行谴责、社会民众要求当事官员或政府权力部门承担责任并对有关人士作出惩戒，这些都是对民生灾祸以及今后防范措施应有的集体理性行为，但经常被涂抹或歪曲成恐慌性反应行为。这种故意混淆的做法对于重视和认真对待真正的恐慌是非常不利的。

道德恐慌是人类对生存环境的危机意识和行为反应，它有两面性，一方面，它是人们察觉到危险的结果，警觉危险有助于趋利避害，保护自己。但是，另一方面，道德恐慌是一种对现实的构建和看法，而不一定就是现实真相本身。因此，它包含着相当程度的主观或非理性因素，经常会被夸大、扭曲，也很容易被利用和操控。被操控的恐慌会成为一种对当事人的实质性危害，而不是保护。恐慌的对立面不是不恐慌，而是警觉和采取理性的应对行动。单纯的不恐慌可能是一种麻痹、无所谓或听天由命，要不就根本是虚幻的幸福感。1959年9月15日美国总统肯尼迪在俄克拉荷马州塔尔萨发表的讲话中有一句名言，"现在不是为了让人民感觉幸福而不告诉他们真相的时候。拉响警报不是为了恐慌，而是为了激励公众有所行动"。

（2）恐慌与反社会和犯罪行为

"道德恐慌"这个说法是由英国社会学家史丹利·柯恩（Stanley Cohen）于1970年代初提出的，先是运用于对青年亚文化的研究，后被运用于对其他亚文化，尤其是对反社会或犯罪行为的研究。柯恩在《民间恶魔与道德恐慌》(Folk Devils and Moral Panics) 一书里，针对1960年代英国媒体对当时青年文化的负面描述及其引起的社会反响指出，媒体倾向于重复报道一种反社会行为，令公众对某一特定社群产生恐惧和加以打压。这种恐慌往往由一次特别严重的个别事件引起，令社会过分关注某一问题，如枪械问题、帮会问题、邪教问题、家庭暴力等。柯恩认为，社会不时受到道德恐慌周期的影响，主要是因为媒体对某些事件所作的刻板和脸谱式报道。尽管后来有些研究者对柯恩的道德恐慌见解提出不同的意见和看法，但也都特别关注民众道德恐慌与媒体的关系。

在英国，柯恩提出大众道德恐慌的问题，具有现实批判的意义。

他指出，道德恐慌起到的作用是表述理想的社会秩序：勇敢的警察是好人，独立的年轻人是坏人。但重要的是，恐慌还是一种工具，让更大的权力和更多的预算流向治安力量。以摩登派和摇滚派一事为例：警察大批涌入海滨小镇；警方和法院暂时限制了公民自由，如禁止骑着轻型摩托车的年轻人进入海滩度假区，没收他们的裤腰带以羞辱他们，或是将他们长时间关押而不开庭审理；警方的线人潜入年轻人的俱乐部或咖啡馆；议会通过惩罚性的《恶意毁坏法》(Malicious Damage Act)。柯恩还指出，当局可以以各种目的利用"民间恶魔"。例如，曾有一度，英国政府削减福利的绝佳借口是：有一些不负责任的单身母亲为了骗取国家福利而滥生孩子。后来，英国政府利用另一种"民间恶魔"达到了同样的目的，这一回是那些欺骗"心善手软的英国"而寻求政治庇护的"假难民"。科恩的道德恐慌研究帮助人们看到，普通人"自己如何受到操纵，过于认真地对待某些事物，却没有对其他事物给予足够的重视"。

鉴于历史上的这类经验教训，《牛津社会学词典》(Oxford Dictionary of Sociology) 特别指出，民众的道德恐慌"经常受到道德倡导者或媒体的左右"。在这一过程中，媒体发挥的作用可能很明显，也可能不明显，可能是自觉和主动的，也可能是不自觉或被动的。对引起恐慌的事情，即使媒体不直接进行揭露或谴责，只要它予以报道，就足以引起普通民众的担忧、焦虑、紧张和惊慌。

（3）民众道德恐慌的社会心理机制

研究者们对民众的道德恐慌有不同的侧重点，有的强调心理的因素，有的强调社会制度的危机。当今在中国引起民众道德恐慌的诸多事件，如问题疫苗和假优质奶粉，都属于反社会或犯罪行为，也都属于民生灾祸。对这种性质的恐慌,需要结合心理因素和社会危机去考察其社会心理机制。

造成民众道德恐慌的大致有五个社会心理机制因素,第一,发生了某件令人震惊的事情,造成了强烈的心理刺激,这样的事情完全违背社会认可的道德规范,甚至简直就是闻所未闻、匪夷所思、骇人听闻。第二,民众对发生的事情缺乏信息,尤其是缺乏来自正式渠道的可靠信息,而同时民间又充斥着来自各种暗中渠道的非正式信息——流言传闻、小道消息、谣传猜测。第三,民众有身遭受危险、身处险境的感觉,但无法准确了解事情的真相,越是这样,就越是容易夸大危险的程度和受害的印象。这是对危险缺乏应对之策,不知该如何应对的必然结果。第四,他们在对危险缺乏真实了解的情况下,会自以为是地采取不恰当的自我保护手段和作出过度的应急反应。第五,恐慌现象会因某种原因或外力干预而消失或消除,但造成危险的实质性问题并没有得到解决。

2012年"世界末日"预言在一些国家造成的民众恐慌就是一个例子,表现出道德恐慌的一些基本特征。末世论预言,美洲玛雅文明中的玛雅历长达5126年周期的结束,地球、世界和人类社会在公元2012年12月21日前后数天之内将会发生灾难性变化。此说法与太阳风暴、尼比鲁碰撞、地球磁极反转、时间波归零理论等谣言结合,成为2012年"世界末日说/人类灭亡说/人类重生说"的预言。这个预言中的世界末日或其他重大事件并未发生。但是,"预言"仍然在一些人群中造成了恐慌。例如,法国南部的一个小村庄比加拉什被视为末日中的避难所,许多人以为在这个地方可以安全度过世界末日,因此涌入大批游客和媒体。当地警察只好设下路障,阻止更多人进入小镇。在经济状况颇为糟糕的乌克兰,竟然有98%的人搜索了"世界末日"的消息,而搜索"经济危机"的却只有2%。

"世界末日"引起恐慌,首先是因为它骇人听闻、令人害怕,威胁到了一般民众的生存价值(生命、健康、未来),因此成为一种道德恐慌。末日预言被媒体广为报道,媒体也许并不是要危言耸听,而只是在提供一些社会文化性的"客观知识"或"趣闻"。然而,这已经足以引起一些民众的恐慌。媒体报道和民众恐慌便相互刺激,一旦有民众产生恐慌反应,媒体就会越加起劲地予以报道,报道越多,恐惧越强越广。"世界末日"被说得越玄乎、离奇,有的民众就越是害怕。由于他们无法知道到底有多危险,所以更觉得大祸临头,惶惶不可终日。在这种情况下,许多反应都是非理性的,病急乱投医,抓住什么,什么就是救命稻草。例如,据新华网报道,四川隆昌市集中出现民众抢购蜡烛火柴的恐慌行为,并在四川一些地方持续。于是,政府进行了干预,"通过电视、网络等形式普及科学常识,引导群众不信谣不传谣,合理消费,破除传言所带来的影响"。这一恐慌不可能长久持续,世界末日没有发生,当然是恐慌消失的直接原因。但是,政府权力的干预可能也是一个因素。

(4)稳定社会和危机状态下的民众恐慌

社会心理研究不只是关注民众道德恐慌的一般特征,而且还对两种不同状态下的民众道德恐慌做了区分,一种是社会稳定的状态,另一种是社会规范、道德价值或政治制度出现了危机的状态。看上去相同的民生灾祸在两种不同的状态下会有不同性质的恐慌。例如,美国密歇根州因把污染的弗林特河(Flint River)水作为居民用水的水源,发生了居民中毒的事件。这引起当地居民的恐慌,但同时也引发了美国公众舆论、媒体、政治人物、联邦政府的高度重视。整个美国社会对此批评不断，民众和国会对当地政府官员的问责和谴责都在媒体上公开报道。美国民众并不因为这一水污染事件觉得美国的整体制度或价值观出现了危机，因此，尽管祸害很严重，但那只是一个局部事件，恐慌也就比较有限。如果美国的社会制度、道德人心、公共秩序出现了整体危机，那么，密歇根州水污染就一定会被视为美国整体危机的冰山一角，有的民众就会觉得这样的美国已经烂透了，没救了，有条件的话，不如趁早赶紧准备移民到别的环境保护有保障和公共秩序比较稳定的国家去。

因此，一个国家社会的稳定或危机状态与政府权力是否民主、法治是否健全、公民权利是否得到尊重和保障、媒体是否能独立自主等等因素是联系在一起的。不能把民众恐慌不加区别地一味归罪于媒体的不当报道。在具体的国家社会里考察和了解民众的道德恐慌需要确定恐慌的主要类型，而在这些类型中，媒体又发挥怎样的作用。

对媒体真实报道的管制原本是为了稳定社会，消除恐慌，表面上也似乎起到了一些预期的作用——对负面社会事件或关于灾祸恐慌的报道从媒体上消失了，社会显得风平浪静、人心稳定、幸福美满。但是，民众对食品、环境污染、人身安全、医疗健康、老有所养等等的恐慌是否真的消除或消减，却很难说。造成这类恐慌的根本问题并没有得到重视和解决，民众对此心知肚明。有的人变得麻木，有的人选择沉默，有的人听天由命，恐慌的消减只是表面的，也是暂时的，这增加了未来恐慌爆发的不可预测性。

（5）开启民智是消除民众恐慌的长远之策

民众恐慌与政府权力的关系一直受到研究者们的关注。有的民众恐慌是政府权力不愿见到的，但有的民众恐慌却是它可以利用的。对这两种不同的民众道德恐慌，媒体都起着重要的作用，但作用并不相同。在第一种情况中，媒体报道真相，起着相对独立的作用，这样的媒体不被权力信任，会受到严格管制；在第二种情况中，媒体是权力的附庸，是被操纵和利用的工具。在媒体能独立运行的国家社会里，第二种情况基本上是不存在的，但却有许多关于媒体往何处去的讨论。下文姑且搁置这个问题，而换一个角度来看——改变民众道德恐慌的根本途径不在于媒体应该成为怎样的媒体，而是在于民众可以成为怎样的民众。

哈佛大学认知心理学教授斯蒂芬·平克（Steven Pinker）在《头脑比大众媒体强》（Mind Over Mass Media）一文中指出，尽管媒体报道确实能够影响民众想法，但民众有什么想法并不能完全归因于媒体的影响。他指出，"媒体批评者的看法似乎是，人的头脑消费什么，就变成了什么，这样看待信息，无异于'人吃什么，就变成什么'。这就像原始人相信，吃凶猛的动物，自己也会变得凶猛"。人接受外界或他人的影响，并非从大众传媒时代开始，"大量的信息会让人依赖信息，难以集中精神思考，对欠缺注意力的人们来说尤其如此。但是，注意力不集中并不是一个新现象。解决的办法不是抱怨新（的传媒）技术，而是培养自我控制能力，这与抵抗生活中其他诱惑的道理是相同的"。在大众信息时代，最重要的是"鼓励深度思考能力"和培养理性公民应有的思维方式。如平克所言，"深度思考、刨根问底、严密推理，这些都不是人自然而然就已能经会了的。这些都必须在特殊的体制中学习获得，我们把这样的特殊体制称为'大学'，这样的能力需要不断地维护，我们称之为'分析''批评'和'辩论'。它们不是靠手捧厚厚的百科全书就能获得的，也不会因为在网络上有效获取信息就蒸发消失"。

民众的道德恐慌是一种复杂的现象，不能简单地归结为某一个原因（如缺乏真实信息）或某一个表现（如非理性的冲动行为）。乌克兰学者伊娜·别特乌克（Inna Bytiuk）在《现代媒体中的"道德恐慌"产生机制：乌克兰经验》（Mechanisms of "Moral Panic" Generation in Modern Media: Ukrainian Experience）一文中指出，需要从多个角度来进行综合，方能比较周全地了解道德恐慌中的媒体报道与民众看法之间的双边关系。在这一双边关系中，起作用的是一种规限和强化社会道德界限（一旦逾越便从善变为恶）的机制，媒体和民众共识对设立和维护这一界限都能发挥重要作用。民众道德恐慌发生在传统道德规范与恶化的现实发生冲突的时候，这种冲突给人们的生活带来模糊不明的危机感和不确定性的应对冲动。民众道德恐慌可能会引发对灾祸的反抗，但也可能被权力人物、意见领袖或特殊利益集团利用和操控，本身成为灾祸的根源。

对于社会的稳定和改良来说，民众的恐慌，特别是被操纵和非理性的害怕和恐惧，是一种具有破坏作用的"群氓现象"，法国社会学家古斯塔夫·勒庞在《乌合之众》一书里对此有过详细的论述。这样的恐慌是为了应对灾祸，但本身也能成为灾祸。正如英国哲学家罗素所说，"害怕灾祸会使得每个人的行为都增强灾祸。从心理效果上说，这就好比剧院着火时喊'有火'会踩死人一样"。为了建设一个对灾祸有足够集体应变能力的理性社会，认识社会恐慌应该成为国民教育的一个内容。国民教育不只是技能或技术的知识获取，还必须包括认识人类自己的普遍心理机制及其政治、社会、文化的形成因素。这是一种智民教育，一种对所有民众都有用的良能教育。

第十五章　社会生活中的真实和真相：
批判性思维的认知与判断

批判性思维的认知和判断目标是真实和真相。许多人以为，一个人只要是诚实的，就一定能够得到真实和真相。这是不对的。即使是一个在道德上诚实的人，如果没有认知和判断的能力，也会与真实和真相无缘。要获得能够把握真实和真相的认知和判断能力，就需要借助批判性思维的力量。

谎言和欺骗是真实和真相的敌人。人们常说，谎言重复一千次，便成为真实。这里有两种可能。第一种可能是，说谎者一开始就知道自己是在说谎，他成功地用谎言欺骗了他人，使别人把虚假错误的东西当成了真实。第二种可能是，说谎者一开始不知道自己说的不是真话，当知道自己说的是假话时，起初还内疚，但久而久之习惯了，便认为自己并没有说谎。也就是说，他成功地欺骗了自己，因而欺骗别人也就心安理得。如果说谎者不认为自己是在说谎，那么他是否就在说真话呢？如果他认为自己是在说真话，那么，他是否就可以认为自己是一个诚实的人呢？要回答这样的问题，那就首先需要运用批判性思考来探究一下什么是诚实，什么是真实。

什么是诚实呢？人们经常从正面的个人品格特征来界定诚实，例如，一个诚实的人是真诚和正直的，他做事光明正大、实事求是。然而，诚实更经常是从反面来界定的，或者说，诚实是从不做什么来理解的：不说谎、不欺骗、不偷盗、不伪善、不虚伪、不奉承拍马、不两面三刀等等，其中又以不说谎为最重要的一条。

那么什么是真实呢？真实是被证明为与事实相符的东西或事情。真实不是某个个人可以在自己头脑里决定的，真实必须由众人用共同认可的标准来加以论证或检验。真实因为能够通过这样的论证或检验而被大多数人共同接受为可靠的知识或实情。真实的反面是虚假，而说真话的反面则是说谎或欺骗，也就是故意制造虚假，诱骗他人将虚假误以为真实。

因此，一个诚实的人至少应该不故意说谎。如果他知道自己所说的事情不真实，那么，他就不会告诉别人说那是真实的。他有时候也会说不真实的话，但他并不知道那是不真实的。因为他不是故意在骗人，所以不能说他是欺骗。

那么，一个人是不是可以不说真话而仍然是一个诚实的人呢？这虽然不是道德理想上的诚实，但在现实生活中，这确实是可能的。如果一个人说了假话，而自己却认为是真实的，那么，他的假话并不影响他的诚实。如果全世界的人都说他错了，而他还是坚持自己的看法，那么，这倒反而更加让他在心里觉得自己是一个诚实无欺之人。但是，在他人眼里就不同了。如果事实证明他所说的确实是假话，那么人们不会认为他具备诚实的美德，而是会认为那是他的顽固和愚蠢。可见，作为个人对自己主观看法的诚实不同于他人客观评价的诚实。

自以为诚实是不够的，而且可能是一件要付出道德代价的事情，一个人可能因为特别想在心里觉得自己是诚实的，所以反而会做出虚假的事情来。或者是，由于不能忍受自己不诚实这个事实，因此会用他自以为是诚实的方式来做不诚实的事。用说真话的方式来说谎便是一个例子。有多种可以用说真话（诚实）来说谎（做不诚实之事）的方式，这里列举其中相当常见的五种。

第一种是选择性地说真话，又称"摘樱桃"。那就是专挑或者只挑对自己有利的事实，故意不提对自己不利的事实。这在商业欺诈和政治欺骗中都很常见。

第二种是突出不重要的区别或者淡化重要的区别。你去买一辆汽车，同一个品牌的两种型号差价很大，推销员劝你买贵的那种，对你说它比另一种有这个或那个额外功能。其实，他明明知道，那些其实都是可有可无的功能。

第三种是用例证代替论证。例如，一个制造商明明知道自己的货品质量差，却举出这个或那个客户非常满意的例子，以此证明自己的货品质量很好。即使他不是用"托"故意行骗，即使这个或那个客户是真的满意，这个制造商的选择性例证仍然是故意不说真话。用个别的或局部的正面事例来证明其实并非美好的整体状况，也是这样性质的说谎。

第四种是借他人之口，传递一个虚假的消息，不以自己的名义，而是转述他人的看法，借用他人的说法。就算他人确实有这个看法或说法，真实的复述仍然是一种说谎。更恶劣的情况是，这个传递消息的人本来就是受雇用或被收买的。

第五是利用平均值。统计学教材中有许多这样的例子。例如，一个公司可能报告说它的策略是由股东们民主制订的，因为它的 50 个股东共有 600 张选票，平均每人 12 票。可是，如果其中 45 个股东每人只有 4 票，而另外 5 人每人有 84 张选票，平均数确实是每人 12 票，可是只有那 5 个人才完全控制了这个公司。又例如，为了吸引零售商到一个城市来，该城的商会吹嘘道：这个城市每个国民的平均收入非常高。大多数人看到这个就以为这个城市的大多数市民都属于高收入阶层。可是，如果有一个亿万富翁恰好住在该城，其他人可能收入不高，而平均个人收入却仍然很高。

真实与诚实不是一回事，这也是为什么在英语中有"诚实的真实"（honest truth）与"不诚实的真实"（dishonest truth）的区别。诚实的真实中的"诚实"是真实的加强词，再进一步加强，会再加上一个字，成为 God's honest truth，这是一种只有神的权威才能担保的真实。在人世间，诚实的真实已经是够好的了，不过在成人世界里很难觅得。正如美国诗人老奥利弗·霍姆斯（Oliver W. Holmes，著名法学家，美国最高法院大法官小霍姆斯之父）所说，"这个世界上所有诚实的真实差不多都是在孩子们那里"。孩子们那里有诚实的真实，不是因为他们具有什么本质性的诚实，而是因为他们太年幼，还来不及学会不诚实的真实。违背真实和真相的行为都是在社会里习得和养成的。有的人行骗，不一定是因为天生就是一个骗子，而是被环境所造就。有的人用强调自己诚实的方法来撒谎，有的人则用沉默或不表态来回避真实和真相，本章里就让我们来看一些与此有关的事例。

1. 高级黑是怎样一种"文化含混"

网上和报刊上经常可以看到"高级黑"这个说法，有解释者道，这个"黑"通常与"粉"相对，是批评、反对、嘲讽或抹黑的意思，高级黑"'黑'得高端一点，语言通常幽默且隐晦，基本不带脏字，让人乍看之下不易弄明作者的意图，手段也很丰富，暗喻、捧杀、钓鱼等等，嘲弄于无形。多义含混是高级黑的主要特征。

含混（ambiguity）通常指话语表达或写作的失当——在需要清晰准确的时候暧昧不清，模棱两可。英国文学批评家燕卜荪（William Empson）的《七种类型的含混》(Seven Types of Ambiguity，1930）问世后，含混被用来指一种诗歌创作手法或艺术效果——用一个字词或表述来指不同的意思，或者同时表达不同的感受或情绪，如反讽和悖论。为了避免负面的联想，人们也常用"多义"（multiple meaning）或"复义"（plurisignation）来代替"含混"。

对"含混"的简单化理解是，在日常生活中，含混有碍清楚明白的交流，因此是不好的，而在文学创作（尤其是诗歌）中则有助于激发读者的多义阅读和领会，因此是好的。这样的简单区分是有问题的，因为在历史中，含混并不总是被当作文学的一种艺术特征，而是经常受到排斥，只是有时候才受到推崇。如希腊化时代悲剧诗人吕哥弗隆（Lycophron）的《亚历山大城》、英国伊丽莎白女王时期以双关语、俏皮话和文字游戏为特色的戏剧、20世纪的象征主义文学。

除了文学性的含混，还有文化性的含混（cultural ambiguity）。经常借助语义暧昧和语言行为不确定性的"高级黑"便是一种文化含混。文化含混随时都存在于任何社会之中，但在特定的情况下会特别显露出来。

文化含混在中国的文化传统中似乎特别丰富，形式也特别多种多样——藏头诗、双关语、文字游戏、插科打诨、正话反说、话里有话、含沙射影、挖苦讽刺、明捧暗损，包括高级黑。在文化含混的各种特征中，有两个特别值得重视：第一是它的受众会意效应，第二是它的"言语行为"（speech act）伪装。

第一，语言传媒由信息发送者、信息和信息受众构成，与文学性含混一样，文化含混也是由受众解读产生的会意效应。说话人自己的意思当然起到一定的作用，但主要还是在于听话者从话里听出些什么来。由于含混，说话者的意愿与听话者的感受经常不符，甚至大相径庭。一方面，好意的话语可能被当作"恶意攻击"，文字狱就是这么搞起来的。另一方面，暗中的贬损会被当作赞扬和正能量，受赞者得意扬扬，旁观者捂着嘴会意偷笑，特别刁钻的含混就是高级黑。

第二，话语的意义不仅在于字面的意思，而且还在于话语行为本身。例如，污言秽语或詈词脏字，其意义不在"俗"或"粗"，而在"冒犯"和"敌意"。像×丝、×格、撕×、傻×、牛×这样的说法，并不只是"脐下三寸"的骂语，而更是一种语言的反社会和造反行为。高级黑是一种特别具有蔑视意味和自我优越感的语言行为，它表面恭顺、谄媚，暗地里却在偷笑对方的低能和愚蠢。

针对权贵人物的高级黑能否达到这样的挖苦和攻击效果经常是很不确定的。例如，对权贵人物的极端阿谀奉承和个人崇拜可以成为一种高级黑，表面上听着是在夸你，心里是想害你损你；看起来对你绝对忠心，实际上是捧高摔你；听着是在热烈颂扬和赞美你，实际上是在挖苦你。高级黑是一种"第三方"（旁听和旁观者）的会意效果，与奉承者的用意或被奉承者的想法没有直接的关系。奉承再真挚诚恳，在明白的听众那里也还是会有"黑"的挖苦效果。奉承再故意做作，在不明白的听众那里也还是不会有"黑"的感觉。

反过来说，阿谀奉承之词，有的人听着觉得荒唐可笑、夸张不实、肉麻不堪，那是因为他们本来就对什么真实、什么不真实有感觉，本来就是明白人。高级黑也许可以让他们宣泄一下荒诞的感觉，但未必能让他们变得更明白。但是，对于那些本来并不明白的人们来说，阿谀奉承仍会被当作真诚的赞美和颂扬，这倒反而加深了他们的不明白，阻塞了他们自己明白过来的可能。这时候，高级黑应有的批判效果也就适得其反了。再怎么说，高级黑也是一种"黑"，它的狡黠和阴暗乃是社会病态的征兆，不是光明的前兆。在一个正常社会里，高级黑不会成为一种值得提倡的批评手段。

"高级黑"经常与"低级红"相提并论，这两者的区别在哪里呢？在很多情况下，低级红和高级黑的区别是很模糊的。这个区别经常是由说话者的文化、社会、政治身份来确定的。

今天，越来越多的人对低级红或高级黑有所察觉，这说明社会在进步。二者都会产生讽刺的效果，听起来像是正话反说，或者反话正说。只有当众多的听话人都头脑正常，都保持对滑稽、荒诞、讽刺的感知能力时，社会中才会有低级红和高级黑的问题。低级红和高级黑是否冒犯被恭维者，令他感到不爽，其实并不重要；重要的是，低级红的阿谀奉承也好，高级黑的不实颂词也罢，都是一种公共话语污染，是对所有头脑正常、神志清楚者的智力侮辱和思想戕害。陀思妥耶夫斯基在《地下室手记》里说，"谦和而灵魂干净的人们，当他们的心灵被别人用粗暴和侵犯的话语骚扰的时候，他们唯一的回击便是讽刺"。或许也可以拿来体会低级红和高级黑之害吧？

2. 书面保证和赌咒发誓

有一篇《陕西咸阳严禁中小学生坐"爱心座"》的报道说，该市教育局的通知要求，2017年9月12日前，每个学生结合自身出行实际，书写一份"遵守交规 文明出行"承诺书，自查不文明出行陋习，自觉纠正不遵守交规的不良行为。

在中国，只要是初通读写能力的人，恐怕很少有人没有自己写过，或读过他人书面保证的。在阶级斗争的年代里，书面保证的一种常见的变化形式就是书面检讨。检讨的一个重要部分就是要保证永不再犯检讨了的错误。检讨不光是要写下来，还要当众大声地说出来，才有可能通过检验。

人们相信，口头语言比书面语言来得真实，因为从说话的声音、腔调和说话时的脸色和身体的一举一动都可以看出说话人的真实情绪和内心想法，而这些是书面语言可以隐瞒的。口头保证是一种古老的"誓言"仪式，也是口头文化留下的痕迹。一个人为了表明诚心和决断，往往会情不自禁地大声赌咒发誓，或者胸口一拍说，"要是说谎，天打五雷轰""大丈夫一言既出，驷马难追"。但是，现在不行了，口头的承诺必须立字为据，保证也必须正儿八经地写在纸上，签字画押。这样才能显出郑重其事，永不赖账。至于书面保证是否更便利于"存档"，那是另外一个问题，在此不议。

在书面保证仍然需要口头表达这件事上，不难发现，一方面，人们仍然相信口头语言的真情流露，认为只有口头语言才可以袒露心声；另一方面，人们更愿意认可书面文字的实在价值。这种实在性与真实无欺、刻骨铭心、真心诚意是割裂的。今天写的检查或保证，明天时过境迁，完全可以不认账或全部推翻，好像从来没有发生过一样。

口头语言与书面语言的界限也正在变得越来越模糊不清，功能自然也就难免混乱。比如开会时的领导发言与古代的演说根本不是一回事，基本上是照章宣读，照本宣科。既然如此，何必不发个文件，让大家细细阅读、慢慢领会，却偏要把人聚集起来开会。

类似的矛盾也出现在大学里。波兹曼在《娱乐至死》一书里指出，在大多数情况下，大学里对于真理的认识，同印刷文字的结构和逻辑密切相关。因此，高学位的候选人必须把自己的专业见解写成论文。这是因为，"书面文字使思想能够方便地接受他人持续而严格的审察。

书面形式把语言凝固下来。……需要把语言放在眼前才能看清它的意思，找出它的错误，明白它的启示"。

但是，另一方面，学位论文必须经过口头答辩的程序。按道理说，这是为了让答辩委员会有一个当面核查候选人研究结果真实性和可靠性的机会。"这样的口试是大学里仍然流行的一种中世纪的仪式"。"中世纪"这个词，"指的是它的字面含义，因为在中世纪学生们经常接受口试，并且渐渐地人们认识到考生口头解释其作品是一种必备的能力"。但是，我们知道，在今天的大学里，这只不过是一个走过场的表演艺术，未必有验证学问真实性的功能。

小孩子犯了错，大人要小孩子认错，保证永不再犯："你说，以后还敢不敢？"孩子说，不敢了。大人说，大声点。孩子更大声又说一遍，不敢了。大人却再次要求，再大声点。这是口语文化的痕迹，不够大声与十分大声虽然说的是同一句话，但含义是不同的。不同声调（高低）和语调（强弱）表达的是不同的"意义"，那就是"有"或"没有"决心。

这把要用怎样的语气说话才算是合适表达方式的问题，提到了一个很难回答的高度。小孩子当然不可能回答这么难的问题，但还是会汲取经验教训：你能否说出被要求的"正确回答"，这个回答能否被权威人士（家长或老师）接受，取决于你说话是不是足够大声。

这种对"大声"的认识在孩子长大以后，会在他使用文字和书面语言的方式中反映出来。他的文字语言使用会潜移默化地受儿童时代"大声"习惯的影响。由于文字中无法使用"大声"，夸大其词便成为唯一的可行方案。当然，使用惊叹号也是一个不错的替代方式。

我有一个两岁多的孙女，已经知道一些英文字母。有一次，我带她出门，她看到一块路边的牌子，上面写着"NO！"，她出声拼出这两个字母，然后指指那个惊叹号问我，爷爷，这是什么？我一下子懵住了，不知道该如何回答，只能随便敷衍她几句。后来我拿这个问题请教某位幼儿教育专家。她对我说，你就跟你孙女说，看到这个"！"，就把前面的字说大声一些。书面保证大概也就是这么一个大大的"！"。

就像在文字中运用惊叹号（一个或者几个惊叹号），或者在口语中大声叫喊（伴以激情或流泪）未必就是真情实感一样，赌咒发誓或书面保证都不能保证人们真心诚意地说真话。在外力胁迫下，无论何种表演诚实的被动话语形式都无法保证话语的真实。说真话是一种美德，而不是被动的顺从。德国戏剧家莱辛在《论人类的教育》中关注了许多宗教人物和宗教经验，其中之一就是宗教创造了规训人们说真话的教义和仪式。他展望一个新的时代：到那时，人们将会成为自律的道德主体。人们会按照道德原则生活，不是出于对奖励的期待和对上帝惩罚的恐惧，而是出于自由。在日常生活里，凭自己的良心说真话或至少不说假话并不是完全做不到的。既然如此，又何必在乎赌咒发誓或书面保证这样的虚假形式呢？

3. 打破沉默，公民发声

2015年1月18日斯坦福大学前游泳健将特纳（Brock Turner）在一次兄弟会派对时，在户外强暴了一名女子。他被认定犯有性攻击等3项重罪，理应坐牢14年，但法官仅判他入狱6个月。这意味着他可能只需在监狱中服刑3个月。这一判决在美国引起了舆论的轩然大波。我是《奥克兰论坛报》的订户，6月12日在邮件里看到该报刊登的文章《布洛克·特纳案件：全国联合发声打破受害者的沉默》（Brock Turner case: A national chorus is breaking the silence of victims）。

在美国，许多性侵犯的受害者会选择沉默，这是一种被迫的沉默。她们不仅遭受了侵犯和羞辱，而且还不得不面对社会中许多人对她们的冷眼，甚至来自冷漠者的无端指责。为了保护自己不受二次伤害，她们不得不对受害事件保持沉默。

美国社会中的正义人士鼓励性侵犯的受害者发出声音，打破沉默，因为沉默会成为对加害者的默默容忍。当然，他们同时也会仗义执言，站出来替受害者说话。但是，不管仗义执言者如何发声，他们都无法代替受害者自己打破沉默。

鼓励受害者打破沉默，这是一件看上去很正常，很自然的事情，但是，看在某些人眼里，却会成为一件不道德的事情。他们会说，这是逼受害者当英雄，是想显示鼓励者自己的道德优越。

这是一种犬儒主义的指责，它死活不愿意相信，在这个世界上还有不是出于一己自私动机的道德义愤和仗义执言。它甚至把受害者不得已的沉默说成是行使"沉默的权利"或"不发声的自由"，即所谓的"消极自由"。今天，美国全国性的"联合发声"正在以实际行动打破这种犬儒主义为沉默设置的沉默。

伊维塔·泽鲁巴维尔在《房间里的大象》一书里着重讨论了对沉默的沉默。"房间里的大象"指的是，人们参与在一个如房间里的大象一般的显而易见的"公开秘密"中，"人人心知肚明，却没有人当面提起"。这种公开的秘密其实也是一种合谋的沉默，泽鲁巴维尔分析了它的多种构成因素：秘密、恐惧、尴尬、禁忌、愚昧，尤其是否认。造成真相或事实否认的可能是心理的或社会的因素，也可能是政府意识形态的控制，其中最有效，危害最大的是政治权力的压制。政治权力操控媒体、滥用宣传、恫吓威胁、欺骗误导，对民众进行洗脑和思想限制。

合谋的沉默不仅是一种社会现象，而且它本身就是一种社会性结构,泽鲁巴维尔称之为"沉默的双重墙壁"——通过集体性的不看和不做、不听和不说,整个社会营建起一种如"双重墙壁"般厚重的沉默。它对否认进行否认,对沉默保持沉默,是一种对真相的双重把守,视真如仇,守谎如城。"沉默的沉默"为我们思考集体沉默提出了一系列值得深入思考的问题,其中包括:不同社会制度中的沉默特性可能有何不同?"双重墙壁"与"沉默的螺旋"有何区别与关联?

"双重墙壁"指的是在不自由制度下的政治噤声。这种噤声之所以是政治性质的,是因为它侵犯公民的言论自由权利。政治噤声发生在整个国家的范围内,它在政府权力的强制和压迫下推行,清楚显示了国家制度性暴力与集体沉默的关系。泽鲁巴维尔为此提供的例子是1970年代末到1980年代初的阿根廷军人专制政府,当时,噤声被用来"作为征服的武器……对他人声音进行扼杀",秘密警察让许多人神秘消失,任何目击这种"被失踪"现象后人们的议论,都被当局严令禁止。

"沉默的螺旋"是由德国大众传媒学家诺埃勒-诺依曼(Elisabeth Noelle-Neumann)首先提出的。它指的是,人们在表达自己的想法和观点时,如果看到许多别人也有与自己一致的观点,就会公开说出来,意见一致的参与者越多,他们就越会大胆地在社会中发声并扩散自己的意见。相反,人们如果发现某一观点无人或很少有人理会,甚至被群起而攻之,那么,即使他们赞成这个观点,也会选择保持沉默。弱势一方的沉默反过来会更加增强另一方的压倒性发声势头,如此循环往复,便形成一方的声音越来越强,而另一方的声音越来越弱,这是一个螺旋发展的过程。要打破集体沉默的螺旋上升,只靠少数人的呐喊是办不到的,必须要有许许多多的人一起共同参与。

4. 重视"政治事实"的理由

美国有一些网站，提供和查核民众参与公共政治所需要真实信息。信息提供者都用实名，而且配有照片，大概是为了消除"政治谣言"的嫌疑。当然，也有署名民间或其他组织的。例如，在一个叫"政治事实"的网站（http://www.politifact.com）上就有这样的信息："华尔街主管和配偶的捐款，80%是捐给民主党的"（提供者：Marsha Blackburn）；"最近一项盖洛普调查发现，75%的美国人和56%的民主党人说，'对国家安全最严重的威胁是大政府'"（Virginia Foxx）。

政治事实在美国受到高度重视，这是因为政治辩论和公共说理都必须以事实作为主要依据。政治事实与政治见解是有区别的，前者是可以确定的"事实"（fact），后者则是一种"明确主张"（categorical claim）。

政治生活里存在着一种潜在的危险，那就是把可以弄清楚的"事实"变成"看法"，而把一些看法说成是"事实"。由于看法和事实的界限被不断模糊，公共生活丧失了它所需要的"事实真相"（factual truth）观念。一旦公共政治和说理失去了真实的基础，会变得不能辨别是非，也不能取得共识。人们对政治问题总是会有不同的看法，不同看法是否正确或哪个更接近正确，是有区别的。衡量的标准之一就是事实依据。一个看法有经得起核查的事实和真相证据，会比没有的要更容易证明和更有说服力。

对于民主政治来说，事实真相的意义还不止于此。政治学者阿伦特（Hannah Arendt）指出，政治罔顾事实真相会导致政治本身的腐败和死亡。古典政治学把"正义"视为至高无上的原则，其信条是"即使世界毁灭，也要实现正义"（fiat justitia, et pereat mundus），阿伦特将这个原则改写为"即使世界毁灭，也要坚持真实"（fiat veritas, et pereat mundus）。这不是说要为真实而牺牲整个世界，而是说，没有真实，人类就不可能拥有共同意义的世界。人类的生存世界意义必须包括共同的认知（常识）和共同认可的前提（价值），这两种"共同"都必须以"真实"为基础。

阿伦特在 1963 年 7 月 24 日给友人 Gerhard Casper 的信里写道："人们经常发现，洗脑欺骗最肯定的长期后果就是造成犬儒主义——绝对不相信任何事情可能是真的，哪怕是确有实据的真实，也照样不相信。换言之，完全用谎言来代替事实真相的结果不是人们会把谎言当作真实，或者真实会被当作为谎言，而是我们赖以在真实世界里存在的知觉会被完全摧毁。人类为了生存，必须具备基本知觉，其中就有对真和假的识别。"（Hannah Arendt, et al. eds., *The Portable Hannah Arendt*, p. 568）

无论谎言多么巧妙，持续多久，都不可能完全消除真实，但却会滋生犬儒主义。阿伦特说，掩盖事实的结果不是谎言的胜利，而是犬儒主义的胜利，人们会彻底怀疑到底有没有"真实"这种东西，也会不相信任何事情可以"实事求是"——既然不能确认"实事"，哪里还有什么是或不是可以辨别。结果，不仅是政治，甚至做任何事情，都变得可以不择手段，只要能达到功利的目的就行。

阿伦特认为，社会中的人集体投向犬儒主义，是因为政治权力长期用谎言来代替真实，大规模地对群众进行洗脑并欺骗他们。这是 20 世纪才有的统治方式。它要编造的是一种完全虚假的，因此彻底颠覆真伪区别的"真实"。

这样的谎言今天已经不太可能像以前那么成功了，但它却能以另一种方式发生作用，那就是，它可以在不必取信于民众的情况下，在他们的心里撒下疑惑（doubt）的种子。

这是一种与政治冷漠和不信任共生的犬儒主义。它可以成为改革的最大障碍。支持改革的反面不是反对改革，而是犬儒主义的冷漠——去他的，不关我的事情。法国启蒙思想家孟德斯鸠说，"寡头政体中君主暴政对于公共福祉的危险远不如民主政体中公民冷漠的危害来得严重"。美国教育学家赫金斯（Robert M. Hutchins）说，"民主不大可能因为遭到伏击暗杀而突然死亡，但却会因为冷漠、缺乏关心和营养不良而慢慢死去"。缺乏真相是一种严重的营养不良，而犬儒主义则更是一种致命的疾病，不断地为民众提供公开的、真实可靠的信息可以说是犬儒主义的疫苗，也是能保持和维护民主健康的有效营养。

5. 公共生活为什么需要公开

美国伦理学家博克（Sissela Bok）在《秘密》（Secretes）一书里为我们提供了关于秘密和沉默的伦理思考。她把沉默视为秘密的一个方面，"沉默是秘密的第一道防线——希腊语 arrétos（'不可言'）就是这个意思。开始的时候，它只是指不说，后来也指不可言说、语言无法表达和禁止言说，有时候也指因讨厌和可耻而不说，这样一来，秘密的多种意思就全齐了"。

秘密是正大光明的反面，常被当作狡诈、阴暗、偷偷摸摸、掩人耳目、鬼鬼祟祟，因此，人们由秘密联想到说谎、否认、抵赖和欺骗。这样的联想甚至让人们以为所有的秘密（尤其是用沉默来保守的秘密）都是欺骗。把秘密与保守秘密的手段混为一谈，其实是不对的，因为沉默不等于秘密，沉默只是保护秘密的手段之一。

将秘密误认为欺骗不是没有道理的，因为所有的欺骗都与保守某种秘密有关，至少它要为自己是欺骗这件事保守秘密——骗子一定不能让别人发觉或察觉他是在欺骗，否则他的欺骗也就失去了效用。当然，也有不在乎欺骗效用的欺骗，因此无须保守自己是欺骗的秘密，这种欺骗被称为"公开的谎言"。即所谓，"就喜欢你知道我骗你，但不得不装作相信我的样子"。这是一种欺骗者和被欺骗者都对欺骗心知肚明的欺骗。

博克指出，虽然所有的欺骗都需要秘密，但并非所有的秘密都是为了欺骗，那些被允许保守或被认为应该保守的秘密经常被称为"隐私"，如个人间的亲密关系、匿名投票、个人信息保密等等。

如果说秘密是正大光明的反面，那么，沉默则是言论的反面，让人首先联想到言论被压制。沉默是备受压力而不得已的噤声，压力来自禁忌、惩罚、恫吓、恐惧。人们因此推导，沉默总是与遮掩某种负面的事情有关联。沉默是因为言论遭压制，而压制言论和制造沉默则是为了保护某种难以或不容启齿的秘密。因此，沉默又常被当作被迫守护某种阴暗的、见不得人的秘密。

对沉默的负面看法与对秘密的负面看法是一致的，人们会问，既然没什么需要隐瞒的，没有见不得人的，为什么不能说，为什么要保密？美国第 28 任总统威尔逊说过，"秘密意味着不规矩"，既然没有做见不得人的亏心事，那就公开好了，不公开一定是因为有猫腻。人们要求政务公开，要求公民知情权，以此来监督政府，都是基于这样的看法。

许多社会学者和心理学家也把秘密本身视为负面的东西，人们要隐瞒的，往往也是他们视为可羞耻的，因为不好、不善、不良、不体面而不想被他人知道。个人在生活中可能会对自己的一些好事情保密，他们也许会有顾虑，怕露财招嫉恨、显成就而被视为炫耀、没城府或没教养等等。但是，政府和政客是没有这种顾虑的，他们有好事巴不得大肆宣扬，引为政绩，所以他们的秘密更令人起疑。

政治和公共生活中相互联系的秘密和沉默之所以被视为有害,有两个根本原因。第一个前面已经提到,秘密和沉默是与公民言论和知情权相悖的,强行保守秘密和保持沉默必然以侵犯公民权利为代价。第二个原因是,秘密和沉默所带来的害怕与恐惧是腐蚀好生活的心灵毒药。

人对秘密的负面看法与对秘密的害怕有关。人们害怕阴谋,害怕报复,害怕我在明处人在暗处,害怕被暗算,所以一般人本能地不喜欢、不信任秘密太多的他人。人们要求坦诚公开,乃是为了增加安全感,为了可以预测危险,碰到情况知道该如何应付处理。相反,秘密增加了坏事的不可预测性和人的不安全感,破坏了生活的品质。

即使对保密者,秘密也不是一件好事,人要坦荡才能享受心安理得、光明磊落的快乐。心理学大师荣格说,秘密行事是一种心灵毒药,会使人因为行事鬼祟、阴暗诡秘而在群体中被疏离。同样,秘密多的政府也会被视为不正大光明,必然在隐瞒不可告人的勾当或利益。要求提高公共生活的透明度,不仅是因为民众有知情的权利,有助于防腐反腐,而且更是因为他们需要对制度有一种常态的放心,而只有公开的政府和坦然的官员才能给他们这种放心。

第十六章　人际关系中的信任和真诚：
批判性思维的伦理和合理性

批判性思维的一个重要作用就是通过思考和判断来保护自己和要求自己，一方面要学会信任，信任该信任的人；另一方面要检查自己的行为是否对他人构成伤害，不要背叛他人的信任，不要对他人的真诚付出置之不理或随意曲解，不要因为自己未经审视的言语或行为而对他人造成欺骗、霸凌、侵犯或侮辱。这样的思考就不只是认知的，而且也是伦理的了。

批判性思维对思考者自己提出的伦理要求尤其体现出人的自由选择意志：我在可以伤害别人、有利可图而不受惩罚的情况下，也选择不这么做。对善恶的认知可以有选择地指导我们的行为。批判性思维可以提升人的自主能力，有了自主的个体，才可能有自主的伦理，也才会有自觉的道德义务。说批判性思维与自主的伦理有关联，只是说人不依靠某种终结性的原则（神启的、自然的或意识形态的），可以对善恶是非做出道德判断；也就是说，人与人，人与社会、社会与社会的共同道德准则可以产生于人类的批判性思维经验和实践。例如，批判性思维不仅要求在认知上是真实的（因此可以相信），而且也要求在伦理上是善的（因此可以信任），在情感上是真诚的（受感动、被打动但不被愚弄或操纵）。

不同的人对真实、真诚的体验和敏感程度是不同的，对同一则假新闻，有的人有感知，有的人没有，有的人压根就不想有。体验首先取决于你的观察和注意力，这才感知到事情、事件、现象或行为；其次，感知激发你的情绪和反应，你因此感到高兴、厌恶、恐惧、愤怒等；最后，你的感知和情绪在你头脑里形成了想法和判断。

敏感又是什么呢？如果说体验是一种感知能力，那么敏感便是感知的意愿。没有意愿，不想去关注，能力再强也等于零；但是，光有意愿也不成，有意愿没有能力也是白搭。体验和敏感性会形成一个互相加强的无限循环。没有敏感性，就无法体验任何事物；不体验各种事物，就无法培养敏感性。体验和敏感性都不是天生的，也不是别人传授给你的，而是你在实践中逐渐锻炼出来的实践能力。批判性思维就是这样一种实践能力，你越是经常运用它，就越是有能力和乐于这么做。

本章关注的是"信任"和"真诚"这两个关乎真实体验和敏感性的问题。我们不愿意因为信任他人而被出卖或背叛，也不愿意自己真挚的情感被别人的虚情假意玩弄，因而受到精神的伤害。我们更不想对别人做出这样的不义之事。批判性思维的伦理可以归结为两条基本的做人道理："己所不欲，勿施于人"和"防人之心不可无，害人之心不可有"。这就要求我们审视自己的私利，在理性和利益之间保持道德的平衡。这是一种公共生活的理性。

"理性"有两个不同的意思，在英语中，这两个意思的不同名词——reason 和 rationality——都源自拉丁语的 ratio（理），它们互有联系，但并不相同。理性的第一个意思是与"激情"和"利益"相区别的理性（reason）。"情"和"利"都可能成为"理"的障碍，激情（或情绪，如自私、嫉妒、仇恨、爱慕等）可以冲昏人的头脑，削弱人的理智思考能力，利益则能使人利令智昏，失去理智。

理性的第二个意思是"合理"。这个"合理"（rational）也经常是"有道理"（reasonable）或"有理由"。它的对立面是各种形式的"非理性"（irrationality），如蛮不讲理、强词夺理、歪理狡辩。这是一种经常有争议的"有理由"，"人不为己天诛地灭"就是这样的"理由"。

纳斯尔丁（Mulla Nasruddin）是一个阿拉伯世界的传说人物，大智若愚，才辩超群。有许多关于他的故事，其中一个是这样的：一位邻居来找纳斯尔丁解决一个法律问题。"你的公牛顶伤了我的母牛。我要求赔偿。"纳斯尔丁说，"当然不能赔偿，人怎么能为牲口做的事情负责呢？"邻居说，"我刚才说错了，我的意思是我的公牛顶伤了你的母牛"。纳斯尔丁说，"这就有点复杂了，我得查一查以前的判决先例，因为说不定会牵扯到一些别的有关因素，会影响到案情的判决"。同样一件事情发生在不同人的身上，会因为利益的不同，发生合理或不合理的争论。

在公共生活中，有理由（显得理性）和有靠得住的理由（真有理性）是不同的。对一个人来说是合理的理由，在别人看来可以是不合理的。在一些人看来是好的理由，在另外一些人看来是站不住的理由（歪理）。例如，为什么考大学的时候，北京、上海学生的录取线就比其他地方的要低？这样是合理的吗？合理或不合理的理由又是什么？不难看到，合理性的背后其实隐藏着私利的问题。

社会中不公正、不公平的"合理性"经常是有争议的，但并不是不能形成共识的，而形成共识的方式之一便是弄清楚话语中"理"与"利"的关系。这就需要有批判性思维的分析和判断。

这里的"利"指的是私利，也就是对个人有益有利的"好处"。批判性思维并不需要，也不可能全然排除私利。不过，仅用私利来说理很难取得广泛认可的合理性。说理中的私利需要合理化，使之成为"合理的私利"。对这种"合理的私利"，批判性思维并不简单地斥之为"伪善"或"虚伪"，而是会具体问题具体对待。批判性思维运用的是一种对私利应有的理性思考。

在一个正派的社会里，"合理私利"应该是"对我有利，对大家都有利"。它依据的合理性原则是"公正"。一般来说，一个人即使出于私利提出某种对公正的要求，批判性思维也不能就此断言他只是出于私利才提出这个要求。妇女解放就是一个例子，当女性要求选举权的时候，她们是在争取一种对公民自由有利的变化，其中一些人很可能是出于自己的利益。但是，我们应该相信，大多数妇女争取这一权利，是因为认识到了歧视妇女的非正义，并要求平等对待的社会公正。仅仅因为涉及自利而把这种权利要求说成是"虚伪"或"伪善"，是不合理的，也是一种不负责任的犬儒主义。

合理的私利就是"公正的私利"，它会出现在许多具体的事情中，它们在公共生活中被讨论时，其合理性通常是争论的重点。对之进行批判性思维的讨论，应该避免简单化，而是要尽量全面、周全地予以考虑。例如，"内举不避亲"可以说一种公正的私利，但是，它也经常被用作任人唯亲、裙带关系权力腐败的借口。因此，在对人事进行理性选择的时候，有的人为了避免瓜田李下之嫌，即使内亲有贤德之能，也会避免内举之事。然而，这种行为也不应该简单地理解为"无私"或"高尚"，因为它本身就经常是一种爱惜羽毛、爱惜清誉的自利行为。

"公正的私利"，它的"公正"应该是一个普遍的，一贯的原则，不能对我有利的就赞成，不利的就反对。公正原则的一贯性要求我们防止在公正观念不再有利于自身利益的时候无视它或改变它。

从一贯性要求出发，批判性思维主张一种"开明的利己"(enlightened self-interest)。这是一种符合一般理性，而非个人盘算理由的利己。自利行为者会基于长期的较大利益而牺牲短期的较小利益，会为了实现较长远的利益而放弃短暂享受。从开明利己的角度来看，利己主义者并不能心里只有他自己，他还需要友谊、群体、社会，因此，维持良好的人际关系和良序社会，对他来说是有利的，也是合理的。

下面就举例讨论几个与"合理"有关的问题：合理的信任、合理的害怕、合理的称赞、合理的荣誉感、合理的真诚。

1. 人凭什么相信他人的承诺

人羞愧会脸红，热恋会心跳，脸红和心跳是人羞愧和爱恋难以造假的信号。如果一个人因为做错了事表示羞愧，你怎么确定他是真心请求原谅，还只是为了避免被追究行为责任？如果一个人为过去的恶行忏悔，你相信那是真心悔过，还只是假惺惺的作秀？如果一个人誓言要对他认为不公不义的对待以牙还牙，你相信他是言出必行，还只是虚张声势？如果一位男子对一位姑娘表示爱恋，发誓要与她白头偕老，非她不娶，姑娘是相信他的告白，还是把这当作甜言蜜语的欺骗？

这些问题涉及的情感——羞愧、忏悔、报复心、爱恋——看似不同，但都包含了一个承诺，一个对今后会如何或不会如何的承诺。羞愧、悔罪、复仇心、爱恋都发生在人际关系之中，是社会性的情感或情绪。人大概是唯一拥有社会性情绪的动物，其他动物有的也有情绪，但都是原始的基本情绪。它们在自然界里会感觉害怕、恐惧、愤怒、快乐或悲伤，但这些都是对环境刺激的反应，不需要以同类为对象，因此与人的社会性情绪不同。这里准备以人的羞愧和爱恋为例，谈一谈人的社会情感所包含的承诺及其可信信号问题，简单地说就是，人凭什么相信他人的承诺。

（1）演化的社会情绪及其"承诺难题"

人为什么会有社会性情绪呢？许多研究者认为这是人在社会生活中学习得来的，而且不同文化会有自己独特的社会情绪。但进化心理学研究者们一般相信，社会性情绪与原始情绪一样也是人类在过去的漫长岁月中演化而成。进化心理学估计，社会性情绪的进化期大约是6000万年，相比起基本情绪约5亿年的进化期要年轻得多。基本情绪的进化相对简单，因为基本情绪都直接与人的自我保护和生存需要有关。为了生存，人类必须探索环境（好奇）、吐出不小心吃的异物（恶心）、建立社会关系（信任）、避免伤害（恐惧）、繁衍（爱）、战斗（愤怒）、寻求帮助（哭泣）、重复做对自己有利的事（欢乐）。在原始人类的日常生活中，情绪可以让人类自动趋利避害，做出更利于生存的选择。尽管愤怒看起来没什么好处，但在原始部落里，可以让一个人被人害怕并建立起威望。羞耻和骄傲可以帮助一个人维护自己的社会地位。

但是，对社会性情绪的解释就不那么简单了，因为它们看上去不仅对个人的生存和发展无益，而且甚至有害。例如，一个人老实，说谎就会脸红慌乱，另一个人脸厚，说起谎来面不改色心不跳。这两个人竞争肯定是老实人吃亏。脸红后面的羞愧是一种认知情绪，是与"好不与恶斗"的社会生活常识相违背的，人为什么会进化出这样的情绪呢？进化心理学家需要大费周章才能勉强说明"老实人不吃亏"或"说谎必然付出代价"，以此证明羞愧情绪得以进化的合理性。

进化论的基本信条是适者生存。如果一种情绪有益于生命的存在和延续，它就会因为"有用"而被保存在种群的基因里，否则它就会在演化的过程中被自然淘汰，从种群的基因中消失。以此来解释原始情绪的演化相对容易，因为它们的有用是相对明显的，那就是帮助保存和延续个体生命。如果说基本情绪具有明显的利己特征，那么社会性的情绪则都具有某种利他或克己的特征。利他的特征得以演化并保留在人的社会情感里，又是在什么意义上可称为"有用"呢？

研究者对此提出了通常是猜测性的解释，虽然未必能完全可信，但却能引发我们进一步的思考。例如，进化心理学家告诉我们，欺骗是一种适者生存演化而成的能力，动物和人都会欺骗，欺骗的用处是麻痹、迷惑或逃避外敌的攻击。既然欺骗对人如此有用，那么人又为什么演化出会暴露欺骗的情绪或表情呢？为什么有的人说谎或欺骗就会窘迫和脸红呢？窘迫和脸红显然不利于欺骗，为什么在人类演化的过程中没有从人类的基因里消除掉呢？同样，人的羞耻心和罪感也是不利于欺骗的，为什么羞耻心和罪感也被保存在了人类的基因里呢？

欺骗就是从他人那里获得好处，而自己又不付出本该付出的相应代价。只要有机会欺骗而又不被他人察觉，这样的欺骗是符合每一个人的自我利益的。但是，如果你有良心，你的良心就会因为自己的欺骗行为而感到羞耻和愧疚难安，这样你也就不会去欺骗。在人与人的关系中，会羞愧的人占不到便宜，而厚颜无耻的人则会占大便宜。因此，会羞愧的肯定是处于劣势的竞争地位。这样一想，就很难解释为什么人类的基因里还会有羞耻或羞愧这种东西。

但是，康奈尔大学管理学和经济学教授罗伯特·弗兰克（Robert H. Frank）《理性中的激情：情绪的策略作用》（*Passions within Reason: The Strategic Role of the Emotions*，1988）中认为，有羞耻心其实比没有羞耻心更具有竞争优势，因为别人如果知道你是一个有良心、受羞耻情绪影响的人，就会更愿意与你合作。相反，如果别人知道你是一个厚颜无耻之徒（不受羞耻情绪影响），就会避免与你合作。弗兰克解释说，情绪是一种承诺设置，但必须满足两个条件。第一，情绪增加了亲社会行为的可能性，第二，它发出一种难以伪装的信号(进化生物学家称之为"障碍")。羞耻心增加了人的亲社会行为，脸红对欺骗行为来说是一种难以伪装的情绪信号。脸红是有羞耻心的情绪表现，它成为人类生理的一部分，是自然选择的结果，它的作用就是作为一个值得信任的生理信号。

当然，未必人人都会接受弗兰克的解释，例如，美国路易斯和克拉克学院（Lewis & Clark College）哲学教授杰伊·奥登堡（Jay Odenbaugh）对弗兰克的看法提出疑问，他认为，罪感是一种对过失的修补机制，但它不符合弗兰克提出的第二个条件。生理学家们并不认为罪感与脸红有单一的对应关系，罪感可能让人躲避别人的目光或垂下肩膀（也就是人们所说的垂头丧气），这些都与一个人觉得难堪时差不多。换句话说，虽然人有脸红的生理特征（非人类的动物都没有这样的特征），但它与哪种社会性情绪有怎样的关联却并不清楚。

虽然如此，从行为表现或表情信号去看人的社会性情绪却是一个富有启发的途径，脸红让罪感和羞耻的情感变得可信。同样，我们生活中有许多情况，在做出承诺的时候需要我们能够释出可信的、难以伪装的信号。弗兰克称这种情况为"承诺难题"（commitment problems）。他认为，人的所有社会性情绪都是为解决不同的承诺难题服务的。人的罪感或羞耻心就是为了让人对不再做坏事的承诺变得可信。

人最有效的情绪信号都是难以伪装的，而容易伪装的情绪信号则都是演戏用的，而过度表演（如号啕大哭）则反而会破坏表演效果。脸红是难以伪装的，相比之下，用手帕擦眼泪、说话断断续续和带着哭腔则要容易伪装得多。

（2）浪漫爱情承诺什么

令人痛苦的悔恨有它的承诺难题，令人快乐的爱情同样有它的承诺难题。男女求偶，谈婚论嫁，是人生大事。浪漫爱情是为了解决一种与悔恨不同，但性质相似的承诺难题，那就是，当一位男子对一位女子表示无尽爱意，承诺只对她一人永远忠实时，她凭什么相信他的承诺呢？

人类从一开始就有性要求，这是生命延续的自然欲望或情感。这个基本情绪并不一定带来承诺难题，因为性要求不等于爱情，"爱情"或"浪漫爱情"是一种比基本性欲迟发育的情感，也是一种较高级的认知情感。英国著名作家克利夫·路易斯（C.S. Lewis）有一个著名的说法：浪漫爱情开始于12世纪的欧洲。他认为，这是一种"宫廷爱情"，是中世纪许多欧洲诗歌的主题。在这样的诗歌里，骑士爱上宫廷里的淑女，一旦坠入爱河，便发誓要当她的崇拜者和守护者。他的爱情经常得不到回报，例如纯洁的骑士兰斯洛特（Lancelot）爱上了亚瑟王（King Arthur）的王后格尼薇儿（Guinevere），只能是一门心思的单恋，但他不在乎，一往情深，始终不渝。这种纯洁、无私、至死不渝的热烈爱恋就是浪漫爱情。路易斯认为浪漫爱情是中世纪欧洲人的发明，他说，"在荷马和维吉尔那里是没有坠入爱河这种事情的"。

其实，并不难找到反证路易斯的例子。例如，《圣经·旧约》的《雅歌》（Song of Songs）就以歌颂两性的爱为主，揭示爱情的绝妙之美及迷人之处。爱恋乃是神给世人的最好恩赐。《雅歌》里的爱情之声和《箴言》第八、九章里的智慧之声一样，暗示爱情与智慧对人具有强烈的吸引力。《雅歌》勾画出爱的美丽与乐趣。所罗门王的爱人书拉密女（《雅歌》

中的美丽女主角，一位乡村女子）宣告爱是一种占有（《雅歌》第2章第16节），并坚持爱情必须是自发的（第2章第7节，"不要惊动不要叫醒我所亲爱的，等他自己情愿"）。她也宣告爱的力量胜过一切，可与死亡相匹敌；爱情燃烧起来时，如熊熊烈焰，连海洋大水都无法熄灭（第8章第6节至第7节）。她肯定爱情的可贵，人用所有的财宝都买不到爱情，另一方面也不该用它来换取爱情（第8章第7节），书拉密女虽没有明说，却暗示了爱情乃是神赐给人类的礼物。《雅歌》已经具有了我们今天所知道的浪漫爱情的几乎所有情感特征：热烈而专一的爱恋，对象不在时的痛苦和渴望，对象在场时的陶醉和快乐销魂。而且，从一开始，浪漫爱情似乎就和情歌和情诗联系在一起。今天的情人节保留了这样的浪漫元素，但也添加了新的元素：鲜花、礼物、情侣戒指、情侣装、巧克力、惊喜等等。

路易斯说，浪漫爱情是欧洲人的发明，但是"浪漫"一词或情人节从西方传入中国并不能证明路易斯的看法是正确的。中国古代就有不少令人回肠荡气的爱情故事，虽然没有"浪漫"的称谓，但却具备浪漫的内在元素。12世纪中国诗人陆游（1125—1210）与唐婉的千古悲情就是一个浪漫的故事。这两位有情人更是留下了名作《钗头凤·红酥手》《望沈园》（陆游）和《钗头凤·世情薄》（唐婉），这样浓烈的浪漫爱情在欧洲的浪漫故事里恐怕也不易找到。

说起浪漫的爱情，有人首先会想到"一见钟情"，其实，一见钟情在真实生活里是很少有的。更多的是日久生情，也就是经过一段时间的了解后产生的爱情，这是一种认知的情感，但却又不是功利性的。日久生情与一见钟情一样，也是"自发"的（自然而然发生）。"自发"的对立面是"盘算"。刚见面先问房子、车子、工资收入，这样建立关系就是"盘算"，一点都不浪漫。不浪漫的婚姻不一定不幸福，人们为什么向往浪漫爱情呢？原因之一恐怕是浪漫爱情比较能解决婚姻的承诺难题。英国心理学家迪伦·埃文斯（Dylan Evans）在《情绪：情感科学》（Emotion: Science of Sentiments）一书里认为，浪漫爱情的作用是让男女双方知道彼此对未来的婚姻关系有所承诺，是一种情感承诺和安抚（assurance），而功利交往因为太理性，所以起不到这一作用。

"浪漫"的词意原本指的是"非现实""非实用"，也就是功利的反面。"浪漫"成为魅力的代名词。男女关系越不功利，也就越浪漫。中世纪的欧洲骑士，12世纪的陆游，他们的爱情之所以浪漫，也都是因为不功利甚至反功利。因此可以说，浪漫爱情与功利的配偶要求和性需要满足是完全不同的。功利的性是赤裸裸的强烈情绪，它没有承诺难题的问题，因为它只有欲望激情，没有承诺。但是，浪漫爱情不同，浪漫爱情是一种对坚贞、弥久爱情的承诺。既然是承诺，那就有承诺难题的问题，当一方做出这一承诺的时候，对方凭什么相信这个承诺呢？按照弗兰克的说法，可以找到一些显示真实爱情的可靠生理信号，如心动过速、失眠、心神不宁、魂不守舍甚至要死要活，就像脸红一样，这些都身不由己、难以自我把持、难以伪装，因此才成为有价值的可信信号。但是，这样的信号也有可能被当作缺乏意志力或性格软弱的表现，反倒会使爱情的追求者显得不那么有魅力。女人并不会单单因为男人对她神魂颠倒、一片痴心就垂爱于他。

（3）社会文化环境中的认知情绪

浪漫（Romantic）一词是五四时期传入中国的，开始也译为"罗曼蒂克"，为什么中国有陆游这样的浪漫故事但却没有浪漫这个概念呢？这主要是因为在西语里，浪漫来自拉丁语的romanicus，原意指"罗马风格"，后来成为一个专指"爱情"的概念用词。中文的"浪漫"没有这一层词源关系，纯粹是音译。中文里的"多情"（或"痴情"）与浪漫的意思相近，多情也可以翻译成 romantic。贾宝玉是"多情种子"，也是一个浪漫爱情主义者。

浪漫的情感开始在中文里并没有现成的表达，但通过语言的翻译之后，中国人并不陌生。大多数情感概念都可以通过翻译被其他语言吸纳，但有的可能会有点难度。那种不容易被其他语言翻译的就会被当作特别具有某国特色的文化性情绪。悉尼大学心理学教授保罗·格里菲斯（Paul Griffiths）因此把情绪区分为两种，一种人类共有的基本情绪，还有一种是似乎只存在于某种文化中的情绪，被称为文化性情绪。

日语中的"甘え"（娇宠，英语是 Amae）就经常被视为具有日本特色的文化性情绪。娇宠是名词，它的动词形式是邀宠（amaeru，日语是あまえる）。动词形式和名词形式都是来源于形容词甜蜜的（amai，日语甘い），意思是"甜蜜的味道"。动词组合邀宠（Amaeru）由甜蜜（amai）加上表"得到"或"获得"之意的后缀 eru 构成。因此动词邀娇（amaeru）的字面意思是获得甜蜜。在通常的用法中，邀娇（amaeru）指的是孩子般的行为，诱使（他人）纵容（自己）的依赖方式，以获得其所需之物：无论是亲情、身体上的亲密情感或对待，还是一个请求。

娇宠是一种恳请纵容和另眼看待的行为，并且假定了一个家庭或亲近亲密的程度。通常而言，娇宠是婴儿或儿童可能以一种甜蜜的依赖方式与母亲或监护人建立亲密关系的行为，以获得他／她的愿望。在权力关系中这也是一种常见的情绪或情感，例如皇帝／臣民、权贵／下属、教师／学生，老板／雇员之间。在不同的人际环境中，娇宠（邀宠、争宠）现象普遍存在甚至被接受，但另一方面，又被视为一个人不独立、不成熟、势利、屈服、自我矮化的表现。

格里菲斯认为，在人类基本的情绪与文化性的特殊情绪之外，还有一种他称为"较高等的认知情绪"(the higher cognitive emotions)的情感，又称"复杂情绪"。这种认知情绪不是像基本情绪那样的自动和迅速的心理反应，但也不是像文化性情绪那么特殊。认知情绪是不同文化和社会中人们能够普遍感受的，像爱恋、羞耻、罪感、自豪、狼狈、羡慕、妒忌。这样的认知情绪不只是出于本能，而且还部分经过大脑皮层的处理，因此有理解的成分。

对一种认知情绪的理解会因为不同的社会或文化环境而有所不同，它所包含的承诺难题也会有不同的解决方法。人们通常所说的"爱国主义"就是一个例子。中文里的"爱国主义"是爱祖国、爱国家的意思，认知情绪是"热爱"。英语里的 patriotism 经常直接翻译成"爱国主义"，其实并不突出这样的热爱，这个词的词干 patriot 可追溯到 6 世纪的拉丁语 patriota，是"同一国人"的意思。这个拉丁词又可追溯到希腊语 πατριώτης（patriōtēs），意思是"来自同一个国家"。

不同国家的人们都"爱"祖国，但爱的内涵和方式并不相同，有的理智而有节制，不走极端；有的张扬、夸张，以激烈和暴戾为能事。爱国是一个承诺，任何承诺都会带来它自己的"承诺难题"，爱国的承诺要可信，需有弗兰克所说的那种难以伪装的信号。在爱国理智和节制的国家里，承诺爱国并不是什么难题。因为爱国是关于个人与群体关系的理性思考，不是由滥情制作的情绪假象。爱国可以用理性的语言来表述，不需要任何激情演示。由于人们无须向他人证明自己的爱国情感，所以也就无须千方百计地释放爱国的表情或行为信号。但是，在高调和狂热爱国的国家里，理性的声音湮没在情绪的宣泄里，为了证明情绪的真实而释放可信的信号也就成为一件迫切但艰难的事情。

人类并没有与爱国相对应的面部表情。美国心理学家保罗·艾克曼（Paul Ekman）曾经仔细研究了西方人和新几内亚原始部落居民的面部表情，他要求受访者辨认各种面部表情的图片，并且用面部表情来传达自己所认定的情绪状态，结果他发现某些基本情绪（快乐、悲伤、愤怒、厌恶、惊讶和恐惧）的表情在两种文化中都非常相似。也就是说，你生气、愤怒、厌恶，不用说话，别人就能从你的表情上看出来。同样，人会因为羞耻而脸红或流汗，真的羞愧靠装是装不像的。当然，也有可以用假装表情来表演的虚假表情，如受雇在别人的丧礼上哀号痛哭（哭丧），不过这就像是演员的演技一样，是需要经过特殊学习和练习的，一般人难以做到。

（4）情感的成熟意味着道德和道德观念的成熟

中国有"喜怒不形于色"的说法，有两种不同的意思，一个是褒义，指一个人感情不外露，因此举止平和，波澜不惊，沉着而有涵养。另一个是贬义，指一个人工于心计，城府很深，善于隐藏自己内心的阴暗想法。不管是褒是贬，都是指能克制情绪，不在面部表情或行为上表露心里的真实想法，这就使得破解"承诺难题"变得难上加难。

爱国情感随着 19 世纪政治民族主义的形成而成为一种政治正确的"爱"。正如普林斯顿政治学教授莫里奇奥·维罗里（Maurizio Viroli）在《对国家的爱：论爱国主义与民族主义》（*For Love of the Country: An Essay on Patriotism and Nationalism*，1995）一书中所指出的，爱国主义自古就有，但民族主义的爱国家却是近代意识形态的产物。古代爱国主义是对自己城邦高度虔诚的宗教式情感，是个人命运与城邦前途的共同体关系，到罗马时代变成共和国"共同自由"的代名词，其核心价值是自由。19 世纪形成的民族主义的国家之爱则不同，这时候的国家意识已经由对共和和公民共同体的认同转变为精神、文化和民族在国家层面上的排外性统一，爱的实质也从爱自由，变成了排斥外族和仇恨异已的政治正确。

成熟的认知情绪需要有理智的行为和语言作为它真诚和可信性的证明。爱国行为若要可信，就需要言行一致。许多常见的爱国行为信号虽然强烈，但未必可信，不仅因为行为者言行不一，而且因为这些行为信号极易模仿和假装。

同样，爱国语言若要可信，就必须理性、可靠、情真意切，不要肆意夸张，失度的语言只适合于滥情和矫情，而不是真情。爱国经常是由国家危亡激发的情感，而亡国之所以成为一个危机，是因为它会造成人民失去自由，成为侵略者的奴隶。因此，自由才是爱国的价值核心。匈牙利爱国诗人裴多菲在瑟克什堡大血战中同沙俄军队作战时牺牲，年仅 26 岁，他的爱国诗篇"生命诚可贵／爱情价更高／若为自由故／两者皆可抛"歌颂的不是国家，而是自由。

今天，我们司空见惯的矫情语言已经几乎完全失去了为人的情感提供可信承诺信号的作用，"爱"的情感是一个重灾区，政治正确的"爱"更是如此。

情感克制的时代似乎已经过去，人们进入一个普遍滥情的时代。早在民国时代，林语堂就曾经批评过现代汉语中的滥情问题，例如：民国时期有不少文人都爱在写文章时加入过量的情感，《我的好友胡适之》这类文章比比皆是。林语堂认为，此风不可长，应该加以克制。今天，语言的滥情更是成为一种时尚，人们不再有闲暇面对面交谈或交流，传统的人际表达训练变成了多余，这样的训练通常包括语音、语调、手势、腔调、面部表情，乃至衣着等等。在手机时代，人们的交流依赖的是简短的文字，而情绪或情感表示则经常是由所谓的"表情符号"来代替。夸张的赞扬和肉麻的吹捧，幼稚而矫情的新语，大量使用不必要的情绪语气词（哦、哇、呀），这些在今天人们的情感语言中都随处可见。

人到底要多幼稚，才能如此毫无知觉地公开炫耀自己的幼稚。人们以图像情绪的夸张和宣泄为乐、为荣，不顾场合地做滥情表演，比如动不动就用双手的食指和拇指比画一个心形，表示目的和对象都不明的"爱"，给人一种耍活宝的感觉。是什么导致成人沦落到对自己的情感如此无知的程度？这难道不是在提醒我们，情感教育和情感启蒙应该成为我们高度关注的人文素质议题？正如 19 世纪法国伟大的文学家福楼拜在小说《情感教育》(*L'Éducation sentimentale*, 1869) 中所说，每一代人的道德历史其实就是他们的情感历史。情感的成熟意味着道德和道德观念的成熟，康德在他的《实践理性批判》(*Critique of Practical Reason*, 1788) 中说，"道德不是我们可以如何使自己变幸福的教条，而是如何让我们自己配得上幸福"。情感和情绪的成熟是我们学会配得上幸福的重要条件，就这个意义来说，再怎么强调对情感和情绪的启蒙和认知都是不为过的。

2. 轻信与信任教育

有一篇《河北三地合作社"庞氏骗局"崩塌：涉案 80 亿》的报道说，2014 年 12 月河北邢台市隆尧、柏乡两地公安局对辖区内的三地合作社涉嫌非法吸收公众存款案立案侦查。该合作社利用高息和免费发放米面粮油吸引农民存款，涉及全国 16 个省市，集资人数超 10 万人！这似乎是给 2015 年 2 月的一篇报道《全球信任度调查：中国人更愿付出信任》作了一个令人担忧的评注。这项调查显示，中国人对本国的 NGO、企业、媒体和政府表示的信任度排名在世界第四位，对这类机构，75% 的中国受调查者表示出信任。

这是一个令人费解的现象。一方面，人们对日常生活中的许多虚假、欺骗和谎言（假新闻、伪劣产品、虚假广告、商业欺诈、数据作假等等）抱怨多多，另一方面，对这些事情的机构行为者（报刊、媒体、企业、银行、公司、学校等等）却表现出位列世界第四的信任度。是因为这些机构确实都特别值得信任呢？还是因为有太多人过于轻信，缺少应有的质疑？

合作社是一种组织性的机构，但它又是由地域关系中的熟人关系来支撑的。虽说合作社要靠熟人介绍熟人，但如此巨额的吸金案，致使超过10万人参与其中，没有人们对合作社这个机构的信任也是办不到的。可以想象，说服这么多人参加，不仅是利用他们的贪婪心理，而且利用了他们对熟人和机构的双重信任。

伦理学家霍斯默在《信任：组织理论与哲学伦理的联系》一文中指出，信任是一种对事情未来结果不可预期性的应对方式。如果一件事情的未来结果完全可以预期，那么，我们可以对它放心大胆地采取行动，无须投入信任。只是在预期的损失与预期的收益之间难以确定的时候，我们在做选择的时候才需要诉诸信任。

信任不可能是完全确定的，也不可能是绝对盲目的。我们的信任总是建立在某种"担保"（warrant）的基础上。根据不同性质的担保，研究者们将信任分为"人际信任"与"制度信任"。人际信任建立在熟悉和亲近感的基础上，是一种由个人可靠或可信提供的担保。制度信任则是建立在制度（尤其是法治制度）的公正、稳定和有效基础上的。制度为所有人而不只是相熟的人提供可靠和可信的担保，降低了社会交往的复杂性。人际信任是对个体的信任，有时又称为人格信任。制度信任是对机构、群体、组织以及其他较抽象对象的信任，因此也被称为非人格信任和程序信任。

人际信任与制度信任的区别也可以看成是"特殊信任"和"普遍信任"的区别。中国人的信任经常是一种以血缘家族或家庭和朋党式关系中所包含的特殊情感为基础的特殊信任,越是亲密越是信任。这与现代陌生人社会所注重的"普遍信任"不同。普遍信任是以社会团结、共同价值观念和信仰以及法律、社会制度等为基础建立起来的。所以,特殊信任其实是私人信任,而普通信任则为社会信任。

就其内涵而言,这两种信任又分别为"情感型信任"和"认知型信任"。情感型信任的内涵是热爱、忠、孝、义气,它要求的是"无限"和"无条件",被视为一种"高尚品质"。相比之下,"认知型信任"的内涵是怀疑、独立思考和经验确认。彼得·伯格和安东·泽德瓦尔德(Anton Zijderveld)在《疑之颂:如何信而不狂》(*In Praise of Doubt: How to Have Convictions without Becoming a Fanatic*)一书中提出,怀疑不是它自身的目的,怀疑是为了让信任的判断在认知上变得更可靠,并有所行动。他们说:"怀疑的主要功能之一是推延判断。怀疑特别反对草率判断、预先判断和偏见。"由于这种怀疑注重理性思考,它本身也是可以用理性来质疑的,"怀疑应该受到怀疑。……虽然在做出结论和判断之前,怀疑者可以认真地考虑事实、可能性以及可供选择的对象,但最终得做出选择并付诸行动"。基于理性怀疑和思考的选择仍然会具有不确定性和不可预期性。

当今中国社会里,许多人日常生活里的信任普遍呈现分裂的状态。一方面在某些事情上容易情绪冲动,轻信盲从,极易上当受骗;另一方面对许多需要思考和判断的事情抱有根深蒂固的绝对怀疑和犬儒主义。造成这种分裂的一个原因是,在中国人的信任结构中同时存在着两种不利于公共信任的因素,第一种因素是"人际信任"远超过"制度信任",而"特殊信任"经常被用来代替"普遍信任",第二种因素是过度提倡"情感型信任"而忽略"认知型信任"。这两个因素都与中国学校和社会教育方式的缺失有关。这也许可以暂时取得某种家长式或熟人社会的信任效果,但却无助于在公共社会里建立长久而稳定的信任机制。

信任是人的一种必需的生存条件,也正因为如此,信任使我们在许多方面都变得容易被人利用、操控和伤害,拜尔(Annette Baier)在《信任与反信任》(Trust and Antitrust)一文中指出,"对各种信任钻研最勤的专家不是道德哲学家,而是罪犯"。罪犯们钻研信任是为了利用人们的信任——更准确地说是利用他们的轻信——从他们身上得到好处,将他们变成自己的猎物。

相比之下,我们大多数人对信任问题是太忽视了,拜尔写道,"我们大多数人注意到某种信任的时候经常是在这种信任已经被破坏或严重受损的时候。我们生活在信任的环境里,就像我们生活在空气中一样。我们关注信任的方式与关注空气的方式是一样的,只是在信任和空气变得稀少或被污染的时候,我们才会予以关注"。为了加强对信任的关注,我们需要对孩子从小提供关于信任的教育,因为人生最大难事就是学会信任值得信任的人。反过来说就是,如果别人信任你,你也就应该对他担负起不背叛的道德责任。

在我们的生活世界里有一些应该和值得信任的自然关系(熟人关系)——父母和子女、夫妻、同学、同事、组织里的同侪或同志等等。正是因为这些关系很特殊,包含着相互不出卖和不背叛的义务,所以处于这些关系中的个人才值得信任。一旦这些包含信任责任和义务的传统关系遭到破坏,个人的诚信也就必然变得岌岌可危。

比起传统自然关系中的熟人信任,更重要的是不熟悉者甚至陌生人之间,也就是公共关系中的信任。公共关系不像熟人关系那样"自然"

形成,所以更需要人们有意识地努力去营建与呵护。如果人们不能先在自然的熟人关系中学会诚信,那么就很难设想他们能在公共关系中建立和维护诚信。学校老师负有对学生提供正确信任教育的责任,老师不应该以任何方式或为任何目的去破坏这样一种教育。

3. 怎么看待告密和举报的信任背叛

举报令人不寒而栗,造成的恐惧能产生一种具有普遍震慑力的"胆寒效应"。更值得我们思考的问题是:人们为什么对举报感到胆寒?有没有理由为举报感到胆寒?

(1)告密的胆寒效应

在回答这两个问题之前,不妨先来看这样两件事情。第一件是"文革"时一位名叫张红兵的红卫兵告发他母亲在家里发表"反对毛主席"的言论,结果他母亲被处死了。第二件是崔永元举报范冰冰逃税漏税,范冰冰受到了重罚。对第一件事情几乎所有人都会觉得胆寒;而对第二件事情,除了与范冰冰类似的少数人,会为此感到胆寒的恐怕是少之又少。人们不但不胆寒,而且纷纷为之喝彩叫好(理由是否正当这里姑且不论)。即使不赞同崔永元做法或对他有所诟病的人也绝对不会拿他与张红兵相提并论。这是为什么呢?

这是因为,张红兵做的是"告密",崔永元做的是"举报",张红兵的告密背叛了人伦关系应有的信任,而崔永元的举报则不是这样。在任何一个国家,告密和举报是两种性质不同的事情。

法治是一个善纳"举报"但拒绝"告密"的制度。而非法治的制度则会将此二者都用作驭民权术。虽然这时候告密和举报的区别是模糊的,但仍然是可以区别的。

告密是把关系亲近者之间的私人事情（包括特殊的信任关系，如律师与顾客、医生与病人）不当地变成公共信息。告密所告的"秘密"是私人之间的事情，如果不得到当事人的允许就加以泄漏，那是法治国家不允许，至少不鼓励的侵犯隐私。

人对被告密有一种本能的害怕，几乎所有人都会对被告密感到不寒而栗，这个不难理解。告密是一个暗地里的攻击行为，被告密人往往不知道谁告的密，就像暗地里被捅了一刀。人害怕被告密就像害怕黑暗一样，黑暗里有一种隐藏的、看不见的危险。越是看不见，危险就越可怕。害怕不可知的危险，这是一种深深印刻在人类基因里的本能。

对告密和告密者，人们有理由感到恐惧，这种恐惧既是本能情绪，也是道德情感，因为它包含的厌恶和鄙夷是一种是非和善恶判断。告密之恶，恶在出卖和背叛，告密之毒，毒在摧毁人与人之间的信任关系。在但丁的《神曲》里，背叛是人类最严重的罪孽，地狱最深处的第九层就是背叛者最后的去处。

但丁把"背叛"放在地狱的底端，视其为最邪恶的罪过，是有道理的，因为背叛不仅伤害那个被背叛的个人，而且破坏了社会存在和人类共处的最基本的条件，那就是"信任"。没有信任的社会犹如没有空气的世界。

（2）告密与举报

告发的事情本来就是公开的，不存在什么秘密，所以实际上也就无密可告。告发总是带有谴责的意思，告发这个词的英语（denunciation）来自拉丁语 *denuntiare*，是公开将责任归咎于一个人的行为，希望引起人们的注意。我们熟悉的检举揭发经常和批判、斗争一样，是一种公开谴责的方式。以前,检举揭发可不只是给上面打一个小报告,塞进当事人的档案里就了事的。检举揭发一定要开会,要声色俱厉,这样才有震慑效果,目的就是为了以一儆百,让人胆寒。

今天,这样的告发已经很少见了,但是,另一种不光彩的告发却不仅延续了下来,而且还得到发扬光大,那就是上纲上线的"释义举报"。释义举报是从他人无辜的文字中揭露出包藏的祸心、阴谋或反动思想。从1950年代初开始,从批判电影《武训传》到批判"反党小说"《刘志丹》,再到一度盛行的"批毒草",都是从文字里挖掘罪恶的动机、目的和阴谋。这就是令人不齿的诛心讨伐,欲加之罪,何患无辞。

上纲上线是一种令人畏惧的"读心术",在帝王时代,读心术形成了具有专制特色的"笔祸",文字狱就是它最酷烈、残暴的形式。中国历史上的笔祸直到今天仍然让人不寒而栗。为什么呢?除了危险,另一个原因是它的无中生有和嫁祸于人体现了一种浓缩的人性恶。

上纲上线的释义举报虽然经常被人们视为告密,但它的"密"毕竟不同于私人信任关系中的那个密,它是一种罗织罪名的诬陷,因为见不得人,所以要保守秘密。它的动机更是见不得人,所以更加需要保守秘密。金性尧先生在《清代笔祸录》里所说,"随笔祸而纷起的是告讦之风。告讦的动机多是发泄私怨,有的极为卑劣,如索诈不遂、躲赖钱财、奸淫被发觉,自己完全处于下风,只有诬陷手段始能从政治上置对头于死地,并以此震动官府"。举报者是因为心有怨恨,或有把柄落在别人手里,所以先下手为强。要不然就是发泄私愤、借刀杀人、官报私仇,一般人都会觉得这样的动机阴险歹毒。举报者告发别人的罪过,经常是因为自己先有了恶的动机。因此,不管告发的事情是否属实,告发和举报几乎总是被当作一种令人不齿的行为。

（3）举报与阴暗人性

应该看到，举报虽经常是为了私利，但也不是不可能出于公心。不管是私心还是公心，举报的目的都是看不见，摸不着的，也是难以证明的。因此，法治国家允许或利用举报，只求实效，不讲觉悟，更不讲道德。在法治国家里，举报行为的动机是被搁置了的，不在考量之列。警察为了侦破疑难案件，会悬赏举报，只要有结果，就会颁发奖金，但不会去管举报人的动机。

自古以来，举报就是一件利用人心贪婪的执法措施，而且一开始就是一件被视为道德卑下的事情。古罗马时代，就设置了"举报者"（delator）的制度，举报者成为揭发他人逃避向皇帝纳贡的密探。皇帝犒赏他们，让他们从被没收的财产中抽取成头。在中世纪的英国，举报又叫告发，是一种明白诉诸人的自私利益的执法手段。告发者在犯罪审判的时候揭发罪行，提供证据，协助定罪，纯粹是为了得到犒赏，或者分得一部分罚款。那时候的英国没有警察，国家官僚机构不够发达，不足以保证民众服从政府颁布的法令。鼓励公民为牟利而告发他人，称为 qui tam action（为取得罚金的起诉）。这一招很管用，所以也就推广使用。

但是，告发也是有限制的。例如，若无特别规定，举报者必须在犯罪行为发生的一年之内举报。举报者必须证据确凿，如果证据不足，诬告罪行自负。由于诉诸人的自私和损人利己之心，告发一直有不良的道德后果。1688年光荣革命之后，新教成为英国的国教，1698年反罗马教法案（Popery Act）鼓励举报天主教教士，每成功举报一人，赏金100英镑。结果是，天主教教徒人人自危，惶惶不可终日。就算政府不追究他们，他们也不断受到举报者的骚扰和威胁。当时，英国作家乔纳森·斯威夫特（Jonathan Swift, 1667—1745）痛恨这些举报者，称他们是"人渣"。大律师、法官和政治家,被认为是伊丽莎白时代和詹姆士时代最伟大的法学家的爱德华·科克（Edward Coke，1552—1634）更是把这些人叫作"嗜血的害虫"。

中国古代也是一样,西汉时期,官吏杨可发起让百姓举报工商业者自报资产不实的活动,汉武帝颁布了"算缗"和"告缗"令,大规模实行,搜刮财富。个人财产必须首先自报,如有隐瞒不报或自报不实的,鼓励知情者揭发检举,此即"告缗"。凡揭发属实,被告者的财产则全部没收,并罚戍边一年,没收的资产分一半给告发人,以作奖励。右内史义纵认为告发是乱民、刁民的行为,于是逮捕那些受杨可指使而干这种坏事的人。汉武帝知道后大怒,以"废格沮事"（即抵制破坏法令实施）的罪名将义纵问斩于街头。（《汉书·酷吏传》）义纵也许认为,鼓励举报会坏了人心,所以不赞成这么做。他为这样的想法付出了生命的代价。

在专制制度下,即使是看上去得民心、顺民意的举报也主要是对统治者有利,与提升社会正义无关。如果这样的举报违背了统治者的利益,那么不管是举报还是反对举报都不会有好下场。这样的举报本身就是法治不存在或完全失败的结果。

（4）法治社会里的举报

虽然举报经常诉诸人的贪婪和私欲,但在一个有正义感的现代社会或群体里,也还是会有许多正常和正当的举报行为,这主要是通过媒体来进行的,如对坏事和丑闻的曝光和爆料。在社会的各种机构里,包括学校、企业、政府部门等等,也应该允许"举报者"（whistleblower，"吹哨人"）的存在。"举报"特指揭露组织内部的不法、不道德或腐败行为,这与针对个人的检举揭发有所不同。举报可能会在内部提出（如向组织内的其他人员）或者向外界诉求（如向媒体、关注人士或社会大众）。"吹哨人"这个说法是美国民权活动家拉尔夫·纳德(Ralph Nader)于1970年代提出的，为的是强调举报行为的正当性，避免带有告密、出卖的负面意义。

早在1778年7月30日，美国已经有了法律保护举报者的第一个例子。1777年，海军军官马文（Richard Marven）和萧（Samuel Shaw）举报海军总司令伊塞克·霍普金斯（Esek Hopkins）对英军俘虏施以酷刑。霍普金斯出于报复，告他们诽谤。为此，大陆会议（国会）敦促制订了第一条有关保护举报人的法律。国会宣布会为这两名举报人提供辩护。随后国会又宣布，所有为美国效力和在美国国土上生活的居民，均有责任向国会或相关政府部门举报官员的不检点、造假和不良行为。

保护举报的个人比保护他所举报的官员、组织、团体来得更为重要，因为这种举报随时有遭到报复的危险。当然，举报者应该尽可能仔细核实举报的事实，不要为了强化言辞效果而有所夸张，否则举报效果可能会适得其反。而且，被举报人有他受法律保护的公民权利，他不会仅仅因为被举报而定罪，定罪必须经过法律程序，如果定罪，那也是法律而不是举报为他定罪。

在这样的法律制度中没有上纲上线式举报的位置。上纲上线的指控是一个人自己的"看法"（释义），看法不等于事实，别人也完全可以有不同的看法。不能拿个人的看法来为他人定罪。更重要的是，公民享有思想和言论的自由，只要不诽谤或伤害他人，就不会因言获罪。不管说了什么，只要有理有据，只要不散布仇恨、暴力、歧视，一般的见解或观点问题用不着惊动政府和当局。就算惊动了，政府或当局也没有权力去管这档子闲事。

4. 真诚是怎样一种伦理实践

有一篇《真正的高情商,是真诚待人》的文章说,"高情商不是世故圆滑,而是为人真诚,你如何看待世界,世界就如何待你。当你真诚对待别人,你身边的人就会是真诚的"。这是小说《镜花缘》里的图景,虽然是一幅美妙的世界愿景,但并不是现实。如果只是天真的幻觉或心灵鸡汤,或可原谅;但如果是闭着眼睛说瞎话,那就是存心不良,故意陷人于危险之中了。

真诚是一种社会美德,更是一种伦理实践。真诚本身并不能自动成为社会之善。真诚有时会让人因为不设防而被他人利用,因此被欺骗和控制。今天社会中的真诚匮缺,向人们提出的问题不是要不要真诚,而是要什么样的真诚?对谁真诚?什么样的情况下才需要付出真诚?

只有弄清楚真诚是一种怎样的伦理价值,才有可能把真诚引往美德和社会之善的方向。今天,影响人们社会和日常生活中普遍真诚匮缺的不是因为人们不懂"真心换真心"的道理,而是"真心换不来真心"的现实。如果你真心诚意地帮助一个倒霉的人,结果却被他"碰瓷";如果你推心置腹地对待你的朋友或学生,结果却被他们诬陷、举报或告发,你还会对真诚必然换来真诚深信不疑吗?

真诚并不是一种自我完足的美德,更不是一种终极价值。人并不是要为真诚而真诚,真诚是为了在人际或社会关系中营造一种信任的关系。真诚是一种社会性的美德,它并不是自身的目的。

真诚不仅涉及一般的社会人际行为,如待人接物、人际的帮助和服务、赠予和感激、熟人来往、邻里相处、单位人事关系等等,而且还涉及多层次的公民与权威的关系。如果不能形成或维持真诚的承诺与真诚的信任之间的共生关系,那么,人们很自然地就会对真诚的价值有所怀疑,也不会有真诚的行动。

社会中缺乏信任,这会令人焦虑、恐惧、疑神疑鬼、惊慌不安、愤世嫉俗、冷漠绝望、与世隔绝。在人际交往中,不信任使人总是从坏的动机揣摩别人的行为,戴着阴谋论的眼镜看世界,觉得到处充满敌意,暗藏杀机,遍布陷阱,当然也就真诚不起来了。

无视这样的现实,空洞地高谈真诚,后果只能是愚蠢的真诚或者真诚的愚蠢。在英语里,真诚(sincerity)一词最早使用于 16 世纪早期,源自拉丁语的 sincerus,是纯粹和干净的意思。亚里士多德在《伦理学》里已经谈到了真诚:"真实和真诚是一种可欲的中庸状态,介于反讽或自我欺骗的不足与自我夸耀的过渡之间。"今天,我们仍然把话里带刺、明嘲暗讽、自我吹嘘、吹捧颂扬视为不真诚的言辞行为。17 世纪,真诚在欧洲和北美被确认为一种美德,19 世纪浪漫主义时期更是受到进一步的重视,成为一种审美的和社会的价值。今天,艺术的真诚和本真(authenticity)以及社会关系中待人以诚仍然是真诚最重要的伦理内涵。

真诚源起于人自发的"真心实意",但并不只能是一种自然的情感。真诚需要逐渐成熟和发展,成为一种实践性而不是教条性"伦理理性"(ethical rationality)。其中最重要的是它的责任感,那就是,就算我在不真心实意时不被识破,也没有不利的后果,我也不会不真心实意,因为真心实意是我的责任。美国哲学家保罗·库尔茨(Paul Kurtz)称之为"人文美德"(humanist virtue)。

作为伦理理性,真诚必须包括对现实环境的判断。真诚是一种美好的情感和品质,但在现实社会里,诚实并不是任何情况下都必须、都合宜或合理的。有时候,真诚不仅不合适,而且是危险的。对心术不正的危险他者敞开心胸是会招来灾祸的。真诚有利于构建信任的关系，但却并不必然构成良性的信任关系。对不能信任的人付出真诚是不必要的，不符合人必须自我保护的原则。不看对象或情况的真诚只会让人容易上当受骗，被人利用。中国老话说，逢人且说三分话，不可全抛一片心，就是这个意思。

真诚是一种伦理上的"真实"。伦理的真实（真诚）与认知的真实（真相）和美学的真实（本真）都不相同。在任何情况下，我们都应该坚持认知真实，都不能接受虚假的信息或谎言，这是无条件的。同样，审美的真实也是无条件的，赝品在任何条件下都不应该当作真品，剽窃的作品在任何情况下都不应该冒充为原创。作品的来源（本真的作者）在任何情况下都是不容伪造的。但是，伦理的真实不同，它是实践性的，是有条件的。虽然虚情假意总是一种道德过失，但在特定的环境中，隐藏起自己的真情实感，拒绝对某些人或事付出真诚，都并不违反伦理的原则。

真诚还经常被误以为是全然无私的"诚心诚意"，以此来解释现实生活中的"礼物关系"，这就更加偏离了对真诚伦理应有的认知。必须看到，在现实生活中，那种完全没有利己杂质、纯而又纯的真诚礼物关系即使有，也是非常罕见的。相亲相爱的夫妻是一种礼物关系，一方诚心诚意地赠礼，另一方则也是诚心诚意地回礼，但各方还是会有私利的要求：丈夫希望家有贤妻良母，妻子希望有可以托付终身的可靠之人。在这样的礼物关系中，真诚是必不可少的，但真诚要求的不是完全无私，而是不背叛。

2014年，地产巨商潘石屹给美国哈佛大学捐赠1500万美元，2019年他儿子被录取为哈佛新生，许多人说潘石屹的捐赠本来就不"诚心"，是他与哈佛大学之间的一桩买卖或一个默契。

说买卖其实并不恰当。买卖是在事先确定的交易关系中进行的，明码标价，一方掏了钱，另一方就得交货，要是拿不到货，那就得退款赔钱。潘石屹与哈佛之间不是这种关系，即使潘石屹捐赠1500万，哈佛与他也没有非录取他儿子不可的交易关系。如果哈佛不录取他儿子，潘石屹也不可能把已经捐出去的钱要回来。

潘石屹与哈佛之间确实有一种"默契"的关系，然而，那是一种什么性质的默契呢？这一默契又是如何改变买卖关系的呢？

涉及金钱的默契可以是"贿赂"，也可以是"礼物"。这是两种完全不同性质的关系。捐赠是个人赠予大学的礼物，似乎不应包含任何条件，否则便不成其为礼物。然而，正如法国社会学家莫斯在《礼物》一书里所阐述的，礼物是一种受义务制约的交换关系，"从理论上说，礼物是自愿的，但实际上是按照义务来赠予和回礼的"。这种交换模式的三个阶段（或因素）是"送礼""收礼"和"回礼"。礼物交换仅仅在表面上是自愿和无偿的。礼物必然带有具约束性的义务。礼物关系的潜规则是，受赠礼物者必须回礼。大学给予巨额捐赠者子女特别的对待，可以视为一种回礼。

2019年，美国大学录取贿赂丑闻被揭露，这是用违法违规手段帮助富裕家庭子女获得美国几所著名大学本科录取的共谋犯罪事件。该事件于2019年3月12日由美国联邦检察官披露，至少有50人参与其中，而其中一些人已经认罪或同意认罪。33名大学申请者的家长被指控在2011年到2018年间向名校申请咨询师威廉·里克·辛格（William Rick Singer）支付了超过2500万美元；其中部分款项被辛格用于欺诈性地夸大申请者的入学考试成绩并贿赂大学官员。潘石屹并没有这样的不法行为，所以与贿赂不同。

在美国，学校的巨额捐赠人的子女在入学时得到特别的对待，这是一直都存在的现象,被当作一种实用主义的"传统智慧"(conventional wisdom)。美国人虽然强调公正,但并不以道德纯粹主义的立场来对待公正。他们不是为公正而公正,而是把公正当作一种在最大程度上帮助增进最大多数人公共福祉的手段。公正只是一个原则,在具体情况下有变通的空间。这次大学录取贿赂丑闻再次引发了公众对大学入学公正问题的关心和讨论,而其中的一个关键就是如何区分这种传统智慧可能涉及的"礼物"(捐赠)与"贿赂"的区别。

印第安纳大学慈善学院院长阿米尔·帕西奇(Amir Pasic)认为,高等教育机构应正视这一丑闻。他说,"大学需要对社区进行教育,必须非常清楚地阐明(慈善与贿赂的)不同。有钱人用钱为子女买路不是慈善事业,捐赠和贿赂之间存在巨大差异。 两种行为都来自财富,但它们使用财富的方式是完全不同的。 当然,捐赠者会得到认可和特殊对待,但在特殊待遇与录取过程之间存在一道墙"。 就像慈善捐赠可以从政府得到免税一样,大学的认可和特殊对待有助于鼓励捐赠行为。

有的捐赠人显然认为,他们愿意慷慨捐赠,而同时也把捐赠当作一种投资性策略,一方面帮助教育,另一方面也帮助自己的子女,这二者在伦理上是互洽的,符合美国人传统的利人也利己。但是,这不等于说,你捐赠了一笔巨款,你的子女就一定有了入学的权利或保证,否则向大学捐赠就成了对大学贿赂。这是捐赠与贿赂的根本区别。

达特茅斯学院前招生主任,现任美国顶级招生学院高级顾问的玛丽亚·拉斯卡里斯(Maria Laskaris)在接受《旧金山纪事报》(San Francisco Chronicle)的采访时说,来自富有家庭的大笔捐赠可以增加其子女被大学录取的机会,但"这当然不能保证录取。但有一点不应该忘记,那就是,学校始终处于筹款的模式之中"。

筹款是美国大学的日常工作。美国私立大学不可能依靠政府拨款来维持，它们对贫困学生的资助尤其需要依靠来自社会的慈善捐赠。再说，即使对公立大学，政府的教育拨款也并不是政府的恩惠，而是纳税百姓自己的钱。对各种大学的任何形式的社会捐赠都是受到鼓励的，只要是合法的，捐赠动机一点也不重要。

美国有很好的慈善捐赠传统，捐赠也是一种公民参与的方式，这种参与并不需要出于真诚无私的动机，所以在道德完美主义者眼里会有瑕疵，但这并不重要。重要的是，即便这种看上去不完美的捐赠传统和礼物关系中仍然可以包含利他目的。而这种利他与捐赠是否"真诚"是没有关系的。既然如此，也就没有必要对捐赠缺乏所谓的真诚动机求全责备了。

5. 什么是真诚的称赞

心理学家发现，表扬和夸奖对幼儿的成长非常重要。他们发现，2—3岁的孩子处于智力发育阶段，容易遭遇挫折，大人的称赞和表扬能起到鼓励的作用，有助于孩子的进步和成长。但是，过了这个年龄，称赞的利弊就会成为一个问题。美国育儿科学家德瓦尔（Gwen Dewar）在《科学研究揭示什么是表扬孩子的正确方式》（What Scientific Studies Reveal about the Right Way to Praise Kids）一文中指出，"孩子再大一些的时候，就是另外一回事了。随着孩子逐渐成熟，他们对大人表扬他们的动机便会有所知觉。如果他们觉得大人的表扬并不真诚，便会只当是耳边风。他们也能察觉，那是在摆大人的架势，或是想用表扬来操控他们"。若如此，称赞的作用则会适得其反。

儿童就能察觉大人的称赞是否真诚，对稍大一些的孩子，称赞就可能有负面的作用。对他们的成长，非真诚的表扬更是会弊大于利。那么，对青少年呢？或者对成人呢？在成人的世界里，表扬和赞扬是旁人对一个人行为的正面评估和肯定。恰如其分的称赞不是一件简单的事情，它包含四个因素，前三个因素是，谁被称赞、谁在称赞、称赞者与被赞者之间是什么关系，都特别与身份地位有关。第四个是，何为"恰如其分"，不同的文化会有不同的分寸，一旦逾越，就变成了谄媚和逗乐。

例如，德国总理默克尔是个有身份的人，她在拿食物时，一不小心把面包掉在地上，她不让赶过来的餐饮经理帮忙，而是自己将面包捡起，放回了自己的盘中。人们可以为这件事称赞默克尔"爱惜粮食"，但不需要因她在普通餐厅就餐称赞她"平易近人"。称赞默克尔更不是为了要恭维她，讨好她，而是因为她做的确实是一件值得仿效的好事。新闻报道提到这件事，不大肆宣扬才是把握了恰当的分寸。

成人被表扬，经常会觉得窘迫和不知所措，而不是满心欢喜、得意扬扬。古尔斯顿（Mark Goulston）在《表扬令人发窘时怎么办》（What to Do When Praise Makes You Uncomfortable）的文章里谈了他自己的经验。

有一次，他的上司当面夸奖他，让他手足无措。上司对他说，"马克，你听了我刚才说的话，应该说'谢谢'"。马克自问道，被表扬者该如何接受表扬呢？他于是请教了公共和工作关系专家李特菲尔德（Christopher Littlefield），还真明白了不少该懂而没懂的道理。

有的成年人和非常幼小的儿童一样，非常喜欢被称赞。他们是幼稚的成人。他们位高权重、身份尊贵，由于经常被称赞或颂扬，习惯成自然，而且还会上瘾，表扬的剂量需要越来越加大才能过瘾，于是表扬就变成了阿谀奉承。表扬的人不真诚，受表扬的浑然不觉，觉得是一种享受。幼稚的成人喜欢被表扬，受赞颂，哪怕是夸张、过分的溢美之言也不会让他们有肉麻的感觉，这样的溢美之词反倒更能让他们觉得受用，以致忘乎所以。他们的幼稚在于不能对真诚和非真诚有必要的辨析。

他们的幼稚还有另一个特征，那就是，他们与"失读症"(dyslexia) 儿童有类似的文字话语理解障碍。美国认知神经学家玛丽安娜·沃尔夫 (Maryanne Wolf) 在《普鲁斯特和乌贼鱼》一书里指出，患有"失读症"的儿童对理解文字背后的意思或字里行间的意思——"言外之意"——有困难，这些儿童因此有缺乏理解、解读、分析和思考能力的认知问题。对任何人来说，过度的赞扬都会有意无意地具有反讽、挖苦、幽默、正话反说、反话正说的"言外之意"效果，故意为之更会成为一种"高级黑"。对这种过分赞扬的"高级黑"效果，成年人越幼稚，感觉也就越是麻木迟钝，越是不会有不自在的感觉。

大多数正常的成年人即使对一般的表扬都会有不自在的感觉，更不要说是对肉麻的奉承了。李特菲尔德在研究中发现，尽管 88% 的人把"表扬"与"看得起"联系在一起，但 70% 的人在被表扬的过程中（发生时）会感到窘迫，"大多数人都会潜意识地觉得不自在"。别人夸奖你的话，你是句句吃进呢，还是一笑了之？或是打李特菲尔德所谓的"恭维乒乓"？"恭维乒乓"就是，有人夸你相貌好，你就夸他智商高，或者故作谦虚一番，再不就是表面上装作很领情，心里其实不当一回事。这些都是人之常情的反应，经常是潜意识的，是文化礼节习惯、家庭教育的影响，或是人情世故或经验教训的结果。但是，所有这些反应都不是真的接受了表扬。

人们在日常往来和交际中，有口无心的客气应酬是免不了的。但是，如果别人是诚心诚意向你表示赞扬和感谢，你又该如何回应呢？

在称赞的关系中，称赞者比被称赞者重要。别人称赞你，是让你知道，你的行为对他发生了好的影响，而不是在询问你是否同意他的看法。真诚的称赞是一种礼物。就算礼物不中你的意，不合你的心，你也不可以把礼物退回去。真诚的称赞也应该以真诚的感谢来好好接受。真诚的称赞是一种诚心的礼物，它是不能强行索取的，索取而来的礼物已经不再是真实意义上的礼物。同样，真诚的称赞是没法强求的。没有诚意的称赞更不是真正的称赞，而是变成了别有用心和谋求利益的交易、收买或是贿赂。这样的"称赞"也就是人们鄙视的马屁、奉承和谄媚。

6. 以真实的理由来表扬

一篇《男子8年捐资20万助学 致电媒体：求求你表扬我》的报道说，长春市"张老二"烧烤店店主张金彪给当地的《新文化报》打电话，要求将他多年来帮助贫困儿童上学的优秀事迹报道出来。他用"子贡赎人"的故事为理由说，表扬他的好人好事，会鼓励别人也积极去做好人好事。

如果一个人是自己行为的独立主体，那么，他为自己的行为负责。别人对他行为的称赞或责备是对此行为的一种评估和道德评价。称赞是肯定，责备是否定。行为者也可以对自己的行为作出评价——自我赞许或自我责备。但是，对行为者来说，自我赞许和自我责备在"度"的把握上有不同的要求。自我责备过度一些没有关系，别人会说这是"严于律己"。但是，自我赞许则是越有节制越好。不要说过度表扬，就是一般的表扬，也都可能被别人视为"吹嘘"。因此许多人会选择谦虚或干脆"做好事不留名"。要求表扬不是不可以，但会被视为自我赞扬的"失度"。

伦理学者们对"表扬"有两种不同的观点，第一种是"优秀的观点"（merit-based view）：一个"好"行为配得上表扬，值得表扬，是因为它本身很优秀。也就是人们常说的实至名归。"优秀的观点"表彰的是作为独立道德主体的个人。第二种是"效应的观点"(consequentialist view)：对一个"好"行为，表彰的主要是行为本身，而非作为道德主体的个人。表扬某个人的行为，是因为它能对其他人的行为产生"好"影响，有"积极"效应。表扬好人、树立模范、塑造典型、歌颂英雄都是为了这样的标兵效应。如果一味只是为了追求这一效应，那么就有可能树立起个人品格并不真正优秀的标兵来。

"优秀"和"效应"会导致对"好行为"完全不同的理解。例如，优秀行为是利他的，但并非所有的利他行为都同等值得表扬。值得表扬的"优秀"是相对而言的。拿出 1000 块钱来做慈善，对一个穷人来说，那可能是他半个月的收入，但对富人来说根本不算什么。因此，该表扬的是那位穷人，尽管富人也做了好事。说慈善是好事，是因为它本身具有普遍认可的善的意义。

但是，从"效应"来表扬好事，就不需要好事具有普遍之善的意义。例如，"文革"时代的"白卷英雄"张铁生，一个考生交白卷，这件事并不是普遍的"好"，但因为是革命"反潮流"行为，受到高度赞扬，交白卷的人因此才成为模范标兵，供青年人仿效。可见，表扬"好人"和表扬"模范"并不总是同一回事。

在一般的传统社会里，这两种表扬经常相互渗透和交织在一起，在"行为"和"价值观"之间来回切换。例如，中国古代社会的"孝子""节妇""忠臣"都被视为值得表扬的人物，看起来表彰的是个人，其实是在提倡孝、节、忠。皇帝或朝廷表彰某些孝子、节妇、忠臣，更重视的其实是他们的普遍效应作用和价值观影响。

唐代诗人张籍的《节妇吟寄东平李司空师道》写的是"节妇"，在文字层面上描写了一位忠于丈夫的妻子，经过思想斗争后终于拒绝了一位多情男子的追求，守住了妇道。在喻义层面上，它表达了张籍忠于朝廷、不被藩镇高官拉拢收买的决心。所以，写作《节妇吟》本身就成为一个显示"忠"的效忠行为，也是张籍的一种自我表扬。

张籍表扬自己与张金彪要求表扬的不同在于，张金彪远没有张籍的含蓄。今天，人们是把《节妇吟》当"诗歌杰作"来阅读的，它原来那种自我表彰的意图已经变得不重要了。但是，张金彪不同，他太直白了，太不懂得"巧妙"二字的分量了。按理说，他用"子贡赎人"的理由来为自己要求表扬，诉诸表扬的"效应观点"，不能说一点都不会巧妙行事。但是，他忘记了，"子贡赎人"故事最关键的一点是，子贡自己拒绝给他的奖励，并没有自己要求表扬。是孔子从表扬的效应观点出发，要求子贡接受表扬和奖励。孔子是表扬者和被表扬者之外的第三方，具有局外人说话的特殊"公正立场"。如果有某个第三方出面，为张金彪要求表扬，那么，这个要求就会名正言顺得多。当然，这种"第三方意见"不一定是自发的，而可能是炮制出来的。

后 记

我在美国教授公共说理（公共论辩）和批判性思维的课程时总会碰到一个问题，许多学生会以为，只是在讨论伦理问题（如诚实、宽容、信任、友谊、助人和自助）或涉及伦理的公共问题（如言论自由、同性恋的权利、枪支管理、毒品管制、21岁法定饮酒年龄）的时候，才会需要伦理的批判性思维。他们还认为，"说理"（argument）教科书教给他们的是与伦理无关的"有用"的说理写作技能：如概念定义、理由与结论的关系，理由的验证、推理和类比、形式逻辑和非形式逻辑谬误等等。

因此，我会告诉他们，公共说理的批判性思维不只是在思考伦理问题时才关乎伦理，即使在不直接涉及伦理问题时也是有伦理内涵的。事实上，我们训练批判性思维，认为批判性思维比愚昧或不思考要好，这本身就是一个伦理的选择。人为什么不能糊里糊涂、人云亦云地过日子呢？为什么要把事情想得那么清楚呢？舒舒服服地听人摆布为什么就不如凡事都必须自己伤脑筋做判断和决定呢？这些其实都是基于价值判断的伦理问题。批判性思维也体现了这200多年来推动世界观念变化的平等思想，它代表的是一个认知平等的观念，那就是，在理性思维和说理面前，没有身份地位的差别，没有特权。

为了让同学们对批判性思维伦理有进一步的理解，我会建议他们在课外阅读美国伊隆大学（Elon University）哲学教授马丁·富勒（Martin Clay Fowler）的一本不足150页的小书《批判思维中的伦理实践》（The Ethical Practice of Critical Thinking，2008）。

富勒教授的这本书也是为了应对他在教学中碰到的问题而写作的。他在哲学系里讲授"伦理"课，同时也开一门"批判性思维"的课，这两门课是互相独立的。他说，当时"我还没有想到要把批判性思维作为一个伦理实践的问题单独提出来"。因为在大学里，批判性思维是"思想"的课程，而伦理实践则是"行为"课程。在现有学科体制中，这两种课程是被分割开来的，而它们之间的共同性则长期被忽略了。

富勒教授对此感慨道，"比如，在批判性思维里，你可以把形式（批判性思维）与内容（例如伦理）区别开来，或者在论辩结构（逻辑）与论辩技巧（修辞）之间划一道界限"。这样的区分和划界"很快就把两个有关联的部分僵化成为两个互相排斥的部分，因此忽略掉了批判性思维这种行为所创造的那种人的关系"。

我们并不是对所有的事情都进行批判性思维的，事实上也没有这个必要，因为并非所有的事情都对我们同等重要。我们只是对我们认为是重要的事情，或者那些应该想明白、想清楚，不愿二次犯错的事情才做批判性的思考。在批判地对待这些重要事情或与他人讨论时，我们是认真的，诚实和诚恳的，我们对他人抱有基本的信任，开诚布公、尊重而且有礼貌，我们希望别人也是这样对待我们。也就是说，我们需要这些伦理价值来保证一种可持续的共同思考和讨论。因此，就算我们不是讨论伦理问题，伦理也是包含在批判性思考中的。更重要的是，批判性思维以它的"讨论"来创造一种人的关系，它不同于，比如说，军队的"命令"或者官僚等级的"指示"所创造的那种人的关系。对于任何一个社会或公民群体来说，批判性思维都是更合适的，也是更好的。

批判性思维体现一种与他人的真实关系，它不是一个人自己在沉思，在表演精妙的思想体操，或是在操练从课堂里学来的逻辑归纳和推理技能。批判性思维是为了与他人一起讨论彼此都认为是重要的问题，并试图解决问题。这种讨论创造了一种符合公民群体伦理的人际关系，它不是随便哪一种人际关系，而是一种以自由、平等、宽容、理性、理解、尊重等人文价值为特征的人际关系。

如果我们同意，批判性思考有伦理的内涵，那么，我们在对待谎言（包括胡说八道或无稽之谈）时，就必须面对如何对待说谎者的伦理选择。有专家学者对你说，整个西方文化都源于中国古代的华夏文明，就连英语、法语、德语都只是汉语的"方言"，你是觉得毫无道理，连批评都是浪费口舌呢，还是有责任澄清这样的无稽之谈？这就像你碰到一个蛮不讲理的人，你是要对他尽开导之责呢，还是掉头走开，不去睬他？我们还可以问，说理谬误或讲歪理仅仅是逻辑或推理的错误吗？还是应该为此感到愧疚？辩论中转移话题或人身攻击仅仅是技能欠佳或思路不清，只是普通的非形式性论辩失误呢，还是应该为此感到羞愧？这样的愧疚或羞愧与做错一道数学题或拼写错一个外语单词的懊恼显然是不同的。在同学之间，做错数学题或拼写错单词不会影响彼此的友好关系，为什么强词夺理、胡搅蛮缠或人身攻击的行为会恶化同学关系，会招来对人品和行为的非议和批评？批评这种行为的理由又是什么？

其实，这种批评态度背后有着与人们批评日常生活中的谎言、虚假、伪诈、虚伪、傲慢、自欺欺人相一致的伦理道德理由。本书希望能够通过许多对这类事例的分析，让读者在了解批判性思维认知作用的同时，也重视它的伦理内涵。本书可以与我介绍公共说理的《明亮的对话》一书相互参照，本书是在那本书的基础上，更明确地把批判性思维的认知与伦理结合在一起。这两本书的批判性思维诉求是一致的，也都是出于相同的目的和信念，那就是，为了优化社会生活，我们需要以自由、平等、理性、真实、公正和尊重为本的批判性思维。